魔法师
荣格

丁力——著

荣格心理学中的
东西方神秘思想

山西出版传媒集团　山西人民出版社

目　录

引言 理性时代的魔法

　　心理学自创立以来，不仅加深了人们对人的心理的了解，也对人的心理和精神产生了影响，就好像登山者对雪山的扰动。20世纪80年代初，在封闭30多年的中国，精神分析学和存在主义哲学带来的冲击难以估量。当时已经去世40多年的弗洛伊德成为热门人物，与他齐名的精神分析学家卡尔·古斯塔夫·荣格（Carl Gustav Jung）却受到冷落。直到20世纪90年代初，荣格才被介绍给中国的一般读者，至少我手头上关于他的简体中文版图书没有更早的。随着对西方文化了解的加深，国人对荣格的关注似乎渐渐超过对弗洛伊德的。这一转变过程与国人的兴趣更多地由身体转向精神是一致的。

　　近年来，荣格著作的中文译本已较为齐备。不过，荣格的文字比弗洛伊德的晦涩，他的理论也比弗洛伊德的抽象。这些事实都会妨碍其思想的传播。实际上，他的思想富有神秘主义色彩。批评者指出，他在崇拜者中获得了近似教主的地位。继承荣格理论的是荣格精神分析学派，成员是一批执业的心理分析医生，有些人拥有博士学位，也在大学开设心理学课程，不过大多数人不属于严格意义上的学术圈，又因为直觉的产物不可用实验证实，不便发表论文，这也限制了学术界更广泛地接受他们。

荣格是"不可理喻"的，因为他的心理学以梦境和直觉为基础，任何人都不可能再现他记录的梦，却都可以对梦境做出不同的解释。荣格（以及弗洛伊德等其他心理学家）对梦的解析以理性为基础，总是尝试为梦做出合乎理性的解释。在解释的过程中，梦或许受到扭曲，不是所有的梦都符合理性能够给出的意义。可是，如果没有理性，也就没有真正的解释。在《红书》中，魔法象征心灵的自由。荣格有一段与魔法师（也是睿智的灵性导师）腓利门的对话。腓利门说："你别忘了自己又在运用理性了。"荣格说："不用理性是很困难的。"腓利门说："魔法也是如此困难。"荣格说："好的，这真是困难。这样说，完全忘掉理性就是成为（魔法）高手的必要条件。"腓利门说："我很抱歉，的确如此。"

艾萨克·牛顿开创了现代物理学，被认为是一位理性主义者。可是，在为纪念牛顿诞生 300 周年而准备的演讲稿中，经济学家约翰·梅纳德·凯恩斯却指出："牛顿不是理性时代的第一人。他是最后一位魔法师，最后一位巴比伦人和苏美尔人，最后一位像几千年前为我们的智力遗产奠定基础的先辈那样看待可见世界和思想世界的伟大心灵。"凯恩斯认为牛顿是"魔法师"，这是荣格使用的一个概念。凯恩斯说牛顿是"最后一位巴比伦人和苏美尔人"，即人类文明的最早创立者，正如荣格所证明的，我们的心理中有古老的遗存，比文明的源头更久远。其实，牛顿不是最后一位，荣格也是一位巴比伦人和苏美尔人，也是中国人，并且在荣格之后仍有这样的"古人"。

荣格心理学的成熟期比凯恩斯的这篇文章出现得更早。如果说凯恩斯对牛顿的评价是受到了荣格的启发，大约是可以成立的。

凯恩斯打破了牛顿的传统形象，却说："我不相信他的伟大会因此削弱。他没有19世纪精心描绘出来的形象那么平常，事实上他更为超凡。天才都是极为特异的。"凯恩斯相信，牛顿的天才之处在于超凡，也就是特异的灵性；灵性是比理性更高的天赋。凯恩斯把牛顿称为"魔法师"，他理解的牛顿是这样的："在他看来，整个宇宙以及其中的万物只是一个谜语或一个秘密，纯粹思考某些证据或迹象——上帝有意布放在世界中以供哲学家作寻宝游戏的神秘线索——就能把它解读出来。"

但牛顿的形象被后人改造。所以，凯恩斯说："魔法已然被忘却。他业已成为理性时代的圣贤和君王。"在荣格所处的时代，西方文明的主流是由理性主导的，至今没有大的改变，甚至走向极端，例如，用数学模型解释并预测股市和经济的走向。用计划来规范经济运行更是对理性的灾难性误用。凯恩斯虽然没有走向彻底的计划经济，却认为政府比市场更理性，比市场掌握更多的市场信息，因此赞同政府积极干预经济。这违背了他对牛顿的认识。

在直觉和无意识受到压制的理性时代，弗洛伊德和荣格的心理学是一场反叛，即使他们也使用理性的工具。他们挖掘人的非理性的深层意识，而荣格比弗洛伊德走得更远。

我们对人的内心和宇宙的认识都非常有限。物理学家在寻找暗物质、暗能量。这一部分不可见的物质和能量，比能够观察到的大十多倍。无意识也是暗的。比照暗物质、暗能量，可以把无意识理解为暗意识。很多时候，无意识释放出来的能量也比意识大，特别是当人处在紧张和恐慌之中时。

梦是荣格探索无意识的起点。荣格是一个多梦而敏感的人，他的成就建立在这一点之上。一般人可能没有他那么敏感，因此难以理解他记录的梦。苏轼说"事如春梦了无痕"。"春梦"是为了和"秋鸿"对偶，也是比喻美梦如易逝的春景，不是今天专指的性梦。诗人尚且如此，大多数人更是如此吧，即使在梦醒之后努力回忆，也无法清楚地再现刚才的梦境。梦如一条小鱼游过的水面，水波在轻轻荡漾之后便了无痕迹。

但荣格记录了他自己的很多梦，有些是在他幼年时期做的梦，详尽的细节如同小说家的描写，而这些细节都被他赋予象征意义。同时，他对幼年时睡眠之外的回忆却常常是模糊的。这种丰富而清晰的梦中心理活动很不寻常。

荣格的幼年

　　我有一位大学同学，父亲是一家精神病院的院长。他当年告诉我，那家精神病院的精神病医生大都有些精神问题。我不能确定他说的是否接近事实——后来我听到一个据说是在精神病医生中流传的说法：谁病得重，谁取得的成就就大——也不知道这"病"是精神病医生职业的因还是果。但显然，对于荣格，这是因。荣格在成年之后要为自己异于常人的心理状态（未必是精神问题）寻找答案，于是成为一名精神病医生、心理学家。

　　在本书的开头几篇中，我将依照荣格自传《回忆·梦·思考》的段落展开，然后转向他的心理学，以他提出的概念为中心，但很少会涉及他的心理治疗——那是执业心理医生的工作。一位高个子朋友告诉我，《哈佛书架》中有教授推荐荣格自传。精神病学家、哈佛商学院教授约翰·高说："虽然荣格的所有著作都对我有深刻影响，但没有哪本书，给我的震动有这一本，即他的自传，给我的震动大。"这个"书架"的英文版是在1985年出版的，其中大多数是经典，多位哈佛教授在其中推荐弗洛伊德的书。当时弗洛伊德在中国也深受欢迎，可以说是改革开放初期的一面旗帜。但荣格大有后来居上之势。

心理学是19世纪后期在德语国家中发展起来的。荣格是瑞士人。荣格的祖先居住在德国城市美因兹。因为美因兹档案馆在西班牙王位继承战（1701—1714）中被烧毁，荣格家族的早期事迹不详。一般认为，1654年去世的卡尔·荣格是心理学家荣格的先祖。他曾担任过美因兹大学校长，爱好炼金术。荣格对炼金术的兴趣可能遗传自这位先祖。荣格的祖父是瑞士巴塞尔大学的医学教授，也曾担任过校长。有传言说，他的祖父是歌德的私生子。荣格（与祖父同名）为此感到荣耀，在他的心理学著作中可以看到《浮士德》的影响。可是，如果这个传言是真的，那位爱好炼金术的美因兹大学校长与本书主角就没有血缘关系了。但不管事实如何，荣格都会受到家族历史和家族传说的心理暗示。

1875年，荣格出生于瑞士东北部的博登湖南岸凯斯威尔村的一个新教牧师家庭。他出生的房屋和父亲服务过的小教堂至今仍在，不仅一百多年都没有被拆迁，当地还以他的名字命名了一条小街。

在荣格半岁的时候，随着他父亲工作地点的变动，他家搬到莱茵河瀑布边上的劳芬城堡。劳芬在博登湖以西不远，离德国边界只有数百米。在那里，荣格开始有了记忆和梦。

他早期的记忆是模糊的。荣格在他八十三岁时写的自传中说："我开始记事是在两三岁的时候。我还依稀记得那所教士的住宅、花园、洗衣房、教堂、城堡、莱茵河瀑布、沃尔斯小城堡和牧师庄园。这些记忆仿佛是大海里漂浮的岛屿，孤立浮动着，互不相连。"荣格还记得，在劳芬城堡的一个傍晚，姑妈带他走了一段路去看山。荣格第一次看到了阿尔卑斯山脉，它在落日余晖的映照下呈现出灿烂的红色。

劳芬城堡是观看莱茵河瀑布的最佳位置。但瀑布的咆哮让幼年的荣格每天晚上都感到恐怖，他常常觉得有尸体被冲下来。实际上，确实有过一具尸体被从瀑布上冲下来，那是一个小孩。渔民们发现之后，得到荣格父亲的允许，把尸体抬进了洗衣房。母亲严厉禁止荣格去看，但他还是偷偷地走进花园深处，发现洗衣房的门被锁住了。他绕了一圈，在洗衣房的排水槽中看到有血和水流下来。他说："我觉得这事有意思极了，那年我还不满四岁。"

荣格在幼年时有过"自杀冲动"。那是在劳芬城堡的三年中，也是在他三岁半之前。一次是他从楼梯上摔下来，在火炉的脚上磕破了头。医生给他的伤口缝了针。还有一次，他差点从莱茵瀑布的桥上掉下去。当时，他的一条腿已经滑出栏杆，女仆及时把他抓了回来。成年后，荣格还记得摔伤的疼痛，但不记得跳河事件——那是他的母亲后来告诉他的。荣格在自传中说："这些事投射出潜意识中的自杀冲动，或者说是对生在这个世界上的一种无奈的反抗。"这样说来，他是故意从楼梯上摔下来的。他想从桥上跳下去，应该是在看到那个溺亡的小孩之后产生的冲动。不过，荣格没有说他试图跳桥的原因，那时他还太小。

荣格还记得他在三岁时得过一次湿疹。湿疹可以由精神紧张引起。当时，他的母亲在巴塞尔的医院住了几个月。他隐约感到父母的婚姻出现危机。荣格也记得有一位美丽迷人的姑娘，带着他在莱茵河畔散步，阳光从树枝中透过，洒落在地上，满地是黄色的落叶。后来，这位姑娘成为他的继母。

在荣格记忆中最早的一个梦与性有关，那时他才三岁多。在劳芬城堡边，他们家有一大片草地。梦中的他站在这片草地上，突然发现一个长方形黑石砌的洞。他走进洞，沿着台阶走向深处，看到一个拱门，门上挂着厚重的绿色帷幕。他掀开帷幕，看到一间长方形屋子，屋子中间铺着一条红地毯，拱门通向一个低矮的平台。台子上有一个华丽的金色宝座。宝座上立着一根巨大的树桩样的物体，直通屋顶，有四五米高。这是个生物体，有皮有肉，顶上有一个人头一样的东西，但只有一只眼，盯着屋顶。荣格被吓坏了，僵硬地站在那里。在梦中，母亲告诉他："这是吃人的怪物！"

此后很多天，荣格都无法安眠，害怕再次梦到这个怪物。很久以后，他才明白，他梦到的是男性生殖器。

这是荣格记录下的自己的第一个梦，在荣格心理学派中很有名。但他自己对此似乎从来没有给出过令人满意的解释。按照弗洛伊德的理论，这个梦说明荣格的性本能在小时候受到压抑；按照荣格的理论，这个洞穴应该象征他的深层无意识，怪物或许代表他的精神或自性。

这个梦也许并无深意，只是他幼年记忆碎片的拼凑。荣格记得住在劳芬城堡的时候，他的牧师父亲主持葬礼和祷告的情形。他多次看到人们把一个长方形的盒子放入地下，然后掩埋。对死者有特别兴趣的他，必定好奇地下的世界。那个男性生殖器的形象或许来自古老的崇拜。在印度、日本等现代社会中，生殖器崇拜仍然很好地保留着。荣格后来在心理学意义上挖掘远古人类的经历在个人心理中的沉淀时，提出了"原型"说。

可是，荣格对这个"性梦"做出的解释却是宗教的。一直到青年时代，荣格都把这个"怪物"当作神。他说："只要有人特别提到耶稣，它（那个男性生殖器的形象）就出现在我脑海中。我从来都不认为耶稣是真实存在的，我也从来都没有接受过他。"这个解释应该与他所处的时代及家庭背景有很大关系。

在19世纪70年代的欧洲，宗教的力量仍然很强大。为了打击天主教会，防止他们争夺世俗权力，干涉世俗生活，俾斯麦在统一德国之后，发动了针对天主教的"文化斗争"（1871—1887），特别是耶稣会（The Society of Jesus）。耶稣会是天主教的一个修会，在1534年为对抗新教而成立。耶稣会有严密的军事化组织，要求对宗座绝对忠诚，对教皇绝对服从。1872年，在荣格出生前三年，在俾斯麦的推动下，德国国会通过《耶稣会法》，禁止耶稣会在德国的活动。

荣格拒斥"耶稣"，应该是缘于他从"耶稣会"这个词产生的联想。但他没有说出这一点。"耶稣会士"（Jesuit，英语、德语相同）至今还有阴险的人、狡诈虚伪的人的衍生意思。

顺便说一句，在明清之际来中国的传教士多为耶稣会士，利玛窦（Matteo Ricci）、汤若望（Johann Adam Schall von Bell）、南怀仁（Ferdinand Verbiest）、郎世宁等人是其中最著名者。最早的德汉词典是德国耶稣会士魏继晋（Florian Bahr）在1745年于北京编写的。

耶稣会注重教育，在美国开办有20多所大学，其中最著名的是乔治敦大学。在本书写作之际当选的美国总统特朗普在18岁时入读的福德姆大学也是耶稣会办的。

劳芬城堡与德国仅一河之隔，俾斯麦的"文化斗争"必然波及说德语的荣格一家，更不必说那时已经持续了300余年的宗教冲突。荣格的母亲家族中有六位牧师，他的父亲共兄弟三人，都是新教牧师。宗教分裂导致彼此仇视。幼年的荣格就从父亲那里听到耶稣会士的阴险，并且像父亲一样对他们产生恐惧。有一次，荣格在家门前玩的时候，看见一位穿着黑色长袍、戴宽檐帽的人走过。他认定这是一位耶稣会士，于是在极度恐惧中逃回家中，躲在阁楼上最黑暗的一根房梁下。很久以后他才知道，那位黑衣人是一位"无害的"天主教神父。

瑞士的天主教徒比新教徒多，在德语人口中，天主教徒的比例更高。所以，荣格在幼年时就能感受到周边潜在的危险。

荣格与上帝

1879 年，在莱茵河瀑布边上住了三年之后，荣格一家搬到了巴塞尔郊外的克莱因-许宁根。"克莱因"是"小"的意思。这是荣格出生以来生活过的第三个地方。他的家从瑞士的东北迁到西北，顺流而下，没有离开过莱茵河畔。荣格对水有特别的感情，视水为灵感的来源，这大约与他的童年生活有关。

莱茵河从巴塞尔市中间流过。荣格祖父工作过的巴塞尔大学在莱茵河左岸，巴塞尔的主城区也在左岸。克莱因-许宁根在莱茵河右岸，位于巴塞尔北部城郊、维瑟河流入莱茵河的地方。瑞士、德国、法国在维瑟河口边交界。

搬到巴塞尔的时候，荣格还不到四岁。

有一次，莱茵河发大水。洪水退后，荣格很兴奋地去看尸体，把他的母亲吓坏了。他说："杀猪和死人仍然对我有着无法言喻的吸引力。"这是他住在莱茵河瀑布边时就已经显露的爱好。

对荣格有吸引力的还不限于死人。一次，他的姑母带他到巴塞尔博物馆看动物标本。博物馆关门的铃声已经响起，他还不愿离开。动物标本展室的大门关上了，他们从侧门走下楼梯，穿过古代画廊。荣格突然看到许多美妙的裸体画："简直美极了。"他久久地盯着，不肯移步。姑妈硬把他拉走，还不停地嘟囔："该死的孩子，闭上眼睛！"荣格回忆说，他感觉好像被人拖出了妓院。那时他才六岁。

十二岁的时候，荣格对上帝的恐惧加深。夏天的一日，天气晴朗，荣格在中午走出学校，来到巴塞尔大教堂广场。这座教堂是天主教堂。荣格很长时间都害怕到天主教堂。不过，这一天他的情绪很好，似乎忘记了过去的不安。他在想："世界是美好的，教堂是漂亮的，是上帝造成了这一切，他高高地坐在上方，在遥远的蓝天上有一个属于他的金色御座……"想到这里，他的脑子里突然一片空白。他感到窒息、恐惧，害怕被永世罚入地狱，他的灵魂不会得到救赎。他想到了上帝的"金色御座"——荣格三岁多的时候梦到的男性生殖器就是立在金色御座上的。八十三岁时，荣格在自传中用了很多笔墨描述他当时的恐惧，却没有说到这个梦，似乎仍不愿意重复当年使他惶惶不可终日的联想：上帝是男性生殖器吗？

上帝形象的一个方面是嫉妒、暴怒和毁灭。信徒们为此焦虑和恐惧，这从荣格的童年可见一斑。

从巴塞尔大教堂广场回来，一连三天，荣格都难以入眠，"折磨与时俱增"。他一直在想着大教堂和上帝，不知道自己为什么会想到这件"恶毒的事"。全能的上帝创造的世界上为什么有恶？上帝也创造恶吗？荣格在他的父母、祖父母那里都没有找到答案，他们都是正统的人。他终于想到亚当和夏娃——他们没有父母，由上帝创造，但仍犯下原罪。荣格因此得出结论："全知全能的上帝事先安排好了这一切，为的是使人类的始祖不得不犯罪。所以，他们犯了原罪，那就是出自上帝的本意。"也就是说，善与恶都是上帝创造的。

这个解答有点违背基督教的传统。奥古斯丁的回答是，恶不是实体，恶是善的缺乏。他用"自由意志"使人承担了恶，而上帝惩恶即是扬善，是正义。如果没有恶，上帝的惩罚也就成了恶。在他的早期著作《论自由意志》中，奥古斯丁指出："假若人类没有意志的自由选择，我们如此渴慕的在上帝之正义中的善，即他之惩恶扬善，怎么可能存在呢？……如果人类没有自由意志，奖惩就都会是不义的了。……因此，上帝赐予人自由意志是正当的。"奥古斯丁的"自由意志"是西方自由理论的源头。

可是，上帝为什么没有帮助荣格及时摆脱罪恶的想法呢？荣格得出的结论是："很显然，上帝要考验我的勇气。"为了显示他的勇气，荣格看到了这样的景象："我看到了那座大教堂，那蔚蓝的天空。上帝依然纹丝不动地坐在那金色的宝座上，高高在上，远离尘世的喧嚣。我往下看，看到宝座的下面有一块巨大无比的粪块正掉下来，落在那闪闪发光的新屋顶上，粪块碎裂了，同时把那大教堂的四壁也砸了个粉碎。"

在这样想象之后，荣格如释重负。他感恩上帝："我既已服从了他那不可抗拒的威严，上帝的智慧和仁慈便显现了出来。"

上帝的大便砸坏了上帝的教堂——让荣格畏惧的天主教堂。在这一刻，荣格走出了恐惧，看到了上帝的仁慈。这种仁慈就是鼓励荣格发展自己的思想。

　　唐朝的一些禅师走得比荣格更远，但其中的心理意义是相近的。这些禅师对中国唐朝之后的佛教世俗化有巨大贡献。他们把佛祖直接比作"屎橛"，而不仅仅是坐在天上的金色宝座上拉屎。德山宣鉴禅师（782—865）的教法是"棒喝"中的"德山棒"。一日，德山宣鉴上堂说法："我这里，佛也无，法也无。达摩是个老臊胡，十地菩萨是担粪汉，等妙二觉是破戒凡夫，菩提涅槃是系驴橛，十二分教是点鬼簿、拭疮纸。初心十地是守古冢鬼，自救得也无。佛是老胡屎橛。"达摩被认为是禅宗在汉土的初祖；十地菩萨是修行最高的菩萨；十二分教是释迦牟尼所说的言教；菩提涅槃是佛教徒追求的目标。如果不了解佛教用语，可以只看这段话的最后一句："佛是老胡屎橛。"在德山宣鉴之后，云门文偃禅师（864—949）对"如何是佛"的回答是"干屎橛"。

　　以上只是与荣格想象的"粪"相似的两个禅宗公案。在破除学人执念方面，禅宗还有许多其他故事，有些破坏偶像的做法类似今天的行为艺术，而不是仅仅停留在语言上"做空"。荣格不知道这些禅宗故事。如果知道，他一定欣然地把那些禅师当作同道。

　　产生这些想法的十二岁少年显然过于老成。荣格很早就知道自己具有双重人格：其中一重人格是他父母的儿子，19世纪90年代的学生，不太聪明，但刻苦勤奋；另一重人格是一位老人，"多疑世故，不轻信任何人，远离人世，却接近自然，接近地球、太阳、月亮、天空和一切生物，尤其是接近夜晚，接近梦中，接近'上帝'直接地作用于其身的各种事情"。荣格把上帝放在引号内，有点现象学中用括号"悬置"（中止判断）的意味。荣格追求的是第二种人格的"安宁与孤独"。可是，荣格不认为这是人格分裂或一般医学意义上的精神分裂症。他说，人格的这种双重性在每一个人身上都会发生，"尤其是信仰宗教的人，因为宗教历来提倡人的'内在性'，这便是第二种人格"。

荣格认为，他的第二种人格有一个古老的源头。在 35 岁的时候，荣格回忆起小时候的一些事情：他经常坐在石头上与石头对话；他在尺子的一头刻了一个小人，然后锯下来染黑，为它做了一件大衣，还在莱茵河边为它拣来一块黑石头。他把小人放在铅笔盒里，藏在家里的阁楼大梁上。因为楼板被虫蚀了，很危险，没有人会上阁楼去。每隔几个星期，荣格都会去阁楼和小人说话，把他用密码写的小字条交给小人保管。这些字条藏着他的秘密。可能不少小孩子都做过这样的事情。

成年后，荣格读到一本书，关于古人对石头的崇拜，因此想起了自己的这段童年往事。他说："随着这一次对儿童期的回忆，我首次产生了这样的信念，远古的心理因素在没有任何直接传承关系的情况下也会进入到个人的心灵之中。"这个信念就是他提出的"集体无意识"。在无意识的底层，我们都是古人。

羌族也有对石头（白石）的崇拜，把石头视为通神之物。在羌、藏、汉等现代民族没有分化之前，5000 多年前的羌人是否也有白石崇拜呢？可能有。华夏文明中，被视为珍宝的白玉即是白石头，这应该是对古羌人这一传统的延续。这一事实或许能够为荣格的"集体无意识"之说提供一个新的证据。

少年荣格似乎拥有自己的"通灵宝玉"。在回溯童年，尤其是要给童年行为添加意义的时候，人们可能会在不知不觉中增加许多较晚时期才获得的经验和知识，或者为后来的行为安置一个不曾存在的源头。荣格可能也是如此。

《尼伯龙根之歌》是中世纪的日耳曼史诗，在德语国家中家喻户晓，荣格显然会受到影响。荣格的少年行为也确实表现出史诗的印迹："尼伯龙根"（Nibelungen）的词源是北欧神话（日耳曼人从北欧南下）中的 Niflheim（Nibelheim），指"雾世界""黑暗世界"或"死者世界"（荣格对死人的异常兴趣）；尼伯龙根是住在黑暗世界的侏儒族（荣格藏在阁楼里的木头小人）；他们拥有一大笔财宝（小人为荣格保管密信）；他们的财宝后来被沉入莱茵河底（荣格从莱茵河边为小人拣来石头，实际上应为"拣回"）。

从《尼伯龙根之歌》中同样可以推导出"集体无意识"，例如，可以把沉没在莱茵河底的财宝看作无意识。但是，这部史诗距离荣格太近，他无法说他小时候不知道《尼伯龙根之歌》。为赋予童年更多的意义，他的想象力将他引向远方的石头故事。无论事实如何，荣格对认识人类心理的贡献都丝毫不会被削减。

1876 年，荣格一岁，德意志发生了一个大事件，比史诗《尼伯龙根之歌》离他更近：理查德·瓦格纳的歌剧《尼伯龙根的指环》首次上演。歌剧对史诗做了很大的更改，但保留了基本要素。歌剧造成轰动，余波荡漾了多年。其主题是"那个受人尊敬的无所不能者，在做尽了所有不光彩的事情之后，由一个自由的灵魂来拯救，并获得永生"。1884 年，尼采写出《瓦格纳事件》，将歌剧主题归结为"拯救"。在歌剧中，这位无所不能者是众神之王沃坦（即奥丁，出自北欧神话），那个自由的灵魂是齐格弗里德——沃坦的后代。

在歌剧《尼伯龙根的指环》的第一部《莱茵的黄金》中，沃坦让巨人为他盖起神殿，以沃坦的妻妹为酬劳。但是，沃坦的妻子和妻妹都反对这笔交易。沃坦面对毁坏契约的风险，而他正是靠契约进行统治的。尼采在《瓦格纳事件》中写道："'这个世界上的恶从何而来？'瓦格纳问自己。从'古老的契约'而来，瓦格纳回答说，和所有那些革命的空想家说的一样。用简单的英语来说就是：从习俗、法律、道德和组织机构而来，从古代社会、古代人类赖以存在的所有事物而来。"这是对恶的来源的又一种解释。不过，这是尼采对瓦格纳的批判，未必是瓦格纳的本意。

"古老的契约"是对权力的约束，即使是神的权力也不例外。尼采提到英语，是因为契约主要是英国的一个概念。沃坦是众神之王，有类似上帝一样的独裁权力。但沃坦不是上帝，他需要维护契约。对于创世的上帝，并不存在"古老的契约"，因为一切都是上帝创造的，完全按照他自己的意志。在《旧约》中，上帝确实和犹太人立约，但那个契约只属于犹太人。而且，作为契约内容的"摩西十诫"实际上是上帝单方面为犹太人立的戒律，是犹太人必须遵守的"不可"。第一条是"除了我以外，你不可有别的神"。所以，上帝为犹太人立的契约不是我们今天理解的契约，也不是沃坦和巨人立的那种契约。

尼采认为，瓦格纳歌剧中的齐格弗里德是一位革命者。齐格弗里德"只遵从他的第一本能，他将传统、敬畏、恐惧全都掷于风中，所有不中他意的东西他全都要将之打倒"。尼采指出，瓦格纳修改了北欧传说。瓦格纳创造的英雄毁坏了契约，也就是破坏了传统与道德，由此导致悲剧，结果是众神的黄昏。

在英语中，上帝与犹太人立的契约是 covenant，属于宗教层面；霍布斯、洛克、卢梭、康德所讲的"契约"是 contract，或法语和德语中的对应词，属于世俗社会层面，即社会契约。在后来的发展中，这两个词的内涵差别不大，都可以用 agreement 来解释，区别在于 covenant 继承了"摩西十诫"时期的含义，多用来指禁止（"不可"）的契约。由于《圣经》，"契约"具有了神圣不可侵犯的隐藏含义。

荣格把齐格弗里德当作自己的"主人和神明"。他在《红书》中说："我们的神都想被战胜，因为他们需要更新。""齐格弗里德，那金发碧眼的德意志英雄啊，他必须在我手中倒下。""齐格弗里德的死亡有何启示？我几乎宁愿牺牲自己来保护他，可我希望与新的神一同活下去。"

荣格从莱茵河拣回石头，隐含的象征意义是打捞起一个古老的契约。这个契约对于荣格来说就是人类古老心灵在每一代心理中留下的印迹，无论是善还是恶。荣格要杀死英雄或神——作为统治者的时代精神。新的神在他的内心，即他的无意识。荣格在无意识中寻找远古人类心理的遗迹，开始英雄式的探险。

在基督教时期，宗教教义淹没了北欧神话，人的生命冲动被消解。在 18 世纪后期和 19 世纪，在德意志民族的成长与统一过程中，诗人和学者重新发现了本土古老的民俗和神话。德国哲学家和诗人赫尔德说，民歌是民族灵魂未经篡改的表述。《尼伯龙根之歌》却把德语史诗涂抹上基督教的色彩。这是尼采对瓦格纳不满的一个原因。荣格突破了民族的界限，他探求的宝藏是潜藏的人类共同心理。

奥古斯丁认为，获得真理的途径是了解上帝和灵魂。荣格破坏了上帝的形象，不接受耶稣，也不接受教堂。一次，他随父亲在教堂里领圣餐后想："这里没有上帝，教堂是一个我不应该去的地方。那里没有生命，只有死亡。"荣格心理学中的"阿尼玛"（anima）是灵魂。他悬置上帝，将经由灵魂这条路接近真理。

不过，荣格选择了一个较为温和的反叛方式。他不像尼采那样高喊"上帝死了"，而只是想象上帝坐在金色的宝座上，从天上掉下的粪便砸碎了天主教堂。此外，荣格比尼采晚出生 31 年，有一代人的时间差距，而且在他萌生反叛意识的时候还是一位小小少年。把那时的他与思想成熟期的尼采对比是不恰当的。他们都反抗当时的时代精神。如果说荣格在尼采式的精神中成长（虽然到此时为止他还没有读过尼采），大约是不错的。

父亲的书房

上文说荣格"悬置"了上帝，其实他没有很快放下。上帝是至善至美的，但他创造的世界却如此残缺、腐败。荣格想，这一定是魔鬼在捣乱。但是，魔鬼也是上帝创造的呀。荣格转向思考，在他父亲不大的书房里寻找答案。他说："我只好去寻找有关魔鬼的书籍。看来魔鬼也是极为重要的。"可是，他看到的基督教教义都是"胡话"。可能是魔鬼在制造混乱吧。这时，他的母亲对他说："你该读读歌德的《浮士德》啊。"他家里刚好有一套最新版的歌德集。《浮士德》"果然产生了一种神奇的效果，它就像奇香那样沁入肺腑"。荣格终于找到了一个严肃对待魔鬼的人。

浮士德博士是一个真实的人物，出生于 1480 年（或 1466 年）。他在海德堡大学上学，是哲学家、炼金术士和星相术士，还表演魔术。浮士德以知识广博受到赞誉，但也被指责为欺骗。教会谴责他与魔鬼结盟，亵渎上帝。浮士德可能在 1540 年死于一次炼金术实验爆炸，但不确定。一位神学家说他在 1548 年见过浮士德，会面地点是巴塞尔，也就是荣格最初读《浮士德》的城市。那位神学家说，浮士德为他烹制了一只奇怪的禽类。浮士德有一条狗，谣传可以变成仆人。魔鬼、魔法是浮士德得以进入民间传说的要素。

总而言之，浮士德是一位江湖术士。但他所处的年代是中世纪晚期，哲学、科学与魔法还没有完全分家，有点类似汉晋时期的道家。

浮士德在死后不久就进入德语国家的民间传说，并传入英国。剧作家克里斯托弗·马洛据此写成《浮士德博士的悲剧》（1589）。在这部剧本里，浮士德厌倦了他的知识，把灵魂出卖给魔鬼。作为交换，魔鬼满足他的一切欲望，还让他见到了希腊王后海伦——那位引发特洛伊战争的美人。在与魔鬼的契约期满后，浮士德的灵魂堕入地狱。

对于分析心理学家（或精神分析学家）来说，奇怪的事物都具有心理象征意义。荣格对炼金术、星相术的研究就是从这个角度进入的。他把浮士德看作是歌德的第二人格的体现，也是他自己的第二人格的体现。因此，魔法提供的象征也可以被用来理解分析心理学家。可以说，弗洛伊德和荣格的一大分歧在于，他们的心理学侧重不同阶段的"浮士德"。弗洛伊德侧重的是与魔鬼签约后的浮士德，也就是为肉体欲望所驱动的人；而荣格探索的主要是还在书斋里的浮士德，也就是沉溺于精神世界的人。这一归纳或许有些粗糙，但有助于理解和区分他们的心理学。

在十六岁和十九岁之间，荣格的兴趣在哲学上。他在父亲的书房里找到一本哲学史简论。在西方哲学史的人物中，荣格对叔本华的兴趣最大。他说，认识叔本华的思想是他的一大发现。"叔本华是第一个提及这个世界的痛苦的人，这种痛苦正触目惊心地发生在我们身边，他还提到了迷茫、情欲、邪恶——所有这一切其他人似乎从未注意到过。"

叔本华在母亲的沙龙里认识了歌德，并受到歌德的欣赏。叔本华比荣格的爷爷（传说中的歌德私生子）还年长几岁。在荣格初次接触到叔本华思想的时候，叔本华（1788—1860）已经去世40多年。叔本华认为，痛苦和不幸是普遍的，但还不是人生的全部。他在《作为意志和表象的世界》（1819）中说："对生活稍作考察就可以知道：痛苦和无聊是人类幸福的两个死敌。关于这一点，我可以作一个补充：每当我们感到快活，在我们远离上述的一个敌人的时候，我们也就接近了另一个敌人，反之亦然。所以说，我们的生活确实就是在这两者当中或强或弱地摇摆。"

叔本华解释了这两个"死敌"产生的原因："生活的艰辛和匮乏产生了痛苦，而丰裕和安定就产生无聊。"

由于世界是上帝创造的，教会便禁止思考世界上的痛苦。所以，荣格这样评价叔本华："终于出现了这样一个人，他敢于正视世界的本源，世界并非万物皆美好。他既不提造物主的全知全能的天意，也不提宇宙的协调和谐，而是率直地指出，在人类历史那充满苦难的进程及大自然的残酷无情里，潜伏着一种根本性的缺陷：创造世界的意志带有盲目性。"荣格认为，"创造世界的意志"等同于上帝，所以，在他看来，叔本华指出上帝是盲目的——叔本华用他的苦难哲学消解了宇宙真理。

荣格并不同意叔本华的这个判断。他曾想象上帝在天上排便，砸坏了地上的教堂。荣格依据他个人的经历说："上帝并不会因为人们对他不敬而气恼。相反，他甚至可能还鼓励人们这样做，因为他不仅乐于唤起人们对光明的了解，更乐于唤起人对阴暗性和邪恶性的了解"。荣格实际上在说，上帝接受人的自由意志，尤其是意志中对恶的了解。但荣格没有说到最后的审判：上帝是否会把那些如此想象的人罚入地狱呢？

叔本华承认自由意志。他在《康德哲学批判》中说："康德的最大功绩是划清了现象和自在之物之间的区别。"现象是人类可以认知的；物自体是现象的基础、不可认识的本体。叔本华认为，个体是认识的主体。他断言：世界是我的表象，世界是我的意志。认识是个体的自由意志的结果。他推论："人们也可以说，康德的学说（给了我们）这一见解，即是说世界的尽头和起点不是要到我们以外而是要在我们里面去寻找。"

叔本华似乎在推着康德一起走禅宗的路。六祖慧能的《坛经》说："若自悟者，不假外求。"慧能认为，不能自悟者，可以借助大善知识的指点，但"万法尽在自性"，大善知识的作用是引导学人"识自性"——"自性"是荣格心理学的一个重要概念。王阳明也说："圣人之道，吾性自足，向之求理于事物者误也。"叔本华指责依靠"理性的直观"的费希特、谢林、黑格尔为诡辩家，大约类似王阳明对"求理于事物"的理学的抛弃。王阳明又说："良知，不假外求。"他的"良知"是上天所赋、自身具足的智慧，源于孟子。王阳明选择"不假外求"四字，对《坛经》表达了敬意。

必须注意的是，东西方哲学（翻译后的）相同用词在内涵上有差别，哲人的论证方法也不同。但在上引的人物中，他们的基本方向彼此接近，最终殊途同归。

叔本华受益于康德。因为叔本华的赞扬，荣格又去读康德的《纯粹理性批判》，发现了叔本华的"一个致命的过错"：把一个形而上学的主张人格化了，还赋予"单纯的本体"各种特性。荣格没有说这个"主张"和"本体"是什么，应当就是叔本华的"意志"。德国思想往往套着形而上学的外壳。其实，在这个外壳之内，叔本华哲学是以个体为根本的，谈不上"人格化"。荣格的批评可能是拒绝形而上学的结果。由此，他与叔本华分道扬镳。叔本华主张"主体认识一切而不为任何事物所认识"，荣格却要认识活生生的主体。在后来的学术生涯中，荣格并未推动叔本华哲学彻底形而上学化，而是向人世间后退一步，把从哲学以及精神病学中得来的知识提炼成他的心理学。不懂哲学也是荣格对弗洛伊德的批评之一。

荣格与叔本华的基本差别其实并不太大，只不过反映了在相似哲学基础之上不同的个人偏好，以及由偏好产生的不同路径。拉罗什富科在《道德箴言录》中说："哲学家们对于生命的眷恋或冷淡，只不过是他们自爱的口味不同，我们无须再去争论那舌间的味觉或色调的选择。"

在解释生命的方式上，心理学家与哲学家有区别，哲学家之间也有区别。格奥尔格·西美尔在《叔本华与尼采》的前言中指出："纯然逻辑上的诠释对于叔本华是不必要的；相反，对于尼采则是不可能的。"叔本华和尼采经常被相提并论，原因是他们在当时的西方哲学和学术传统之外开辟了一个空间。叔本华拒绝康德对待生命的纯粹理性的方法，尼采则抛弃理性而充满了诗性的生命冲动。西美尔把叔本华放在"文化事实和心灵纽结"等更为宽泛的语境中来解释。这个语境对于理解荣格同样适用。"纽结"就是心理学中的"情结"。

在叔本华的著作之后，荣格又读了尼采的《查拉图斯特拉如是说》，受到的震撼如同他读《浮士德》时。荣格又把查拉图斯特拉视作自己的第二人格。但他并不是借此拔高自己。荣格说，比起公元前 6 世纪的这位波斯先知、祆教的创始人，他自己很渺小。荣格说，尼采很晚才发现他的第二人格，起名为 Arrheton。柏拉图用过这个词，意思是"不可说"。"不可说"与禅宗的"拈花微笑"一样，都用来表达超越语言的体验和领悟。

荣格在小时候就发现自己具有两个人格，但他否认这是分裂人格的表现。荣格说："第二人格会被看作是内里一片黑暗的区域。"而他的第二人格是一位追求智慧的老人。在阅读《浮士德》时，荣格又一次感受到他的第二人格："第二人格觉得自己暗中与《浮士德》所体现的中世纪相一致，与一种神秘的过去相一致，这显然被歌德揭示出来了。因此，对于歌德来说，第二人格也是一种真实存在。"歌德，荣格传说中的曾祖父，旁证了他的第二人格的存在。荣格的第二人格近似禅宗的"自性"、王阳明的"良知"（但没有超验的宗教性，或者至少没有那么多），可以用来认识作为现象的意识之下的"无意识"（有点近似康德的超验的"物自体"）。荣格说："无须外出寻找，真理就潜藏在这个内在的人的身上。"

荣格感到，他的波斯古哲人又是一个中世纪人。他像浮士德一样迷恋炼金术、星相术，不过他的目的是挖掘隐藏在其中的人类的无意识。他还研究招魂术——招集鬼魂、咨询未来的法术。Nekyia（招魂术）是一个古希腊词，在英语中是 necromancy。荣格不是中世纪术士，他的研究另有用意。他说，Nekyia 不是无目的地进入或者毁灭性地堕入地狱，而是一种有意义的下降，以恢复人的完整性。"下地狱"是一个象征：从意识下降到深层的无意识。

Nekyia 最早出现在荷马史诗《奥德赛》第 11 卷，奥德修斯走进地府的情节中。在《神曲》中，但丁也进入过地狱。他们都在地狱中获得启示，再返回人间。

在中华文明的典籍中，基本上可以找到荣格用来建立他的心理学的对应材料，但"下地狱"却阙如。这可能反映了汉文明较早地进入理性时期，以及精英文化与民间文化的脱节。孔子之前的儒家更关注现世，而他们是主要的文字记录者，很可能丢弃不符合他们理念的神话传说。汉朝以及之后的神话或许已经受到佛教的影响。不过，这些神话大多具有道教的色彩，似乎另有传承。

没有类似其他文明下地府的故事并不能说华夏文明没有注意到无意识。它在另一个方向上探索无意识。

《山海经》想象出多个奇妙的世界，它们不存在于现世，虽然有时也会联系到传说中的上古历史。《山海经·海内经》说："北海之内，有山，名曰幽都之山，黑水出焉。其上有玄鸟、玄蛇、玄豹、玄虎、玄狐蓬尾。有大玄之山。有玄丘之民。有大幽之国。有赤胫之民。"幽都",即冥府或阴间。幽都在北方,不在下方。古人已经对极北有所了解,虽然未必到过北极圈那样远。那里寒冷,长夜漫漫,他们将之想象为幽都。"黑水""玄鸟"都是黑色的。

《楚辞·招魂》说:"魂兮归来!君无下此幽都些。"这里的幽都在下方。屈原不希望他招的鬼魂下到冥府,或其他远方。

类似"幽都",《楚辞·远游》用"玄冥"来指冥府:"历玄冥以邪径兮,乘间维以反顾。""玄冥"之说出自《老子》。《老子》说:"玄之又玄。"又说:"窈兮冥兮。""玄冥"指道家的道,或某些神,都以其幽暗的状态而得名。道是无形的,屈原不可能"以邪径""历玄冥"。所以,在《远游》中,玄冥只可能指冥间。其他古代著作也多有以"玄冥"指代冥府的。"玄冥"与道、冥间两者之间的联系,与欧洲古典文学人物在地狱中获得启示是相通的。

不过,这一判断还不全面。在《楚辞》中,"幽都""玄冥"不是唯一的空间,且都与其他方向上的空间并列。荣格说到的那些文明的无意识是在下降中,而汉文明的无意识则是在上浮中,或在不可知的远方——想象中的与现世平行的世界(不是当代理论物理中尚未得到证实的平行宇宙)。《招魂》和《远游》都是在这样的空间中探寻无意识——虽然无意识还没有被明确意识到。

"无意识在上方"应该起源于列子或庄子。《庄子·逍遥游》说:"藐姑射之山,有神人居焉,肌肤若冰雪,淖(绰)约若处子,不食五谷,吸风饮露;乘云气,御飞龙,而游乎四海之外。""神人"是庄子的理想人格。《楚辞·远游》说:"悲时俗之迫阨兮，愿轻举而远游。质菲薄而无因兮，焉托乘而上浮？"屈原的"远游"需要"轻举""上浮"。虽然"神人"所处、"远游"所到与现世并无空间上的物理阻隔，但需要付出巨大努力才可能到达，或者是不可能到达的，正如无意识。

在上方与幽冥并不冲突。幽冥是"道"的状态，而上方的光明与空阔是知"道"之后的状态。

以上是荣格在他父亲书房中的收获，以及支持他想法的相关文献。本书的重点是荣格心理学，他的生平只是一个必要的"引子"。一个人的早年兴趣和经历塑造了他（她）的未来。本章的基础资料来自荣格晚年的回忆，其中难免混入他后来的理解，而本书作者又做了扩展性介绍。这就可能造成一个误会：成年之前的荣格已经显出思想成熟的样子。不是的，荣格在自传中也没有这样的自夸。丰富的知识需要长期的积累。荣格确实拥有非凡的天赋和过人的创造力，但在他一生的早期，这些知识只表明了他的兴趣方向。

上帝的世界

在两个人格的斗争中，荣格希望脱离日常生活，进入到无边无岸的"上帝的世界"。按照基督教的说法，这个世界是上帝创造的，因此也就无所谓进入另一个"上帝的世界"。而且，荣格说过，他从尼采那里发现他的第二人格是查拉图斯特拉——另外一个宗教的创立者。基督教的上帝严禁信仰另外的宗教和另外的神。所以，这个"上帝的世界"不是基督教的，荣格为它加上了双引号。对于荣格，这个世界更加真实。他说，"上帝的世界"是耀眼的光线、深渊的黑暗、无穷的空间和时间的冷漠与无动于衷、命运机遇的无理性、世界的神秘古怪等等。一切超人的事物都属于这个世界。

这个"上帝的世界"其实是荣格自己的内心世界，或他的第二人格。"上帝"只是超越现世的代名词。

在高中时期，荣格发现他的第二人格越来越令人怀疑、令人讨厌。他想消除第二人格，但没能做到。这大约是因为他的第二人格给他造成了现实世界的挫折。学校老师怀疑他表现出来的才华；他每星期在舅舅家吃饭的时候，都不敢说出他对上帝的怀疑——舅舅是牧师，他的几个儿子都是神学院学生。而荣格的牧师父亲允许他自由选择学科，但不希望他成为神学家。他也明确告诉父亲，他一点儿都没有成为神学家的愿望。

十四岁的时候，荣格到恩特勒布赫疗养，住在一位天主教神父家里。他在很小的时候就对耶稣会神父怀有恐惧，好在，他很少见到这位神父。在当时的欧洲，"疗养"大约相当于非强制的"休假式治疗"。荣格的疗养可能会让人联想到托马斯·曼的《魔山》（1924）。曼在达沃斯的疗养院照顾妻子时产生了写这部小说的想法。达沃斯是一个高山小镇。托马斯·曼笔下的疗养院实际上是颓废症患者的"精神病院"，那是一种时代的精神病症。作者确实受到弗洛伊德心理学的影响。小说的主人公最终逃脱了疗养。

荣格被送去疗养，是为了治疗他不太好的胃口和不稳定的健康。年轻人的肠胃不适可能是精神紧张的后果。在疗养快结束时，父亲来接荣格。他们没有直接回家，而是一起到东边的卢塞恩（又译作琉森）旅行。这座城市位于同名的湖边。他们从卢塞恩乘蒸汽船，前往里基（又译作瑞吉）山。那是阿尔卑斯山脉的一部分，从山上可以看到法国和德国，是著名的风景区。父亲不愿意多花钱坐火车上山，只为他买了票，叮嘱他注意不要从山上摔下来。荣格一个人上了山。他站在"空气十分稀薄的峰巅"（其实海拔只有1798米），放眼望去。他想："是的，就是它，这就是我的世界，这就是那真实的世界，这就是那个秘密。"

在这座山峰上，荣格确定了他的第二人格，而他的第一人格也长大了。

荣格在山上看到了他自己："头戴一顶硬挺的黑色帽子，手持一根贵重的手杖，坐在一间气势华贵的宫殿式大饭店的高雅露台之上，或者是在维茨诺一个非常漂亮的花园里，桌子用白色台布装饰，我喝着早上的咖啡，头上则是洒满了阳光的带斑纹路的天篷，嘴里嚼着涂满了金黄色的奶油和果酱的面包，设想着可以占满这漫长的夏日的各种旅游。喝过咖啡，我镇定地、不慌不忙地踱到一只轮船上，这条船便载着我驶向大山的山脚，而这些山的山峰上覆盖着皑皑白雪，银光闪闪。"维茨诺在里基山峰下，是他们从卢塞恩过来时弃舟登岸的地方。

空气稀薄的高山可能比哥特式教堂更能引发宗教或类宗教的情感吧。当然，清新的空气是必不可少的。

如果荣格的想法只是这么多，他就与现在讲究舒适生活的年轻人没有区别，但荣格实际上是在为他的第二人格安排一个安全、美好的家园。我们也可以说，现在年轻人的外在物质追求之下也潜藏着更深层的心理需求，只不过他们可能还没有认识到，所以仍在寻找，一直"在路上"。

对于荣格，里基山的场景也没有再次出现。他说："几十年以后，每次我工作过度而感到疲劳，就想寻求一处休息场所，这时候脑海里就会跳出这一景象。但是事实上，我一直渴望能再次体验这一壮丽美景，都没能如愿以偿。"

但荣格的愿望在另一方向上得到满足：他为自己修建了一处可以安置心灵的建筑。那里没有高山之巅的"壮丽"，但有更多的平静，可以安歇、思考。1923年，四十八岁的荣格在苏黎世湖边一个叫波林根的地方买下一块地，自己设计了一座石塔，后院通向湖岸。后来他在这块地上陆续添建了房屋，长期居住在那里。这座建筑是他心理原型的再现。石塔位于苏黎世湖的东北角，在过去数十年一直是荣格心理学派的圣地，也是荣格的纪念馆。

在卢塞恩之行之后一两年，荣格再次外出度假。他去看望疗养中的父亲。这个地方在荣格自传的中文版中被翻译为"萨克森"，不准确。德语原文应该是Sachseln，而不是德国的Saxon自由州。萨克瑟恩（Sachseln）是瑞士的地理中心，到卢塞恩二十公里，距离荣格的前一次疗养地恩特勒布赫也近。

在萨克瑟恩，荣格去参观了附近山上的弗吕埃利。他说，弗吕埃利是克劳斯修士升天的地方。阿尔卑斯山脉的这条山谷也是克劳斯生活和隐修的地方，以及他的埋骨处。克劳斯（Brother Klaus, Nicholas of Flüe, 1417—1487）在年轻时从军，与苏黎世州、奥地利作战。三十七岁从军队退役后，他积极参与本州的政务，但拒绝了一次成为州长的机会。在五十岁那年，他看到一个神秘的意象：一匹马吃掉了一枝百合。他做出的解读是：他的世俗生活吞噬了他的精神生活。于是，经过妻子的同意，克劳斯离开妻子和十个孩子，成为一名隐修者，在此后二十年的余生中冥思苦修。但克劳斯一直都是一位俗人，不是神父，所以被叫作Brother Klaus，而不是Father Klaus。

克劳斯在生前已名声远播。在身后，他于1669年受宣福，1947年被封圣，而且成为瑞士的守护圣人。

荣格参观了克劳斯的隐居处。他说："我很震惊，天主教徒们怎么会知道他已处于一种至福至乐的境界的。也许他还在四处游荡并告诉人们他的近况吗？我对当地的这位守护神印象极深，我不但能够想象如此全心全意地献身上帝的一种生活，而且甚至还能理解它了。"荣格能理解这样的隐居生活，但不明白天主教徒们是如何看到克劳斯的境界的。藏传佛教的宁玛派（红教）也是相信"即身成佛"的，也就是在这一生中可以修行成佛，而不必在无数次的轮回中一点点积攒功德。高僧们也能看出谁是已经成佛者。如果荣格当时知道宁玛派的修行之道，大概也会同样震惊吧。

与西藏高原上的隐修者不同的是，克劳斯并没有走进大山深处。他的隐修小屋离他家不远。这使荣格产生了归属感，并且将自己代入克劳斯的生活。荣格说："我觉得，这个主意好极了：让家里人住在一间屋子里，而我则住在相隔一段距离的小屋里，屋里摆着书籍和一张写字台，还生着火，火上可以烤几个栗子吃，可以用一个三脚架吊个锅煮汤来喝。作为一个隐士，我再也无须去教堂了，相反倒有一个供自己使用的小教堂在这里。"荣格的小教堂属于他自己。这是学者的舒适隐居，不是修道者的苦修隐居，两者的冥想也不同：前者在现实中，后者是超越的。荣格的理想较为容易实现。他在波林根建的塔和房子就是这样的一个隐居地，介于"小隐"和"中隐"之间，很有"结庐在人境，而无车马喧"的取向。荣格后来只是在有限的时间内去大山之中寻找宁静。

在这次到萨克瑟恩看望父亲的旅行中，荣格与天主教取得了和解。首先，他发现父亲和当地的天主教神父成了朋友，他不禁敬佩起父亲的勇气，并在震惊之余摆脱了残酷的教派之争在他幼时留下的阴影。其次，隐修的天主教徒克劳斯启动了他潜藏在心底的构造。荣格从克劳斯的隐修地出来，要下山的时候，他遇到一位姑娘，"穿着本地服装，脸庞美丽，与我打招呼，一双蓝眼睛充满着友好"。他们一起走向山谷。在那时，荣格还不认识表姐妹之外的女孩。他有点难为情，胡思乱想："仿佛我们俩是天生的一对似的。"这位农家姑娘对他露出"既害羞又欣赏的混杂表情"。荣格却在想："她是一个天主教徒，但也许她的那位神父就是和我父亲结交的那位？"他又想，这姑娘并不显得邪恶，她的那位神父也不一定是鬼鬼祟祟的耶稣会士。荣格不想告诉她，他的父亲是新教神职人员。可是，他们还能谈什么呢？"她根本就不认识我。我当然不能跟她谈什么叔本华和意志的否定之类的事吧？""谈哲学，或谈魔鬼，显然是非常不合时宜的，尽管魔鬼比浮士德重要。"于是，他们一路聊着风景、天气，下山后分别。

在八十多岁时，荣格还清楚地记着少年时的这次"艳遇"。他在自传中说："从表面上看，这次相遇是完全无意义的。但在我内心深处，它却有着极重的分量。"当时，荣格还认为生活是互不相连的碎片，"有谁又能发现命运之线竟会从克劳斯修士一直连通到这位漂亮的姑娘那儿去了呢？"

荣格没有说这次相遇对他的意义是什么。但他的表述已经很清楚：这位美丽的姑娘激发了他对世俗生活的热爱，而不是追求彻底的隐居。克劳斯象征着遇到魔鬼之前的浮士德，而这位姑娘则是浮士德的格雷琴——魔鬼引诱浮士德走出书斋，安排了他们的恋爱。显然，荣格把自己代入了浮士德。

荣格的心理是冲突的。他有两个人格。第一人格是世俗的，在应对这个世界的时候表现平平；第二人格是古老的，与这个世界格格不入。在他的内心中，是第二人格压制第一人格，第一人格想解脱出来。给了第一人格力量的大约是那位姑娘。

在他的第七次退居中，荣格回到弗吕埃利。吸引他回去的是克劳斯，还是那位姑娘？或者都是？不得而知。

[附记]

本章写于2016年的最后几天。至此，荣格心理学的主要概念大多已被提到，后面还会有更多的介绍。在写作期间发生了一个荣格在1930年提出的"共时性"事件：2016年底，《经济学人》出版了对2017年展望的别刊。这一期别刊的封面上画有八张牌，类似用来算命的塔罗牌。这八张牌上的文字分别是塔、审判、世界、隐士、死亡、魔法师、命运之轮、星，与相应的图画互相注解。这八个关键词符合荣格的象征要素和心灵需求，与荣格心理学的灵感来源一致。

《经济学人》的编辑也许熟悉荣格。如果他们不熟悉荣格，不是依据荣格心理学来做这期的封面设计，那么，这种暗合更能证实荣格心理学确实是建立在普遍人性的基础上。《经济学人》是一份享有全球声誉的理性的新闻周刊，不是一家神秘主义的算命周刊。不过，在预测未来时，人们总是或多或少地借助超越理性的直觉，无论他们是否意识到这一点。而直觉往往被认为是神秘主义的，就像弗洛伊德对荣格的批评。

城堡：荣格和卡夫卡

　　从萨克瑟恩回到巴塞尔以后，荣格在莱茵河上看到一条帆船，顺风向上游驶去。这是他以前没有看到过的景象。这条帆船开启了荣格的想象，他由此拓展了自己的心理世界。这种心理建设延续到很多年以后。站在河边，他设想整个阿尔萨斯（面积8000多平方公里，紧邻瑞士巴塞尔，在荣格读中学时属于德国，现在属于法国）变成一个大湖，而巴塞尔是湖边的一个港口。这样，荣格在巴塞尔的生活也会改变，不用再去上学了。

　　荣格想："湖中会兀立着一座山或一块大石头，由一狭窄的地峡与大陆相连。地峡被一条宽阔的运河切断。运河上架着一道木桥，通向两侧的是高塔的一道大门，门内是建筑在四周斜坡上的一个很小的中世纪城市。岩石上矗立着一个防守森严的城堡，有一个高楼，还有一个瞭望塔。这就是我的家。"这是一个几乎封闭的城堡，防守严密，与外界很少往来，至少有两座塔。荣格的第二人格是中世纪的，所以他设想的城堡也是中世纪的，用来保护他的第二人格。"我的家"实际上是"我的心灵隐居之所"。藏传佛教密宗的修行是构筑宇宙，也是城堡的形状。荣格后来会发现它们的共同点。

以上一段是城堡的外观。荣格继续想："在城堡里面，没有优雅的大厅或任何富丽堂皇的迹象。房间质朴无比，且很小。里面有一间不同寻常的吸引人的图书室，有关值得知道的一切的图书你都可以找到。"既然是中世纪城堡，里面的图书也应该是中世纪的，包括关于魔法、炼金、星相、上帝与魔鬼的所有知识。

当然，仅有知识是不够的。荣格又想："这儿还有一个武器收藏室，城堡上还配有重炮。此外，城堡里还有一支五十个武装人员所组成的卫戍部队。这个小城市有几百个居民居住，由市长和元老组成的市议会共同治理。我自己则是法官、仲裁人和顾问，偶尔在开庭的场合才露面。"用现在的时尚用语讲就是：我的地盘我做主。荣格需要用武器保护自己的深层心理，但他不要统治别人。那"几百个居民"是他的不同"化身"。这些化身不是孙悟空的毫毛，可以收放自如。一个人需要对自己彼此冲突的欲望（超出弗洛伊德定义的广义的"力比多"〔libido〕）做出决断、仲裁和协调。

塔往往与宗教有关。据考古学家判断，最早的埃及金字塔大约距今4600年。古巴比伦的建立比最早的埃及金字塔大约晚300年。据《旧约·创世纪》，大洪水过去之后，诺亚的子孙来到古巴比伦。他们决定建一座城和一座塔，塔顶通天。"那时，天下人的口音、言语，都是一样。"耶和华不愿意看到他们的成就，"在那里变乱天下人的言语，使众人分散在全地上，所以那城名叫巴别"。"巴别"就是变乱。他们没有完成的通天塔叫巴别塔。

耶和华"变乱天下人的言语",使他们建不成通天塔,也变乱了人的观念,使他们无法共同建设心灵的通天塔。因此,一小部分文明走在了前面。但这只是表象。在心底,他们还是一样的,像刚被创造出来时那样,有共同的心理和价值观。每个人都会建造一座塔,他们共用一张蓝图而稍有变化。

荣格在自己心中建了一座有塔的城堡,时间在19世纪90年代初。城堡意象不是独特的。弗兰茨·卡夫卡是另外一个例子。

卡夫卡是用德语写作的捷克斯洛伐克犹太人。这个国家在1918年从战败的奥匈帝国分离出来。在荣格设计了他的城堡30年之后,1922年1月27日,卡夫卡到布拉格东北方的克尔科诺谢山(巨人山)疗养。他乘马车到达时天色已晚,大雪纷飞。这一场景成为他的《城堡》的开头。卡夫卡在这次疗养的两年半之后去世,没有完成这部长篇小说。

《城堡》的主人公没有名字,只有一个字母代号K。K是Kafka(卡夫卡)自指吗?不能确定。K在大雪中后半夜到了城堡下的小村庄,睡在一家小旅馆客厅的草包上,受到自称城守儿子的副城守儿子的严厉盘查。

第二天,K看到了那个城堡。

大体说来,这个城堡的远景是在K的预料之中的。它既不是一个古老的要塞,也不是一座新颖的大厦,而是一堆杂乱无章的建筑群,由无数紧紧挤在一起的小型建筑物组成,其中有一层的，也有两层的。倘使K原先不知道它是城堡，可能会把它看作是一座小小的市镇呢。就目力所及，他望见那儿只有一座高塔，它究竟是属于一所住宅的呢，还是属于教堂的，他没法肯定。一群群乌鸦正绕着高塔飞翔。

这里出现了荣格的"塔"的意象。对于荣格，塔是母性的象征，也是自性之中女性的象征。Kafka 在捷克语中的意思是寒鸦。乌鸦围着高塔飞翔，象征着卡夫卡回归自性的潜伏愿望。

但是，《城堡》中的塔属于伯爵的城堡，不是K的。K从远处看，伯爵的城堡平淡无奇，甚至不像是一座城堡。K走近城堡的时候，更大失所望："原来它不过是一座形状寒碜的市镇而已，一堆乱七八糟的村舍，如果说有什么值得称道的地方，那么，唯一的优点就是它们都是石头建筑，可是泥灰早已剥落殆尽，石头也似乎正在风化消蚀。"别人的城堡已经破败。

K是外乡人，《城堡》多次强调这一点。卡夫卡写道：

霎时间K想起了他家乡的村镇。它绝不亚于这座所谓城堡，要是问题只是上这儿来观光一番的话，那么，跑这么远的路就未免太不值得了，那还不如重访自己的故乡，他已经很久没有回故乡去看看了。于是，他在心里就把家乡那座教堂的钟楼同这座在他头上的高塔作起比较来。家乡那座钟楼线条挺拔，屹然矗立。从底部到顶端扶摇直上，顶上还有盖着红瓦的宽阔屋顶，是一座人间的佳构——人们还能造出别的什么建筑来呢？——而且它具有一种比之普通住房更为崇高的目的和比之纷纭繁杂的日常生活更为清晰的含义。

家乡的城堡才是 K 的自性，"是一座人间的佳构"，在人间没有更好的了。可是，"他已经很久没有回故乡去看看了"。K 失去了自性，他很怀念。现在的人们有时会说：每个人心里都有一个回不去的故乡。可是，故乡仅仅是一些旧房子吗？漂泊恐怕不仅仅是肉体的漂泊吧。

作为与 K 家乡的城堡的对比，伯爵的城堡是疯癫的象征：

> 而在他上面的这座高塔——唯一看得见的一座高塔——现在看起来显然是一所住宅，或者是一座主建筑的塔楼，从上到下都是圆形的，一部分给常春藤亲切地覆盖着，一扇扇小窗子，从常春藤里探出来，在阳光下闪闪发光，一种好像发着癫狂似的闪光。塔顶盖着一种像阁楼似的东西，上面的雉堞参差不齐，断断续续十分难看，仿佛是一个小孩子的哆哆嗦嗦或者漫不经心的手设计出来的，在蔚蓝的苍穹映衬之下，显得轮廓分明。犹如一个患着忧郁狂的人，原来应该把他锁在家里最高一层的房间里，结果却从屋顶钻了出来，高高地站立着，让世界众目睽睽地望着他。

虽然有常春藤的掩盖，伯爵城堡的高塔仍然反射着"癫狂似的闪光"。但好在还有"蔚蓝的苍穹"，城堡和心灵没有被重霾笼罩——这是清醒的癫狂，不是蒙昧的癫狂。伯爵的塔是拙劣的，像是一个笨拙孩子的设计。类似阁楼的东西或病人没有被锁住。

他从屋顶钻出来，全世界都能看到他的躁郁症发作。"忧郁狂"应该翻译成躁郁症，躁狂忧郁症的缩写，两种症状交替出现。躁郁症是第一次世界大战前后的欧洲时代病，也几乎是每一个人的心理病症，从战前的躁狂到战后的忧郁。

K 是城堡主人威斯特 – 威斯伯爵聘请来的土地测量员。在小旅馆里，副城守的儿子不许他提到伯爵，以为不敬。K 在城堡之外受到冷遇。他一直试图进入城堡，但一直不能。城堡虽然近在咫尺，对于 K 却遥不可及。对于"城堡"的象征有很多种解释：神学的、存在主义的、社会学的，也有心理学的——开放性正是一部伟大文学作品的力量所在。我在这里从荣格心理学的角度做出解释。（当然，并不是说卡夫卡用小说表达荣格的思想。）以上引文出自《城堡》的开头部分，已经证明与荣格心理学严密吻合。

接下来，经过一番争取，K 在城堡外的小村庄暂时站住了脚：

> 对于 K 来说，似乎那些人都跟他断绝了一切关系，而且现在他也似乎确实比以往任何时候都自由，通常是不准他在这儿逗留的，现在他可以在这儿爱等多久就等多久，赢得了任何人从来没有赢得的自由，似乎没有人敢碰他一下，也没有人敢撵走他，连跟他讲一句话也不敢；可是——一种和上面同样强烈的想法——同时又好像没有任何事情比这种自由，这种等待，这种不可侵犯的特权更无聊、更失望的了。

这段话出现在小说的前三分之一处，K 的挫折还将继续。他在小村子里获得的"自由"只是可以等待。他已经预感到他的奋斗没有意义。二十多年后，K 的处境之荒谬反映在塞缪尔·贝克特的《等待戈多》（1952）中。两部作品有相似之处——主角：外乡人、流浪汉；主题：进不去的城堡、等不到的戈多；没有人知道城堡里有什么，也没有人知道戈多是谁。

在《城堡》之前，《变形记》（1915）已经为卡夫卡赢得声誉。《变形记》与荣格心理学的"变形说"有相合的地方，后面会说到。

根据卡夫卡的忘年交雅诺施记录的《卡夫卡口述》一书，卡夫卡重视作为个体的人。他说："人们很难对付自我。"这句话似乎可以用来解释《城堡》：妨碍 K 进入"城堡"的是他的自我，而不是外界的阻碍。卡夫卡还说："'我'无非是由过去的事情构成的樊笼，四周爬满了经久不变的未来的梦幻。"卡夫卡说，梦"经久不变"，遮掩了历史的樊笼，人就生活在其中而不知。荣格认为人类的心理有共同的古老原型，并且会出现在梦中。一般人认为，梦是对过去经验碎片的加工，可是，荣格相信梦可以预示"未来"，如卡夫卡说的"未来的梦幻"。他们两人是同样的敏感、敏锐，都把过去与未来连接起来，通过由梦揭示出来的无意识。

在心中城堡的塔楼地下室内，荣格还想炼金。在自传中，他想象城堡的地下室有一根铜管通向外面，"我就在这里用铜管从空气中吸取的神秘物质来制造黄金"。这是炼金术。"炼金术"与中国的"炼丹术"在西方语言中是同一个词。炼丹术是化学的源头，也是"化学"的词源。在魏晋时期，道家的炼丹术经历了从外丹到内丹的转变，而内丹是心理活动。这一转变在中国思想史中有特别重要的意义。荣格的炼金术也是心理修炼。后面会说到荣格从炼丹术（炼金术）中得到的启发。

因为心中有了一座城堡，荣格变得愉快了，每天的上学路也变短了。他说："每次一走出学校大门我便进入到了那座城堡。"他每天在路上为城堡做设计，添砖加瓦。城堡逐渐发展起来。

很快，荣格高中即将毕业，面临大学专业的选择。他想选择自然科学，掌握某种实际的知识。但他更喜欢历史和哲学，对埃及和巴比伦的一切都感兴趣，非常想成为一名考古学家。可当时的巴塞尔没有考古学老师，到外地上大学，他又没有钱。这时他做了两个梦。一是他在阴暗的森林里挖掘到一些史前动物的遗骨，一是他在森林的清澈水塘里看到一条巨型深海放射虫。在梦的启示下，他决定选择自然科学。但是，要是学动物学，毕业之后只能去中学或动物园谋一个职业，没有前途。他的家庭并不富有，没有条件让他追逐自己的爱好。荣格突然灵光一闪，想到了医学可以两全其美。他的祖父就是一名医生。他说，也许正是这个原因，他以前才在心里抵制医学的。然而，他终究要回到祖辈的职业道路上。

1895年春，荣格进入巴塞尔大学。在大学的第二年年初，荣格的父亲去世。

荣格的父亲不是一个擅长抽象思维的人。在荣格十一岁的时候，他教儿子坚信礼。讲到三位一体，他却要跳过去，坦白地承认不懂。这让盼望了解三位一体的荣格"失望透顶"。同样原因，父亲也不能理解儿子丰富的内心世界。父子关系的不融洽，大约是荣格更深地退到内心的原因之一吧。父亲死后的几天，母亲对荣格说："他为你及时地死去了。"当时，"为你"给了荣格可怕而沉重的一击。荣格在自传中说："这句话的意思仿佛是在说着：你们并不互相理解，而他可能已经变成了妨碍你发展的人了。"后来，荣格对弗洛伊德的不满主要在于弗洛伊德对性欲的过分强调，尤其是父子关系上的"恋母杀父"情结，这是荣格不能接受的。他对父亲没有敌视的竞争心理。他对父母都比较疏远，他的城堡对父母都是关闭的。

在巴塞尔大学：神话

　　大学生活是荣格的"人生美妙阶段"。他和朋友们热烈交谈，不仅谈医学，他说："叔本华和康德也是我们争论的焦点。"在三十五岁的时候，荣格与他在巴塞尔大学的一位朋友再次相遇。他这时已经有了自己的帆船。他们一起在苏黎世湖上泛舟，朋友为他朗读《奥德赛》中喀耳刻指引奥德修斯（在古罗马的名字是尤利西斯）进入冥府的段落。荣格把这一段后来发生的事放在巴塞尔大学时期叙述，大约是因为奥德修斯的冥府经历，象征着他的心理学开始于巴塞尔大学。

　　喀耳刻是一个女巫。从特洛伊回家的路上，奥德修斯的伙伴乘船来到她的岛上，喀耳刻用魔药和魔杖把他们大部分人变成了猪（变形），赶进猪圈。猪只知道吃，没有心灵。喀耳刻说："我从没有把任何人变成猪。有些人就是猪；我把他们变成猪的样子。"

　　奥德修斯从船上下来，在赫耳墨斯的帮助下，没有中她的魔法，并用剑指着她。喀耳刻对奥德修斯说："把你的剑放回鞘内，我们一起上床，彼此拥抱，学会互相信任。"一年后，奥德修斯离开她的小岛，回家的前途依然充满危险。喀耳刻告诉他到冥府询问未来。冥王哈迪斯（拉丁文名为普路托）是宙斯的哥哥，也是财富之神，因为财富在地下。同样，无意识是潜藏在意识之下的财富。

荣格也有过"地狱之旅"。《红书》是荣格心理活动的真实记录，原名是拉丁文，意为"新书"，都是他的私人秘密。书中的那些经历和意象出现在1913年至1916年之间，手稿的记录时间为1915年到1930年。荣格生前拒绝出版此书，在1961年去世后，他的后人也不许任何人过目。《红书》迟至2009年才首次出版。《红书》的第五章是"未来的地狱之旅"。荣格从沙漠掉入地狱，却说："深层精神打开我的眼睛，我瞥见内在的事物，我灵魂的世界多姿多彩。"于是，"沙漠开始肥沃起来的时候，它会长出不寻常的植物"。

比起荣格的其他文字，《红书》最能帮助追踪他的心理历程。在这本为他自己写的书中，语言似乎是疯癫的，不容易理解，只有从意象和象征的角度，才可能接近他的精神历程——包括"地狱之旅"。荣格说，在深层精神的引导下，"我克服了疯狂。若你们不知道神性的疯狂是什么，收起你们的判断再等待成果吧。要知道神性疯狂的存在，深层精神会战胜时代精神，除此之外别无其他"。

神话可能就产生于这样的深层心理之中，不受时代限制。神话表现的是一个文化的心灵或深层心理。心理学（psychology）

的词源，是古希腊（罗马）神话中的普绪克（Psyche），象征人类的灵魂、心灵。爱神厄洛斯（丘比特）爱上美丽的普绪克，又因为普绪克的好奇心而逃走。他的母亲阿芙洛狄忒（维纳斯）为刁难普绪克，让她到冥界为自己找回丢失一天的美貌。冥后同情普绪克，给了她一只黄金盒，告诉她里面装着女神的美貌，但她不能将盒子打开。普绪克没有忍住好奇心，打开了盒子，随后陷入长眠。后来普绪克为宙斯（朱庇特）解救，进入神界，得到永生。或许可以把黄金盒解释为普绪克的无意识的潜伏之所。

写到这里，我拿起手机，正好看到一个刚发生的荣格的"共时性"事件：NASA 在 2017 年 1 月 5 日凌晨决定在 2023 年 10 月发射一个无人探测器，前往一颗巨大的小行星普赛克 16（16 Psyche）。NASA 发布的新闻说："普赛克的直径约为 210 公里。不像大多数由岩石或冰组成的小行星，这颗小行星被认为主要是由金属铁和镍组成，与地球的核心相似。科学家们怀疑普赛克可能是一个早期行星暴露的核心。这颗早期的行星可能与火星一样大，但由于数十亿年前的猛烈撞击，导致其失去了岩石的外层。"

火星的直径为 6794 公里，是地球直径的 53%。普赛克 16 形成于太阳系早期，不晚于太阳形成之后的 1000 万年。预计探测器将于 2030 年到达普赛克。

普赛克 16 在报道中被简称为普赛克，到太阳的距离是地球到太阳距离（约 1.49 亿公里）的三倍。科学家们说，对普赛克的探测将加深我们对地球和其他行星起源的了解——从心理学的角度看，他们似乎认为，这颗小行星暴露出众多行星的集体无意识，潜藏着宇宙（或至少是太阳系）45.5 亿多年的秘密。

普绪克是早期翻译家根据希腊语发音的音译，现在更多用普赛克。可我还是倾向于使用小时候看到的音译。

把一颗小行星与心理学放在一起，似乎有些牵强。可是，这颗小行星的名字是天文学家起的，因为它被怀疑是早期行星暴露的核心。天文学的源头是占星术，荣格心理学的源头之一也是占星术。在人类文明的早期，科学的种子与心灵不是分开的，而科学发展到今天，已表现出与心灵的殊途同归之势，如宇宙学和量子物理学显示的，其中包含着人的自由意志。这一趋势主要是科学家推动的。现在主流的心理学家（尤其在美国）注重实验，也就是可验证的技术层面上的心理学，他们中的大多数不接受形而上的心理学。

荣格的父亲在去世前不久所读的精神病学方面的书使他很是沮丧，对自己的身体状况疑惑不已。他的父亲相信，精神病医生的发现证明，在精神本应该在的地方，却只有物质。这与他作为牧师的信仰是冲突的。荣格有一次听到父亲的祈祷，"他拼命斗争要保有自己的信仰"。荣格说："神学使父亲和我互相疏远。"因为他知道，人的心灵超出上帝的安排。这样的心灵是人的自由意志的本源。

心灵与理性的分岔在西方文明中有悠久的历史，在古希腊有柏拉图、亚里士多德，在 17 世纪法国则有帕斯卡尔、笛卡尔。

在欧洲基督教时代，心灵的位置由上帝占据。但异教思想没有完全消失。赫尔墨斯神智学[1]声称自己早于所有宗教，并且

---

[1] 赫尔墨斯神智学（Hermeticism）是依托赫尔墨斯之名的神秘主义学说，在文艺复兴和宗教改革中曾发挥重大作用。

是所有宗教的源头，但实际上它大约在公元 3 世纪产生于罗马帝国。他们相信，在各异的宗教和信仰的深层存在着独一的神学，由神授予。

赫尔墨斯神智学的奠基者传说是赫墨斯·特利斯墨吉斯忒斯（Hermes Trismegistus），一位异教的先知。他很可能不是一个真实的历史人物，而是由赫尔墨斯（Hermes）和透特（Thoth）混合而成。赫尔墨斯是古希腊的神，也是诸神的使者，沟通神界和人间，引导灵魂再生。透特是古埃及神话中的智慧之神、维持宇宙的神，也是占星术和炼金术（魔法的两种）的守护神。透特审判死者，引导再生，被认为是埃及《死亡之书》的作者。因此，在希腊化时期，希腊人承认赫尔墨斯和透特是对等的神。特利斯墨吉斯忒斯的意思是三重伟大，指最伟大的哲学家、最伟大的教士、最伟大的国王。也有说，指的是宇宙智慧的三个组成部分：炼金术、占星术和神通。炼金术不仅是把铅变成金，也是了解生、死、复活秘密，由此探索人的精神和生命。占星术的知识，被他们认为是查拉图斯特拉发现的，天体运行的意义超过了物理学定律，而具有神的意志。

赫尔墨斯神智学重视炼金术和占星术。这种希望了解和控制自然的精神，在文艺复兴时期促进了现代科学的发展，并延续到后世。在文艺复兴时期，赫尔墨斯神智学被广泛接受，并延续到后来的宗教改革时期。许多思想家都在一定程度上受到影响，如马西里奥·费奇诺（Marsilio Ficino）、乔瓦尼·皮科（Giovanni Pico）、乔尔丹诺·布鲁诺、康帕内拉、托马斯·布朗、拉尔夫·沃尔多·爱默生。牛顿对赫尔墨斯神智学也有深入的研究。

其中，文艺复兴时期的意大利哲学家乔瓦尼·皮科，接受赫尔墨斯神智学，但反对占星术，认为占星术违反了人的自由意志。在《申辩》中，他把魔法分为两类，一类是与邪恶神灵结盟的黑魔法，一类是与神圣神灵结合的神通。皮科的分类与汉语的意思相通：神通，而不是魔通。

可以把荣格看作这个古老的神秘主义传统的继承人。但荣格没有做皮科这样的分类，因为他的引导者是他的内心，无所谓神或者魔。

在巴塞尔大学：通灵

　　在巴塞尔大学就读期间，荣格的家里发生了无法解释的事情：七十余年的餐桌在潮湿的夏季爆裂，大约两个星期后，切面包的餐刀也爆裂。两次爆裂都发出巨大的声音。这时，他又听到亲戚说，桌子能够自己转动。这些亲戚中有一位十五岁的姑娘，是一个能招魂的巫师。荣格每周六定期到亲戚家观看招魂术，两年后才发现巫师的诡计，他在自传中说"对此十分后悔"。这位女亲戚在二十六岁的时候因肺结核去世，没有以"特异功能"成名，当时欧洲（俄国除外）大概也不会广泛接受这种行为。女孩只在亲戚中展示她的把戏。几年之后，荣格在博士论文《论所谓的神秘现象之心理学和病理学》中记录了这个经历。

　　在大学的第二学期末，荣格在同学父亲的藏书室里读到一本有关唯灵论的小书。唯灵论是对通灵现象的信仰，在1850年左右起源于美国的福克斯三姐妹。通灵者往往是女性，能够与死者的灵魂交流，荣格的这位女亲戚就属于这一类。基督教内也有唯灵论者，荣格读到的唯灵论小书就是神学家写的。在美国，艾迪（Mary Baker Eddy）称她在阅读《圣经》时受到启示，随后建立了基督教科学派。她的《科学与健康》（1875）与《圣经》同为基督教科学派的核心读物。这本书的出版与荣格的出生在同一年。艾迪在书中声称：疾病是一种幻觉，可以仅仅通过祈祷治愈；灵的世界是唯一真实的世界。荣格说："唯灵论的观点，在我看来是古怪的和值得怀疑的。"

荣格说，在巴塞尔大学，"我甚至还读了斯威登堡的七卷著作"。他没有提这部著作的名字。实际上，斯威登堡（Emanuel Swedenborg）的《灵界纪闻》有八卷。书名显示了内容的来源——斯威登堡是通灵者，他的灵魂能够脱离肉体，自由地往返现世与灵界，而这时他的肉体如同尸体一般，可以被他的灵魂看到。这样的传说在道教中有不少，得道之人可以抛弃肉体成仙，即"尸解仙"；在藏传佛教噶举派的那若六法中，"迁识法"（藏语"颇瓦"）能把意识迁移到净土，从而避免轮回。在日常生活中，有"元神离体"之说，元神还可以返回肉体。元神是道教的说法，指人先天具有的灵光。这些修炼成就与斯威登堡的通灵不完全一样，但在灵魂出窍这一点上是相同的，可以证明不同文明的人们有相似的深层心理和追求。

《灵界纪闻》的见闻发生在1747年到1765年。斯威登堡说：灵体生命远非肉体生命可比；在思想观念方面，灵体胜过肉体千倍。可是，灵并不仅是思想，也是有机体。斯威登堡说：一个人如果失去与他相关的灵，"他就如同已死之人，没了思想和行动的活力"。他的纪闻显示，灵界和现世似乎没有明显区别。

生与死也没有明确的界限，如冥河。很多人在死后一段时间还以为仍是在人间，在得知已经失去肉体的时候还很惊讶。灵也有感觉，而且更敏锐。神允许人活在他们各自的欲望中，并在死后继续他们生前的生活方式，因此灵界也有善恶，也有虚伪。

在《天堂与地狱》中，斯威登堡说，天使也是人，与人不同的是，天使有光芒。在《宇宙中的生命》中，斯威登堡不仅看到太阳系的各大行星上有灵，太阳系之外的行星上也有灵，并能够与他们交流。在他的笔下，灵界似乎是另外一个人间，有着与地球类似的日常生活，只不过灵界更具有灵之性。他似乎找到了虫洞，能够在两个平行宇宙之间穿行。通灵是危险的，因为灵不是神，他们可能是善的灵，也可能是恶的灵。

虽然有通灵的能力，斯威登堡却不认为他是独特的。他说：与精灵和天使交流原是人的本能，是人所共有的。只是随着时间的推移，这世界中的人类逐渐从内转向外，这种交融就消失了。显然，他要恢复这种交融。

在斯威登堡的一生中，欧洲的科学、政治制度都处在巨变之中。虽然18世纪进入启蒙时代，理性开始占据主导，虽然他的科学思想、技术设计是超前的，但斯威登堡仍是一个过渡人物——处于神秘主义和科学之间。所谓神秘，即在科学之外。在斯威登堡之后，科学一直在挤压神秘主义的空间。在科学时代坚持在生理学、解剖学的范围之外探索人类的心理和精神，这正是荣格心理学的意义。

科学在发展，变得更有兼容性。在过去一个世纪，量子力学的发展在微观的层面上为人类打开新的视野，也重新为神秘主义创造了可能性空间。受量子力学启发和支持的宇宙学也通向神秘的宇宙，但平行宇宙理论还处在数学模型阶段。在这些假设得到实验证明之前，我们或许可以称之为"科学的神秘主义"，或"神秘的科学"。量子力学有"观察者效应"，即意识对存在的干扰。但观察者效应是不变的，没有体现出人的意识在个体之间以及时间之中的变化。没有表现出个人维度的观察者效应是否真的是意识的作用，应该存疑。但不管怎样，"客观世界"的确定性被打破了。

斯威登堡有许多著名的追随者，如较早的有版画家、诗人威廉·布莱克，现代则有博尔赫斯。他们的作品都有浓重的神秘主义色调。博尔赫斯也了解荣格的理论，他的《但丁九篇》似乎到处都有受到荣格启发的痕迹。

今天，人们可能不太容易接受斯威登堡。可是，在科学时代，神秘主义依然盛行，被理性压抑的无意识从另一个方向突破，主要以娱乐的方式出现，如影视、动漫、游戏、通俗小说。流行文化制作者的想象力往往得益于早先的神秘主义者，古老的真诚信念变身为娱乐。例如，因漫画出名的"小宇宙"就是斯威登堡使用的一个概念，但不是他最早提出来的。斯威登堡认为，"人体小宇宙"是"宇宙大人体"的一个元素；天堂的形状是一个人体，灵以他们的层次高低分布在天堂的不同部位。

荣格在自传中还罗列了其他一些通灵者的名字，但没有阿莱斯特·克劳利（Aleister Crowley）——20世纪最著名的通灵者之一。克劳利与荣格同岁。1895年，克劳利进入剑桥大学，荣格进入巴塞尔大学。1898年，克劳利加入神秘主义组织金色黎明

（Golden Dawn）——赫尔墨斯神智学的一个教派，1888年成立于英国。

在那个时代，许多诗人、文学家都对神秘主义抱有兴趣，或经历过神秘体验，他们的敏感和敏锐不是一般人可及的。如爱尔兰诗人 W. B. 叶芝在1890年就已加入金色黎明。叶芝对神秘主义的兴趣持续了一生，并成为他诗歌的一个基调。他曾在爱尔兰西部买下一座小城堡，称之为"塔"。他后来的妻子还在塔中获得了通灵能力，方式类似中国的扶乩。另一位大诗人 W. H. 奥登，其早期诗歌中，一个反复出现的主题是"家族魂"（family ghosts）。Ghosts 指鬼魂、幽灵，不是灵魂。奥登用"家族魂"指已逝祖先不可见的、对个人的巨大心理影响。这与荣格的心理学有契合之处。

英国小说家威廉·萨默塞特·毛姆于1908年出版了《魔法师》，这是一部关于爱情、阴谋与魔法的小说，其中邪恶主角哈多（Haddo）的原型就是克劳利。毛姆显然不喜欢他。作为反击，克劳利在《名利场》杂志上发文，指责毛姆的这部小说关于魔法的部分剽窃了魔法典籍，如果没有这些典籍，小说家的想象力大约都是不足的。

毛姆以克劳利为原型的小说名字是 The Magician，有人翻译为《魔术师》。这是不准确的。在这部小说中，哈多用试管制造生命，能够在被杀死之后立刻消失，这样的人当然是（想象中的）魔法师，不是魔术师。

克劳利也注意到 magic 的模糊性。为了区别于舞台上表演的魔术（magic），克劳利把魔法拼写为 magick。汉语对这两者有明确的区分——魔法和魔术是两个词。魔术使用障眼法，是一种娱乐（戏法），可能被揭穿；魔法则是一种超越现实世界的心理活动，是个人的精神体验，不可被证实或证伪，所以被归为神秘主义。

克劳利说："对所有魔法仪式的目标的一个主要定义是连接微观宇宙和宏观宇宙。"这也是过去两千余年宗教神秘主义者的追求目标，特别是在东方。荣格的思想没有超出这个传统。这种联系表现为意志引起的外部世界的变动。克劳利说："魔法是遵照意志而引起变化的科学和艺术。"也就是说，魔法是个人凭借意志改动外部的物质世界，不需要借助身体的运动。这个意志是"我的意志"，不是别人的意志。克劳利魔法是超自然的，却与叔本华哲学有契合之处。叔本华的一个论断是："世界是我的意志。"当然，叔本华的这个论断是哲学认识论的，不是对行动结果的描述，不涉及传说中的魔法师用意志造成物体的变化（特异功能者宣扬的意念移物是其中一种：位置的变化）。

1904年，克劳利和新婚妻子一起到埃及，在住房内召唤埃及神灵。他的妻子声称，古埃及的神荷鲁斯（Horus，长着隼头的天空之神、战神）在等待克劳利。克劳利听到荷鲁斯的使者的空灵声音，并记录下了一切，这就是《律法之书》（1904）。这本书的全部律法就是"做你所愿意做"。这个说教对半个多世纪后的嬉皮士有很大影响。这句话是个人主义的，如他在同一本书中所说："每一个男子、每一个女子都是一颗星。"

克劳利沉溺于自己的或神魔的世界，在贫困中死去。他的骨灰被寄给美国的追随者。

克劳利在美国的学生有杰克·帕森斯（Jack Parsons）。帕森斯是一位天才工程师，是喷气推进实验室的主要创办者之一，被认为是人类航天事业的先驱。因为家境贫穷，帕森斯上中学时就在一家炸药公司打工，后来只在一所不知名的大学读了一个学期。再后来，他想去斯坦福大学读化学，仍没有钱支付学费。1936年11月，在加州理工学院附近的一个山沟里，帕森斯和他的"自杀小组"第一次试验火箭发动机。加州理工学院教授卡门（Theodore von Kármán）认可他的工作，向他提供物质帮助。在此期间，帕森斯在南加州大学上夜校，但因为忙于试验，成绩不佳。

帕森斯也是神秘力量的践行者。他相信，可以用量子物理来解释克劳利的思想。1941年，克劳利让帕森斯负责他在加州的神秘主义组织，而帕森斯因此在1944年被赶出喷气推进实验室。

1952年，帕森斯死于一次试验爆炸，仅三十七岁。他的死因很可能是一次事故，但也有人说是自杀，或谋杀。

托马斯·品钦的《万有引力之虹》（1973）是一部后现代主义小说，以神秘主义的方式，似乎杂乱无章地把性爱、毒品、政治、阴谋和工程物理交织在一起，主人公隐秘的自我意识随之展开。品钦可能从帕森斯的生平中得到灵感，而他的小说也和帕森斯一样令人难以理解。

在帕森斯小组第一次试验火箭的同年9月，钱学森在麻省理工学院获得硕士学位，随后来到加州理工学院。他的导师正是资助过帕森斯的卡门。1937年4月，钱学森才有机会加入帕森斯的团队，在团队里的位置是数学家。他的到来较晚，不是"自杀小组"的五名成员之一，试验现场的五人合影里没有他。

那些缺乏理性教育的人在每一个地方都能看到魔鬼，看到阴谋，整日惶恐不安。这是前现代人在现代社会中受到的折磨。他们不知道寻找自己的灵魂，只是需要神，如果没有，就在人间制造一个来崇拜，以安慰自己的无知无明。

但他们并不特别。几乎每个人心里都有魔法的想象，区别只是潜伏的深浅，与时代和文化无关。这是荣格心理学的心理基础。《哈利·波特》在全球的流行就是一个证据。这部小说以及随后的电影是一个悠久传统的延续，而不仅仅是一个文学题材。

除在唐代传入中国的西方眩术（魔术）之外，中国的魔法还有一个更古老的本土源头：方术。方士多是隐者，而活跃在宫廷中、社会上的方士多是骗子。秦始皇、汉武帝、唐太宗这些具有雄才大略的君王都曾追求长生不老，迷信术士。明末宫廷三大案之一的红丸案也是由方术而起。在这些事件中，皇帝都是受害者。俄国也类似，"妖僧"拉斯普金（Grigori Rasputin）在末代沙皇的宫廷中呼风唤雨。在中国底层社会中，还有江湖"法术"。从陈胜、吴广开始，中国历代农民起义总是离不开预言、法术。

魔术是属于这个世界的技巧，而魔法则关系到另一个世界。反对通灵（魔法的一部分）最有力的是魔术师。哈里·胡迪尼（Harry Houdini）和詹姆斯·兰迪（James Randi）分别是他们所处时代最出色的魔术师，一再否认他们拥有超自然力量。魔术师胡迪尼用了十多年的时间反对通灵。他能制造所有的幻术，并声称那只是魔术。英国侦探小说家柯南·道尔相信通灵，为此与胡迪尼翻脸。1928年，胡迪尼去世两年之后，魔术师兰迪出生。

1956 年，兰迪在沉入水中的密闭金属棺材中待了 104 分钟，打破了胡迪尼创下的 93 分钟纪录。兰迪也坚持揭穿以魔术为魔法的骗子。1979 年，兰迪设计了一场骗局。他招募了两名年轻的魔术师，派他们去欺骗华盛顿大学的超心理学（parapsychology）研究员。研究员发现，这两位拥有多种"特异功能"，比如能够用意念弯曲放在密封玻璃瓶中的金属餐叉，却不知他们是魔术师。同样，在兰迪的表演前，教授、参议员等体面人物不相信兰迪只是一位魔术师，指责他隐瞒真相。

荣格没有通灵者走得那么远，他与这些通灵者也没有来往，但荣格生活在这样一个文化中，这是他受到推重的原因之一。虽然荣格也接受神秘的启示，但他从心理学的角度解释这些现象，不是真的相信有神和魔在引导（如果不是主导）人间的活动。因此，通灵学只能被用来理解荣格那个时代的背景资料，不宜把荣格放入其中。

上文提过一门学科叫作超心理学，它试图用科学的方法证明人类超自然现象的存在。1988 年，美国国家科学院发表了一份关于超自然现象的报告，结论是"在 130 年研究中没有发现超心理现象存在的科学依据"，因此把超心理学列为伪科学。在 20 世纪 80 年代，因为长期没有取得进展，美国大学里研究超心理现象的机构陆续关门。现在，美国只有弗吉尼亚大学的精神病学和神经行为学系、亚利桑那大学的心理学系还保留相关项目，研究濒死以及死后（可能存在）的意识。但在大学之外，还有一些机构在研究超心理学，特别是在英国。

比起超心理学，常规的心理学研究也好不了多少。《科学》

杂志评出的 2015 年世界十大科学发现的第四项是：对心理学顶级期刊的研究表明，在发表的 100 项研究中，研究的实验结果仅有 39% 能够被重复。这项调查由弗吉尼亚大学心理学系的布莱恩·诺塞克（Brian Nosek）教授主持，全球有 270 多位心理学家参加。这个吃饭砸锅的发现对心理学的方法提出了挑战。在另一方面，这个事实也说明：很难用科学的方法了解和把握人的心理，至少在目前阶段。

在巴塞尔大学：哲学

康德

在巴塞尔大学读医学的时候，荣格还阅读哲学著作。他在自传中说："我从哲学著作的阅读中获悉，心灵的存在是形成所有认识的基础。没有心灵，便不会有知识，也不会有认识。"他还提出问题："梦有可能与鬼魂有着什么关系吗？"

荣格的阅读包括康德的著作。伊曼努尔·康德比斯威登堡晚生三十六年。两人的生命有将近半个世纪的重合。《一位视灵者的梦》（1766）是康德的早期著作。"视灵者"指能够看到鬼魂的人，在这本书里指斯威登堡。康德研究了斯威登堡的《属天的奥秘》《灵界纪闻》等书，他得出的结论是，斯威登堡看到的只是幻象。但是，如曼弗雷德·盖尔（Manfred Geier）在《康德的世界》（2003）里指出的："康德对斯威登堡经历过的事情没有提出质疑。因为这些现象中没有什么是真正荒诞的，不管是半醒半睡的状态，还是心不在焉的散步，不管是催眠的感应作用，还是风趣的内心独白，每一个人都有这种感觉经历。"这些现象（或幻象）可以被纳入心理学的范畴。

盖尔说："视灵者的著作是用神话、宗教、神学、哲学和文学读物的残渣拼凑而成的。"康德指出，这些知识构成了斯威登堡的"经验"，却是伪经验，他以此自我欺骗。康德批评的只是斯威登堡对伪经验的理解和加工，而不是知识本身。这些知识正是荣格用来构筑他的心理学的材料。荣格之所以这样做，是因为他知道"视灵者"更敏锐。如果没有这些材料，心灵就接近一片空白。在打倒一切之后，我们也发现了这个事实。

康德说："我承认，所有关于死者灵魂再现或者神灵感应的故事，所有关于神灵存在者的可能本性及其与我们联系的理论，只有在希望的秤盘上才有显著的重量；相反，在思辨的秤盘上，它们似乎纯由空气构成。"盖尔相信，康德"有点儿倾向于写有'未来之希望'那一边"。在今天的科学和纯粹的思辨之中，"它们"也不再仅仅是希望和空气——虽然康德已经知道，空气并不是空无一物。伪经验或许并不完全是"伪"的，也不仅仅有心理学意义。

在哲学领域，理性或纯粹的思辨从来没有取得完全的胜利。笛卡尔的命题"我思，故我在"是以普遍怀疑的论点为基础的，所以后来有学者补充为"我疑，故我思，故我在"。笛卡尔认为，我们感知到的可能是幻象，必须为知识找到一个无可怀疑的起点。他排除了一切被认为可疑的知识来源，然后说：我不能怀疑我的怀疑，"我怀疑，所以我存在"。怀疑、思和存在都属于个体（我）。

但是还有另一个哲学传统。英国经验主义哲学家大卫·休谟认为笛卡尔是错的。在《人类理解研究》第十二章"怀疑哲学"中，休谟说："（笛卡尔等人的）那个主义提倡一种普遍的怀疑，它不只教我们来怀疑我们先前的一切意见和原则，还要我们来怀疑自己的各种官能。"笛卡尔倡导理性，休谟相信知觉、"各种官能"的经验，认为心是感官材料的加工者。休谟说："人类都凭一种自然的本能或先见，把他们的信仰安置于感官"，而不需要推理。休谟把原始的自然本能称为"无舛误的、不可抗拒的"，是"全人类普遍的原始的信念"。这个论断当然不能排除神秘主义。荣格探索的，正是这种人类普遍信念的心理基础。

休谟指出"理性的贫困"，他相信，理性与原始本能是冲突的，也反对笛卡尔的心、物（包括感官）分离的二元论。休谟说："我们凭什么论证来证明它们（知觉）不能由人心的力量生起呢？我们凭什么论证来证明它们不能由一种无形而不可知的精神的暗示生起呢？我们凭什么论证来证明它们不能由更难知晓的一种别的原因生起呢？人们都承认，事实上这类知觉许多不是来自外物，如在做梦时、发疯时或得其他病时那样。"作为经验主义者，休谟相信人心中只有知觉，而把梦、疯癫排除在知觉的来源（经验）之外，而这个空白正是弗洛伊德、荣格等心理学家特别要挖掘的心灵富矿。

在休谟之前，英国经验主义哲学家还有约翰·洛克、乔治·贝克莱。他们都对康德影响至深。在《纯粹理性批判》（1781）中，逻辑学教授康德试图调和理性主义与经验主义。为此，他划分了"现象"与"物自体"。物自体是感官不能到达的，这一概念为神秘主义留下了空间。康德设立了理性与经验之外的两个范畴：先验、幻象。他认为，人类具有某种先验的知识，而不仅有后天的经验的知识。他区分了先验与超验（神秘主义大致落入超验的范畴），但两者之间并没有明确的界限。康德把先验作为理性的出发点，正如几何没有公理就无法展开一样。但他也试图排除"先验幻象"。康德说，在纯粹理性中，人们到达的是"种种幻象与谬误推理密切联结、在共同原理下组织所成"之全部体系。康德揭示了纯粹理性的有限性，符合休谟的观点：推理的过程不可能是完美的，其中必然有幻象的成分。

一些学者认为康德是唯心主义的，另一些则说他是心理学的。实际上，康德哲学与荣格心理学是互补的。荣格要做的是揭示先验与幻象的真面目。

德国的浪漫派

在 20 世纪前的 500 年间，小城巴塞尔是欧洲的学术中心之一。在荣格读书的时候，巴塞尔人仍然以他们的历史为傲。荣格在自传中说："巴塞尔是我的故土，因而我至今仍有一种淡淡的怀恋，尽管它而今已不再是我记忆中的样子了。"

巴塞尔大学是瑞士最古老的大学，成立于 1460 年，名人辈出。人文主义者伊拉斯谟、神秘主义者和科学家帕拉塞尔苏斯（Paracelsus）都曾任教于巴塞尔大学。他们是 16 世纪欧洲最重要的学者，后面还会说到。莱昂哈德·欧拉（Leonhard Euler）

于 1707 年出生于巴塞尔，13 岁进入巴塞尔大学，被认为是历史上最伟大的几位数学家之一。此外，这所大学的知名校友还有巴霍芬（Johann Jakob Bachofen）、雅各布·布克哈特（Jacob Burckhardt）、尼采。这三个人与荣格曾同时生活在巴塞尔。

在《西方的没落》第一卷（1918）的导言中，奥斯瓦尔德·斯宾格勒批评 20 世纪初两种对立的历史观。他说：

> 在这一对立中，正好表现了浮士德的两个心灵。一类人的危险在于其聪明的浅薄。在他们手里，全部古典文化、全部古典心灵的反映，最后都不过是一堆社会的、经济的、政治的和生理的事实……另一类人的构成主要是后起的浪漫主义者——近时的代表是巴塞尔大学的三教授：巴霍芬、布克哈特和尼采……他们迷失于古代的云雾中，而实际上，那不过是他们自己的感受力在语文学镜子中的影像。他们把自己的论点只建立在他们认为可以支持它的证据之上，那就是古代文献的残篇断片，可是，从未有一种文化是由它的伟大作家如此不完整地呈现给我们的。

在以上引文中，斯宾格勒批评两种对立的学术风格。第一类只注重生硬的外部条件，无视古典文化中的心灵；而另一类则是浪漫的，解读史料时不够严谨。他列举的第二类的三个代表人物——巴霍芬、布克哈特、尼采，都是巴塞尔大学教授。在这三人中，尼采最年轻，去世也最晚，在 1900 年。

斯宾格勒把这三位教授归入同一类型，称他们为浪漫主义者——虽然他们的禀赋各异，思想差距也很大。其实，从浮士德的两个心灵来说，荣格确实更接近浪漫主义，原因除了他的天赋之外，可能还有地理的因素。巴塞尔城的历史积淀和巴塞尔大学的学术传统必然会对年轻的荣格产生影响。

虽然斯宾格勒批评浪漫主义，他的《西方的没落》却是接近这一传统的，论说的基础更多是直觉，而不是扎实的事实。

在歌德与席勒的德国文学古典时期，德国浪漫主义已经出现。歌德曾说过："古典是健康的，浪漫是病态的。"浪漫主义首先表现为一股文学潮流，其思想来自哲学。哈曼（Johann Georg Hamann）比康德小六岁，比歌德大十九岁。他是柯尼斯堡人，是康德的同乡和朋友。在德意志启蒙运动的晚期，哈曼成为一个虔诚的基督徒，撰文对康德的《什么是启蒙？》提出异议。哈曼的思想对歌德、黑格尔、克尔凯郭尔等人都产生了很大的影响。浪漫主义的主要人物之一赫尔德是他的学生。在以后的岁月里，哈曼主要被当作启蒙运动的反对者。以赛亚·伯林把他列为第一个浪漫主义者。

诗人总是与理性保持距离。德国浪漫派的赫尔德、诺瓦利斯、荷尔德林都是杰出的诗人，也研究哲学；施莱格尔也注重诗歌，不过他的主要贡献在哲学。后面这三位都出生于 19 世纪 70年代初。荷尔德林的"诗意的栖居"在中国一度走红。诗人海因里希·海涅在浪漫主义中度过了青年时光，而后成为浪漫派的激烈批评者。他在《浪漫派》（1835）中宣告了浪漫派的终结——但还不是浪漫主义。浪漫主义传统延续到了 20 世纪。哲学家海德格尔也强调诗歌的重要性——他倒向了纳粹。

浪漫派出现于德国争取民族自由和统一的时期。他们接受法国大革命的"自由、平等、博爱",但反对拿破仑的法国的侵略。他们以本民族的文化传统对抗"西方"（德国真正加入"西方"是在两次世界大战之后）。倡导理性的启蒙运动主要发生在18世纪法兰西民族的自我意识浮现时,作为对抗,德国浪漫派作家挖掘本民族的文化遗产,如具有神秘主义色彩的神话、童话。但还不止于此。浪漫主义是启蒙与理性的反动,它的推动力量是非理性、人类的幽暗本能。

在一般中国人的印象中,浪漫与理性似乎分别是法国和德国的特点,但至少在19世纪末的前后数十年,情况不是这样。以赛亚·伯林在《浪漫主义的根源》中指出,浪漫主义起源于德国,是一场反启蒙（也就是反理性）的运动。德国浪漫主义排斥理性的规律,强调天才、创造。这是精神的一种体现。"精神"是一个复合概念,被陆续添加了很多隐晦的东西。歌德曾经提议,德国人在三十年内不要说起"精神"。

1806年,黑格尔在耶拿看到骑马进城的拿破仑,赞叹他是"世界精神"。这时,黑格尔刚完成《精神现象学》。这本书讲述个人意识的历程,个人意识可以到达"理性"。这一历程遵循的是几千年来人类意识发展的共同阶段。在理性之后,意识上升到精神阶段。黑格尔认为,"精神"实际上是高级阶段的"意识",分别在范围和高度上超过个人,进入社会和宗教。对于黑格尔,哲学和宗教并无本质不同。他说,哲学是对于非世间者的认识。

荣格后来对黑格尔的精神现象学做出回应。他提出的"集体无意识"也蕴藏着共同的人类精神,但没有像黑格尔那样把它附属于权力。而且，荣格不仅知道"精神也返回内在自身"，更是从来没有离开过。荣格深入挖掘意识之下的无意识，但也提出"个体化"。在构建他的心理学体系时，荣格没有使用德国哲学中常见的抽象概念，以及概念之间的超验联系。他在很大程度上依赖"浪漫主义"的直觉和神秘体验，不完全是科学试验。在这个意义上，荣格是德国浪漫主义的继承者。

哲学并不经常向权力献媚，至少不向入侵者。1807 年至 1808 年，在法国占领之下的柏林，哲学家约翰·戈特利布·费希特发表系列演讲，倡导以"民族精神"对抗法国，这就是《对德意志民族的演讲》。他的民族主义被称为浪漫的民族主义。在法国，浪漫主义也是反抗的力量。欧仁·德拉克洛瓦人人皆知的油画《自由引导人民》就是对法国 1830 年革命的纪念。在德国，浪漫主义的影响更深远，几乎涵盖了文学、哲学、宗教等最基本的文化领域，塑造了德国的"民族精神"。

费希特极大地推动了德国"民族精神"和民族主义的发展，然而，他哲学的核心概念却是"自我"。在这个基础上，他发展出自我—意识的理论。自我、个体自由与民族并不必然对立。在德国哲学中，个体自由常常被当作目的。末流后学忘记或蔑视这一事实，灾难就会降临。

在哲学家们停止的地方，有待心理学家向下继续探索无意识。心理学家不为意识和无意识设定一个目的。对于他们，意识和无意识的意义在于它们本身的存在，而不是别的什么东西。哲学上的这种"自我"，在荣格心理学上是"自性"，也是能够变形的自我。"自性"被批评是对上帝的隐喻。荣格说，自性不是上帝，而是上帝的影像。"自性"不是哲学中的超验设定，但也不能被实验完全证实。心理是变化的、非物质的，不能完全用物理学和生物学来解释，这是神秘主义存在的一个前提。

荣格是瑞士人。他的母语是德语，他的家乡在德国边境上。在文化上，荣格是一个处于边缘的德意志人（他谈起过他的地方口音），但仍是德意志人。所以，在德国文化中可以找到荣格心理学的种种隐秘源头。荣格的概念不是哲学的，但哲学史有助于我们理解他的心理学。

德文书《浪漫主义：一个德国事件》（2007）出中译本时，书名被改成《荣耀与丑闻：反思德国浪漫主义》，原书名中的"Affäre"被舍去——这个词的定义之一是牵涉到公众情感和道德评价的事件。这种事件的影响是潜移默化的，不同于法国年鉴学派所说的"事件"（event），即短时段内发生的事——相对于蕴涵历史结构的长时段而言，事件不足以构成真相。此书的作者吕迪格尔·萨弗兰斯基（Rudiger Safranski）称浪漫主义为"一个德国事件"，"事件"用的是前一个词。

在《德国历史中的文化诱惑》（2006）一书中，沃尔夫·勒佩尼斯（Wolf Lepenies）说："如果能给独特的德国意识形态下定义的话，可以说它包括了浪漫主义与启蒙运动的对立、中世纪与现代世界的对立、文化与文明的对立，以及礼俗社会与法理社会的对立。""文化"在德语中相当于其他语言中的"文明"，但被德国人认为高于其他文明，因为有更多精神性，更少功利性。这四组对立，其实可以归结为中世纪与现代世界的对立。"二战"期间，流亡美国的托马斯·曼仍要抵制"西方的理性主义思想"。

卡尔·施米特在《政治的浪漫派》中说:"在费希特的个人主义影响下,浪漫派觉得有足够强大的力量亲自承担起世界创造者的角色,他们要用自己创造出现实。"这是政治之所以"浪漫"的缘由。为了取代上帝的作用,"浪漫派从天主教会找到了他们寻找的东西:一个巨大的、非理性的共同体,一个世界史的传统,以及传统形而上学的人格化上帝"。施米特说:"中世纪的神秘主义者从上帝那儿发现的东西,浪漫派试图把它赋予自身,但又不放弃指定两个新造物主,即人类和历史的可能性,不放弃这个统一性的问题。"在这个意义上,浪漫派也是神秘主义的继承者——他们没有改变抽象的概念,但重新做了组合。

虽然浪漫主义作为一场运动在19世纪初就已经结束,但余脉不绝,在很大程度上可以看作是荣格心理学的必要准备。在另一方面,理性主义也能杀人。实际上,20世纪的另外一些大灾难的原因是有人相信可以通过理性的计划推动历史发展,在实施过程中同样也激发了群众的幽暗本能,使他们为了一个宏大目标不惜大规模屠杀。由此可见,在理性与非理性的缠斗中,任何一方的完全胜出都是有害的;还可以说,在心怀叵测的煽动者和群情激昂的大众面前,任何思想都可能是无力的。

巴塞尔大学的三位教授

荣格在巴塞尔度过青少年时期，接受大学教育。他怀念巴塞尔城的智力传统。他在自传中说："我至今仍记得巴霍芬和雅各布·布克哈特在街上漫步的旧日时光。"这两位教授去世时，荣格分别才十多岁、二十出头。巴霍芬、布克哈特以及尼采，都在19世纪中后期取得成就，这时德国浪漫主义运动已经过去，但影响还在。

巴霍芬

在巴塞尔大学的这三位教授中，巴霍芬的年纪最长。他出生于巴塞尔。中学毕业后，巴霍芬到柏林大学和哥廷根大学学习法律和科学，于1838年完成博士论文。接着，他又去巴黎大学和剑桥大学学习两年。1841年，巴霍芬回到故乡，在巴塞尔大学担任罗马法教授。四年后，因为被指责通过家庭影响获得教授职位（他的父亲是城里的富商，母亲的家族有多位政治家和学者），他辞去教职，但继续担任巴塞尔刑法法院法官，直到1866年。辞去教职后，巴霍芬开始研究希腊、印度、中亚的神话和文物，作为重建古代历史的基础。

在男权时代，巴霍芬试图挖掘神与人类曾经有过的女性一面。他在1861年发表《母权：古代世界中母系社会的宗教及司法特征研究》，把人类的文化进化分为四个阶段，每一个阶段都有一个主神为代表：1.游牧的群婚时代，主神是大地的原型阿芙洛狄忒（爱神）；2.农业的母神时代，女性的"月亮"阶段，出现地府的"神秘崇拜"和律法，主神是早期的谷物女神德墨忒尔；3.过渡的狄奥尼索斯时代，父权这时开始出现，主神是原初的狄奥尼索斯（酒神）；4.阿波罗（日神）时代，父权的"太阳"阶段，母权时代和狄奥尼索斯时代的痕迹都被抹去，现代文明在此时出现。

巴霍芬提出的神都出自古希腊神话，前两个是女神，后两个是男神。巴霍芬是借用他们来标示某种更早的、可能同类型的神，与古希腊神话并不完全一致。虽然巴霍芬大量阅读早期历史和人类学著作，但他划分的四个阶段并无扎实的史料根据，更不用提与之相应的神了。巴霍芬被当作文化人类学家，而后来的大多数人类学家认为，并不存在"母系社会"，即女子掌权的社会，虽然各社会中女性权力的大小不一。不过也有人类学家认为曾经有过少数例外。正如斯宾格勒所说，巴霍芬建立他的理论时更多地依据"他自己的感受力"，而非史实。这就是浪漫主义的方法吧。

尼采在《悲剧的诞生》（1872）中提出日神和酒神之说。虽然《悲剧的诞生》与《母权》相差很大，但也不能忽视两者之间的一个相似之处——以神作为文化类型的标志。当时两人同在巴塞尔大学任教，尼采从巴霍芬的著作中得到启发。实际上，《母权》因为《悲剧的诞生》得到更广泛的传播。数十年后，巴霍芬对母性（而非母权）和文化进化的强调，也体现在荣格心理学中。神话是荣格心理学的一个重要资源。

荣格提出"阿尼玛""阿尼姆斯"，分别表示男人、女人的无意识中异性一面的原型。他指出每一个人的心理中都潜伏着异性的因素，即男性的阴柔和女性的阳刚。这两个拟人的词是荣格心理学的重要概念，是他提出的"集体无意识"中的要素。荣格认为，男性中的阿尼玛有四个发展阶段，其象征分别是夏娃、海伦、玛丽和索菲亚（Sophia）——明显对应巴霍芬的人类文化四个阶段的神。荣格称之为"母亲原型"，多变化，有积极的，也有消极的。他把神话中的母亲列为"阿尼玛原型"，不属于"母亲原型"，但他又说："阿尼玛原型首先与母亲意象相融合，总是出现在男人的心理状态中。"

阿尼玛的最高阶段是索菲亚，它在希腊语的意思是"智慧"，西语"哲学"一词的意思是"爱索菲亚"，或爱智。"智慧"阶段会让人想到斯威登堡描述的天堂。根据荣格的分析，哲学是男性的最高境界，而沟通神与人则是女性的最高境界。

大约因为他本人是男性吧，荣格更多论及阿尼玛，较少说到阿尼姆斯。他把女性中的阿尼姆斯也划分为四个阶段，其形象比阿尼玛更为复杂。这四个阶段分别是：仅仅表现出体能的男人；行动的或浪漫的男人；作为牧师、教授、演说家的男人；对于理解男人自我有益的指导者。他们都是世俗的男人，而非神话人物或神。不过，荣格还说，阿尼姆斯的最高阶段表现为众神的使者赫尔墨斯。赫尔墨斯和索菲亚都是意识与无意识之间的中介。

虽然赫尔墨斯在西方有众多的引申意义，但荣格把赫尔墨斯作为阿尼姆斯的最高阶段，仍然会使人们很容易联想到赫尔墨斯神智学——前面介绍过他们。赫尔墨斯是欧洲神秘主义中的重要概念，沟通神与人。不同的是，神智学是向上寻求神启，而荣格是向内探索人的内心。内心的深处是无意识。荣格警告说，要防止无意识对意识的"侵略"，尤其是无意识的幽暗部分的入侵。20世纪的政治煽动者和他们的狂热群众凸显了这一警告的先见之明。

布克哈特

荣格在自传中说，毕业多年后与他一起泛舟苏黎世湖的两位同学之一是布克哈特的侄孙，他的言谈举止都很像他的祖辈布克哈特教授。雅各布·布克哈特的家族是巴塞尔的望族。他出生在巴塞尔，他的一生基本上都在巴塞尔度过，在巴塞尔大学教书的时间就超过50年。他享受教课超过写作。不过，他也到其他国家求学、游历。

布克哈特是德国历史学家利奥波德·冯·兰克（Leopold von

Ranke）的学生。兰克史学的特点是对史料的严密考证，秉笔直书，虽侧重政治史，但不做价值判断。兰克的方法主导德国乃至西方的史学数十年。兰克去世后，柏林大学邀请布克哈特继承老师的教职，他谢绝了这个荣誉，继续留在巴塞尔。

布克哈特虽是兰克的学生，但两人的治学方法不同，分别属于斯宾格勒批评的两种不同学者类型，布克哈特被当作浪漫主义者。卡尔·洛维特（Karl Löwith）在《世界历史与救赎历史》中说："布克哈特抛弃了神学的、哲学的和社会主义的历史解释，并由此把历史的意义还原为纯粹的连续性——没有开端、进步和终结。"

布克哈特的主要著作是《意大利文艺复兴时期的文化》（1860），标志着西方历史学的一次转向，从政治史转向文化史。兰克研究的是政治史，而布克哈特注重的是文化史。当然，布克哈特也没有忽视政治的作用，特别是对暴君的反抗——政治史占了全书篇幅的四分之一。他重视政治制度的作用，而不是泛泛地叙述政治事件。因为反抗暴君，意大利的城市共和国才获得自由，才孕育出文艺复兴（Renaissance）。

Renaissance 是一个法语词，在 1855 年出版的《法国史》中，由法国历史学家儒勒·米什莱（Jules Michelet）首次提出。五年之后，布克哈特在《意大利文艺复兴时期的文化》中，把"文艺复兴"确立为一个历史时期，从"中世纪"中分离出来，位于中世纪和现代之间。他说，在那时的意大利，"由于理性主义和新产生的史学研究的结合，到处都可能有一些胆怯的批判《圣经》的尝试"。这个时期的特点是人性的复苏、人文学科的兴起、艺术的勃发。

布克哈特说："在中世纪，人类意识的两方面——内心自省和外界观察——都一直处在一层共同的纱幕之下，处在睡眠和半醒状态，这些纱幕是由信仰、幻想和幼稚的偏见组成的，透过它向外看，世界和历史都罩上了一层奇异的色彩。"这层纱幕是基督教，最早在意大利撤去，为个人的发展创造了条件。但是，"内心自省"的纱幕并没有被完全揭去。在文艺复兴时期，巫术并没有退潮，反而部分地占据了宗教退缩后留下的空白。

《意大利文艺复兴时期的文化》的最后一章是《古代和近代迷信的混合物》，布克哈特在这里介绍了占星术和巫术。他说："在灵魂不死的（基督教）信仰开始动摇时，宿命论就占了上风，或者往往是先有了宿命论而以迷信灵魂说的动摇作为它的结果。"布克哈特指出，首先打开缺口的是古代的占星术，在13世纪初突然出现在意大利。而荣格认为占星术（以及炼金术）是人类无意识呈现的一种方式。

1484年，皮科（也是新柏拉图主义者）为了反驳当时的流行观念，写了《驳占星家》。这本书在他1494年去世后，由他的侄子编辑出版。皮科认为占星术是宿命论的，他在《驳占星家》中提出了自由意志的学说。布克哈特说："这种学说比所有信仰复兴运动的讲道师加在一起似乎对全意大利的受过教育的阶级产生了更巨大的影响。"皮科因此"开辟了一个新纪元"。

在14世纪，炼金术在意大利也很盛行，彼得拉克在反对炼金术的辩论中承认它是一个普遍时尚。后来，炼金术士向北转移，到了今天的瑞士和德国。这大约是荣格重视炼金术的原因之一吧。在意大利，布克哈特说，炼金术"在文艺复兴的全盛时期只占一个非常不重要的地位"。

《意大利文艺复兴时期的文化》的最后一段话是对柏拉图学园的评论："中世纪的神秘主义的回响在这里和柏拉图学说合流了，和一种典型的现代精神合流了。一个关于世界和关于个人的知识的最宝贵的果实在这里已经成熟。只是由于这一点，意大利的文艺复兴就必须被称为近代史的前驱。"可以说，荣格继承了这个传统。

在给学生的一封信中，布克哈特说，最重要的是直觉和感觉，而"个性是至高无上的"。与巴霍芬相比，布克哈特的历史学没有那么"浪漫"。他娓娓而谈，多有自己的体会和感受，却也旁征博引，不是没有根据。布克哈特的历史学不在形而上学的框架之内，没有被赋予历史超验的意义。在黑格尔那里，"世界""历史"等观念是基督教神学某种程度上的哲学化变种，不是普通意义上的空间和时间。尼采说："哲学精神总是要先装扮成已被公认的冥思者的模样才能粉墨登场，它总是要装扮成僧侣、巫师、预言家，而且只要有一点儿可能就要以宗教人士的身份出现。"（《论道德的谱系》）显然，他认为黑格尔也在其中。

尼采

尼采以同样的原因批评历史学家。对于那些没有表现出"更相信生命、更相信理想"的历史学家，尼采都视为"历史虚无主义者"。他说："算了，让这沉思的民族见鬼去吧！"他像是与魔鬼定约之后的浮士德——放弃沉思，拥抱生命。布克哈特不能接受尼采的极端观点。他不赞同尼采的哲学；尼采对历史学的批评，布克哈特也不以为然。在《雅各布·布克哈特》一书中，卡尔·洛维特说："对布克哈特而言，尼采是'溶剂'，而不是'青年'，他造成的破坏是无法补偿的。"单引号内的词出自布克哈特的一封信。

1889年，尼采在意大利都灵的街上发疯后发出几封信，其中一封寄给弗朗茨·李斯特的私生女、瓦格纳的第二任妻子（这时已是遗孀）柯西玛·瓦格纳，表达他的爱意，落款是狄奥尼索斯。在他最后的一丝清醒中，尼采认同酒神，而不是日神。还有一封是寄给布克哈特的。在他的意识即将坠入无边的黑暗的时候，尼采仍思念布克哈特。布克哈特收到信后立即设法帮助他。

尼采出生于1844年，在1869年至1879年间担任巴塞尔大学的古典语言学教授。尼采比巴霍芬和布克哈特都小二十多岁。他尊重这两位前辈同事，汲取他们的思想。在巴塞尔大学的最初岁月，年轻的尼采教授每周去旁听布克哈特的历史讲座，并自称是唯一能够听懂的学生。1872年，尼采出版了他的第一本书：《悲剧的诞生》。一些批评家认为这是尼采最重要的著作。十四年之后，尼采写了《自我批评的尝试》（1886），反思《悲剧的诞生》，但更多的是捍卫他在这本书中的基本观点。

布克哈特早期的学术领域是美术史研究。尼采推崇直观、"全然非思辨、非道德的艺术家之神"。两人的思想有相似的底色。在尼采的艺术观中没有理性的位置。他接受的是"日神的直观""酒神的兴奋"。日神和酒神分别产生"梦和醉两个分开的艺术世界"（着重号为原书所加，下同）。富有诗人气质的哲学家尼采更看重酒神精神——这是一种原始的生命力、无意识的冲动。他期待酒神精神的复活。他说，倘若"我们当代世界中酒神精神正逐渐苏醒，我们心中将升起怎样的希望呵！"尼采说：在这里（指音乐和悲剧神话），"酒神因素比之于日神因素，显示为永恒的本原的艺术力量"。

然而，日神也并非不重要。日神创造"幻景"，属于日神的音乐使人们"被内在的光辉照亮"。尼采说："日神因素为我们剥夺了酒神的普遍性，使我们迷恋个体。""悲剧中的日神因素以它的幻景战胜了音乐的酒神因素。"因此，日神是个体的，酒神是普遍的，他们大约近似叔本华的"表象"和"意志"。如果用心理学的词汇来解释，这两个神大致分别象征着"意识"和"无意识"。这种比附是有欠缺的，但有助于了解荣格心理学的哲学基础。

尼采认为，悲剧诞生于"意志"对日神和酒神两种精神的结合。这里的"意志"一词的含义来自叔本华，相当于康德的"物自体"。叔本华用"意志"取代康德的"自在之物"，把外在于人的"物"变成"我的意志"——这个改变与佛教在中国的变化轨迹很相近。叔本华把形而上学之门向心理学敞开，但还没有迎接心理学的到来。叔本华受印度佛教的影响较多。尼采指出，叔本华用形而上学否定生活、生命。因此，尼采说："我必须几乎是单独地和我的伟大老师叔本华论战。"出于同样的原因，尼采反对瓦格纳的音乐转向形而上学和基督教神学。他要把哲学变成生命的赞歌。

荣格在1921年出版的《心理类型——个体心理学》的第三章是《日神精神和酒神精神》。这一章很简短。前一章较长，论述席勒的《审美教育书简》。荣格认为，《悲剧的诞生》也是审美的，他说："这部早期的作品更接近叔本华和歌德。"在《悲剧的诞生》出版十三年之后，尼采在写《查拉图斯特拉如是说》的时候"才变成了酒神的崇拜者"。《悲剧的诞生》是荣格在《心理类型》中所做铺垫之一，为了提出他的"内倾"和"外倾"之说。

希腊悲剧起源于载歌载舞、祭祀酒神的羊人剧，因此也是神话剧。希腊悲剧在成熟期也有歌队，因此与现代的歌剧有相似之处。《悲剧的诞生》前言的副标题是"致理查德·瓦格纳"。尼采曾经在瓦格纳的歌剧中看到酒神精神的苏醒。可是，在写《自我批评的尝试》的时候，尼采已经转向反对瓦格纳，因为他发现瓦格纳沉浸在浪漫主义传统之中。尼采说："所有的浪漫主义者都将变成基督徒。"尼采不认为自己是浪漫主义者，虽然他的写作方式与之相似。

作为基督教的坚定反对者，尼采在《自我批评的尝试》中批评瓦格纳："他现在已经变成一道神谕、一个牧师，而且还不只是牧师，而是'自在'之物的传声筒，是彼岸世界的电话——这个上帝的心腹发言人，他将不仅谈论音乐，而且谈论形而上学，所以他有朝一日会谈论禁欲主义理想，这也毫不足怪。"

尼采的著作贯穿着反基督教的论述。尼采在《论道德的谱系》中说，善与恶的问题在他十三岁时就挥之不去，他的第一篇哲学习作就是《公平合理地把上帝尊为恶之父》。本书前面介绍过，上帝的善恶也是少年荣格纠结的问题，他的结论是上帝也创造恶。尼采说，善与恶的道德判断分别出自高贵者和奴隶。他提出，基督教是奴隶的道德。他在《快乐的科学》（1882）中宣告："连上帝也腐烂了！上帝死了！上帝永远死了！"在《论善恶的彼岸》（1885）中，他声称基督教是犹太人的"奴隶道德起义"。

在《反基督：对基督教的诅咒》（1888）中，尼采说："我说基督教是一个大祸患，一个最大的内在坠落，一个最大的仇恨本能，对它而言，没有一种手段是更毒辣，更隐秘，更卑劣，更微妙——所以我称它是人类一个永恒的污点。"这本书又被译为《敌基督者》，所指即尼采自己。尼采反对基督教，原因是他珍重生命的活力。他要打破宗教和理性对生命的桎梏。作为反基督者的尼采说："寄生性是基督教教会唯一的实践；它用它自己贫乏而'神圣'的观念，吸干了所有的血和爱。吸干了所有生命的希望。"因此，尼采提出："重估一切价值！"

尼采称陀思妥耶夫斯基为"心理学家"，并说陀思妥耶夫斯基使他获益匪浅。尼采也把自己视为心理学家。他在《论道德的谱系》中使用了"心理分析"这个词。他说："我们从来就没有试图寻找过我们自己。"这个"自己"就是"心"。

尼采重视意识之下的深层心理，因此被认为是弗洛伊德的"心理分析学"的先驱，同时也引领了荣格的"分析心理学"。尼采称日神为"释梦者"，日神"以史诗般的明确性和清晰性出现"。因为日神，尼采重视梦境显现的意义。在《悲剧的诞生》中，尼采说，梦是"对外观的原始欲望的一种更高满足"。他引用卢克莱修的见解：壮丽的神的形象首先是在梦中向人类的心灵显现。他还引用 16 世纪德语诗人汉斯·萨克斯的诗："相信我，人的最真实的幻想／是在梦中向他显象：／一切诗学和诗艺／全在于替梦释义。"

　　弗洛伊德和荣格的心理学都建立在与尼采哲学同样的西方文明和德语文化之上。他们的心理学能够帮助我们更好地理解尼采的哲学。

精神病院的故事

在《未发现的自我》（1958）中，荣格说："任何以科学为基础的心理学都会抽象地发展，也就是说，这种心理学既会跟研究对象保持适当的距离，同时又不会让研究对象在自己的视野中完全消失。"荣格说，他的心理学在某种程度上是"抽象的"，以科学为基础。这句话并不全面。荣格心理学还有隐藏的基础：神秘主义和哲学。弗洛伊德指责荣格是神秘主义者，荣格则批评弗洛伊德不懂哲学。

荣格把他的研究称为"医疗心理学"，研究的对象是个体的病人，而每一个病人都是独特的。这是精神病医生和心理诊所的心理学。实验室心理学与此不同，它由研究者设定简单的问题，尽可能排除因问题的复杂性而出错的可能。这是大学心理学教授的方法。荣格说："这就是为什么实验室心理学实际上往往都毫无启发性、索然无味的原因。"这也是接受荣格的人大多在文化艺术圈，而较少是学院派心理学教授的原因。

荣格在大学的专业是医学，但他对人的精神更有兴趣。在巴塞尔大学的一次期末考试之前，荣格在一本教科书上看到作者把精神病称为"人格之病"。看到这里，他非常激动，由此发现："精神病学才是我的唯一目标。只有在这里，我兴趣的两股激流才能汇合……这里是生物学和精神性的共存之地。这样一个天地是我一直苦苦追寻的。"这样，荣格由医学进入精神病学。

1900 年底，荣格在苏黎世的伯戈尔茨利（Burghölzli）精神病院谋得了助理医师的职位。这家精神病院是苏黎世大学的下属医院，在 19 世纪 60 年代初开始兴建。那个时候，精神病人的待遇很不好。为了给精神病患者以人道的治疗，德国精神病学家和神经学家葛利辛格（Wilhelm Griesinger）等人在苏黎世建立了这家医院。这是认真对待精神病的开始。葛利辛格在 1865 年回到德国，创办柏林医学—心理学会，于 1868 年在柏林去世。伯戈尔茨利精神病院到 1870 年才完工。

从 1870 年开业到 1879 年，伯戈尔茨利的前三任院长都把精神病当作大脑的生理疾病。1879 年，奥古斯特-亨利·福雷尔（Auguste-Henri Forel）就任第四任院长。福雷尔是苏黎世大学医学院的精神病学教授、蚂蚁学家，致力于监狱改革——监狱和精神病院在当时没有大的区别。福雷尔在担任院长的二十年间，为伯戈尔茨利赢得了业界的认可。

荣格到伯戈尔茨利的时候，院长是福雷尔的继任者布劳伊勒（Eugen Bleuler）。布劳伊勒是"精神分裂症""分裂型人格""自闭症""矛盾心理"等词的首创者。布劳伊勒在 1898 年至 1927年担任院长，引进弗洛伊德的精神分析作为治疗方法，但也有所保留。荣格担任布劳伊勒的助手，开始学习弗洛伊德的理论。这家精神病院是荣格进入心理学领域的第一步，他后来的老师弗洛伊德也是从精神病学走向心理学的。

到苏黎世之后，荣格一连六个月把自己关在伯戈尔茨利精神病院的大墙内，研读五十卷的《精神病学概论》。他在自传中把精神病院比喻为修道院，当然，那是他的修道，不是病人的。那时，精神病学教师忙着给病人定性和定量，对病人要说的话没有兴趣。荣格说："他们感兴趣的倒是如何做出诊断或如何去描述其症状和编制出统计数字。"虽然荣格读到过"人格之病"的说法，但那时的精神病医生还没有普遍接受这一观念。要等到弗洛伊德受到重视，这个观念才得到推广。

在荣格到伯戈尔茨利精神病院不久，一位年轻女患者被诊断患有精神分裂症，用当时的术语说是"早发性痴呆"[1]，预后不良。荣格认为她患的是一般的抑郁症。他使用联想实验，从患者的无意识中找出了抑郁的原因。原来，这位女子在婚前认识一位富有的工业家的儿子。这位年轻男子是许多姑娘的追求目标。女病人很漂亮，认为自己有很大的机会把他搞到手。但这位男子对她似乎无动于衷，于是她嫁给了别人。五年后，她已成了两个孩子的母亲。当她听说这个男子当初对她也很有好感的时候，她得了抑郁症。这位年轻的母亲没有制止女儿喝洗澡水，还给儿子喝了一

---

[1]　"早发性痴呆"的概念在19世纪中期进入精神病学。1907年，布劳伊勒用"精神分裂症"取代"早发性痴呆"，次年在柏林的一次学术会议上介绍给世界同行。实际上，对"早发性痴呆"和"精神分裂症"的定义是不一样的，两者并不完全重叠。这两个词并用了多年，"精神分裂症"到20世纪20年代中期才被最终接受。

杯。儿子没有受到感染，女儿却得伤寒死了。她的抑郁症急性发作，被送进精神病院。经过一番思考之后，荣格决定把病因告诉她。如果这位女子的病情因此加重，荣格的事业就会陷入困境。好在两周后，病人出院了，而且再也没有被送到精神病院。

这是荣格第一次尝试利用病人的无意识治疗精神病。这样的病例以后还有很多。

荣格在自传中说："我常常看到有人由于满足于对人生问题做出片面或错误的回答而成为精神病患者的。""人生问题"实际上是信仰问题，但不一定是宗教的。当时有许多人不再信仰宗教，他们把世俗的物质追求作为替代信仰。荣格说："他们寻求地位、高攀的婚姻、名誉、外表的成功和金钱，这些人即使获得了他们寻求的一切，却仍然不幸福并患上了精神病。"这是一种现代病，全球流行。获取物质的成功不能满足他们的欲求。

精神病的一个源头是精神狭隘，找不到生活的意义。荣格说："这种人通常局限于一个极为狭窄的精神生活范围之内。他们的生活缺乏充实的内容和充实的意义。如果他们能够发展成为眼界更为宽阔的人，他们的精神病一般来说便会消失。"这说明精神病患者能够通过自我提升而痊愈。

荣格把精神病看作是心理病症，而不是当时流行观点认为的生理性神经病症。他认为很多精神病是由焦虑引起的。

关于宗教信仰和精神病的关系，荣格还说："我的病人大部分不是拥有宗教信仰的人，而是那些失掉了信仰的人。来找我诊治的人都是些迷途的羔羊。甚至在今天和在这个时代，信徒仍可以有机会在教堂里过'象征性的生活'。关于这一点，我们只需要想一下弥撒、洗礼、效法基督，以及宗教上的许多其他方面的体验就可以知道了。"荣格认为，对于许多人，宗教具有象征意义，而不是虔诚的信仰。他重视"象征"，探索象征掩盖的真正状况。

从荣格举的病例可以看出，他的病人是因为现实生活中的焦虑才患上精神病的。不过，焦虑是一个社会传统，潜伏在无意识中。宗教的焦虑可以转移为世俗的焦虑。内心的道德不安和焦虑可以是宗教的，也可能是世俗的。无意识人人都有。可是，自文明出现以来的无意识需要经由良好教养显示出来，没有受过良好教育（不一定是学校教育）的人具有的更多是原始意象和原始本能。在一个传统被毁灭的社会中，因为没有更高的道德权威，没有最终的惩罚，许多人能够毫无顾忌地作恶，并且在事后仍然很坦然，没有一丝不安和焦虑。

在天主教之外的其他信仰（文明）体系中，焦虑未必会轻一些，例如，鲁迅笔下的祥林嫂就承受着信仰给她带来的焦虑。折磨她的不仅有现世的重重苦难，还有她对死后境遇的恐惧。

弗洛伊德与荣格的分歧（一）

了解弗洛伊德是理解荣格的第一步。

到苏黎世的伯戈尔茨利精神病院工作之后，荣格开始学习精神病学，并阅读弗洛伊德的著作。他说："其实在1900年，我就已经读了弗洛伊德的《梦的解析》。"荣格当时还不能掌握这本书的内容。1903年，他已经能从心理学的角度看精神病人，这时再次读《梦的解析》，才发现两人的想法殊途同归。荣格说："最令我产生兴趣的是把受压抑机制的概念应用到梦的方面，而这一概念则是从精神病人的心理导源出来的。这对于我来说太有益处了。因为在我们进行联想测验时，常常会遇到压抑性机制。"除了词语联想之外，被压抑的心理还可以通过梦表达出来。

1906年，荣格写文章，在专业会议上发言，为弗洛伊德辩护。弗洛伊德在自传中说："1906年以后有消息说，苏黎世的精神病医生E.布劳伊勒和他的助手C.G.荣格，以及其他人对精神分析学颇有兴趣。于是，我和他们建立了个人的联系。"这个联系是通信联系。

当时，弗洛伊德还没有被广泛接受，荣格这样做是有风险的。两位教授给荣格写信，警告说这会严重影响他的前程。荣格没有接受劝告。在伯戈尔茨利精神病院院长布劳伊勒的影响下，荣格把词语联想融合进弗洛伊德的压抑理论，用于治疗精神病人。基于这些实验的结果，荣格在1907年发表《早发性痴呆心理学》，受到弗洛伊德的好评。

在研究"早发性痴呆"的时候，荣格用了"情结"这一概念。"情结"是德国精神病学家齐恩（Theodor Ziehen）在1898年提出的。齐恩在为病人做词语联想测试的时候发现了这一现象。他认为，如果病人对某个词的反应时间长，表明他（她）可能对这个词有情结。"情结"由无意识中的情绪、意向、感觉等构成。在齐恩的基础上，荣格和弗洛伊德发展了"情结"的概念。荣格把情结描述为无意识中的"结点"，还一度把他的心理学称为"情结心理学"。

弗洛伊德也使用"情结"这一概念，提出"俄狄浦斯情结"。俄狄浦斯是古希腊的一个神话人物，他在无意之中杀死了父亲，登上王位，娶了王后，也就是他的母亲。在知道真相后，俄狄浦斯刺瞎自己的双眼，出走流浪。公元前429年，索福克勒斯据此写了戏剧《俄狄浦斯王》。在19世纪后期，《俄狄浦斯王》的现代版在伦敦、维也纳上演，取得巨大成功。这部悲剧本来是说人的命运。俄狄浦斯的父亲受到诅咒：他将被儿子杀死，而俄狄浦斯自己弑父娶母的命运是德尔斐神谕确定的。他们知道自己未来的厄运，都极力逃脱，仍不免掉入陷阱。俄狄浦斯出生后被父亲扔到山上，却被别人捡走，没有死去。他逃离父母，却不知道他们只是养父母。

不可逃脱的命运是古希腊悲剧的永恒主题，弗洛伊德却在戏中受到了别样的启发。

弗洛伊德在维也纳看过《俄狄浦斯王》，深受触动。他在1897年的一封信中说："我发现自己对母亲有持续的爱，嫉妒我的父亲。我现在认为这在儿童早期是普遍的。"主要根据他的个人经验，弗洛伊德在1900年提出"俄狄浦斯情结"（恋母杀父情结），指出这是所有神经官能症的核心情结。此后，他不断填充这个概念，直到20世纪30年代才完成。弗洛伊德执着于"性"在心理中的主导作用是他和荣格分裂的一个重要原因。

荣格敬重弗洛伊德，弗洛伊德也很欣赏他。1907年，荣格应邀到维也纳见弗洛伊德。他们的第一次见面是在下午，两人一见如故，长谈了13个小时。弗洛伊德是荣格认识的第一个重要人物。荣格在自传中回忆："他的态度中根本没有一点儿浅薄的东西。我发现他极为聪明、机敏和卓尔不群。然而他给我的第一个印象却一直有点不明确；我无法清楚地把他的印象写出来。"这种不明确的第一印象，大概是弗洛伊德过度的自我保护意识造成的。

在这次交谈中，荣格被弗洛伊德的性理论吸引，但也有保留和疑虑。他几次提出疑问，弗洛伊德都归因于他缺乏经验。荣格承认，当时他还没有足够的经验支持他的反对意见。对于荣格的观点，弗洛伊德也有不赞同的。他们的分歧在于一个注重性，另一个注重文化。荣格说："弗洛伊德对精神的态度在我看来是大可怀疑的。无论在一个人身上或在一件艺术品上，只要显现出灵性（指在智力方面而不是在超自然的意义上），他便对之加以怀疑，并拐弯抹角地认为这是受压抑性欲的表现。任何无法直接从性欲方面来加以阐释的，他便转而认为是'精神性性欲'。"

荣格不同意这种分析。他说，如果按照逻辑推论下去，这种"假设"就会导致做出文化寂灭的判断。"文化因而便显得只是一种闹剧，只是受压抑的性欲的病态的结果。"弗洛伊德很赞同他的这个推论。有趣的是，重视性而轻视文化的弗洛伊德在文化界激起热烈反响。在心理学家逐渐放弃精神分析学之时，许多文学家和艺术家仍继续从弗洛伊德的理论中获取灵感。这大概是荣格当初没有想到的。这个现象也许可以这样解释：性欲理论可以用直观来把握，而荣格对文化的解释过于复杂，过于"理性"，不太容易被理解。

弗洛伊德的性压抑理论在当时的维也纳是不成立的。管理学家彼得·德鲁克（Peter Drucker）说，在20世纪初的维也纳，性已不再是禁忌。他在1909年出生于维也纳的一个望族，家族中有多名教授和企业家。他在童年时经常听到祖母叮嘱家族里的年轻女子在出门前换上干净内裤，以免在偶遇中尴尬。但是，从弗洛伊德对20世纪文学和绘画的巨大影响力来看，精神分析学确实打动了最敏锐的一群人。

在他们第一次见面时，年轻的荣格不可能强烈反对他尊重的弗洛伊德。他那时不会想到精神分析学在文学艺术圈子将要引起巨大的反响，但他对弗洛伊德的批评并没有因为对方的声望上升而减少。

三年后（1910年），他们在维也纳又一次会面，弗洛伊德说："亲爱的荣格，请您答应我永远不放弃性欲的理论。这是一切事情中最根本的。您知道，我们得使它成为一种教条、一座不可动摇的堡垒。"这是荣格在自传中的回忆。他说，弗洛伊德当时情绪激动，语气就像父亲一样。这段话使荣格震惊。

　　弗洛伊德出生于1856年，长荣格19岁。他把荣格看作儿子（因此要维持父亲的权威）和学术继承人。荣格也承认曾把他当作父亲。弗洛伊德是奥地利犹太人（也把自己视为德国人）。犹太人在当时深受歧视，许多犹太人也因此轻视自己。弗洛伊德看重荣格的原因，除了欣赏荣格的才华之外，还希望这位金发碧眼的年轻人出面推广精神分析学，而自己站在幕后。荣格不能接受把一个理论变成"教条"和"堡垒"，而且是针对他的神秘主义倾向。在此后数年，荣格一直跟随着弗洛伊德，却渐行渐远，直到关系破裂。

　　弗洛伊德对荣格也有批评，认为他是神秘主义者。荣格在自传中说："弗洛伊德所说的'神秘主义'的含义，实际上是哲学与宗教，其中包括当代正在兴起的灵学，在精神方面所已了解的一切。"反过来，对于弗洛伊德的理论，荣格批评说："对我来说，性欲的理论实在玄得很，也就是说，也像许多其他推测性的观点那样是一种未加证明的假设。"大多数心理学家也持与荣格类似的批评观点，而另一批人，最杰出的一些作家和画家们，却在精神分析中找到了灵感。人的精神存在于科学的证明之外，至少到今天仍是如此。在这一点上，荣格和弗洛伊德的互相批评实际上变成对自己的批评。

萨宾娜·施皮尔赖因（Sabina Spielrein），一个俄国女人。她出生在一个富裕的犹太商人家庭，但父母关系紧张。萨宾娜富有才华，自幼雄心勃勃，却经常受到父母的体罚。她患有躯体功能障碍和妄想，妹妹死于伤寒后，更患上歇斯底里，面部肌肉抽搐，不能控制地哭笑，18岁时到瑞士求医。第二年，也就是1904年，萨宾娜转到苏黎世的伯戈尔茨利医院，治疗医生是荣格。在此之前，她已经在俄国和瑞士经历了至少三次恋爱，第三个是她在瑞士的心理医生。

　　荣格在自传中没有直接说到萨宾娜。但在伯戈尔茨利的那一部分内容中，他说到一个富裕的犹太妇女，有恋父情结，祖父是拉比，这符合萨宾娜的情况。荣格在前一天梦到这样的病人，第二天就有一个年轻漂亮的女人前来就诊。她对前一位医生发生移情，医生请求她不要再去，她就到荣格这里来了。荣格把病因归于她失去了宗教信仰，但这可能只是不太重要的部分。第二天晚上，荣格又做了一个梦：他在家中举行招待会，这位姑娘也在场。天下雨了，姑娘向他要伞。"这时却发生了怎么样的事啊！我竟跪下来把它递给她，仿佛她是个天神似的。"显然，荣格动情了。

　　在医疗记录中，萨宾娜告诉荣格，父亲打她，她却得到受虐的快感。为此，院长布劳伊勒禁止她的父亲和三个兄弟与她接触。萨宾娜恢复得很快，当年晚些时候已经能够帮助荣格给其他病人做词语联想测验。她从荣格的病人变成他的学生，于1905年至1911年在苏黎世大学读医学。她的毕业论文是论一位精神分裂症患者的语言，指导老师是布劳伊勒和荣格。

荣格的妻子艾玛（Emma Jung-Rauschenbach）知道丈夫出轨后，给萨宾娜的母亲写了匿名信，希望她干涉。因为荣格和萨宾娜发生肢体冲突，他们各自向弗洛伊德报告了恋情。弗洛伊德开始似乎并不在意，但他后来向萨宾娜承认，这件事太坏，改变了他对荣格的看法。他还明确告诉萨宾娜，他们俩拥有一个共同身份：犹太人。他接着说："其他人只会利用我们而永远不会理解我们，欣赏我们。"

荣格曾自许为"一个伟大的情人"，可是，他对萨宾娜的做法违反精神病医生的职业道德，因此离开了伯戈尔茨利医院，但仍在苏黎世大学任教。这件事还导致荣格与布劳伊勒的关系破裂，也埋下了他和弗洛伊德将来分裂的一个种子。

1923 年，萨宾娜离开苏黎世，回到俄国，在莫斯科大学任职。她加入弗洛伊德的另一位学生建立的孤儿院，一起运用弗洛伊德的理论，给孩子最大的自由。

1942 年 7 月，纳粹德国第二次占领顿河畔罗斯托弗（靠近顿河的黑海入海口）的时候，十多年前已经回到家乡的萨宾娜和她的两个女儿被党卫军枪杀。

有学者认为，荣格的"阿尼玛"概念因萨宾娜而得到深化，实际上给荣格灵感的不止一个女人，而萨宾娜也不止给荣格一人灵感。弗洛伊德在提出他的"死亡本能"概念时，便在脚注中感谢萨宾娜的先驱工作。这是萨宾娜对心理学的最大贡献之一。

萨宾娜的日记和手稿留在苏黎世，60 年后才被发现。根据新发现的资料，约翰·克尔（John Michael Kerr）写了一部非虚构作品:《危险方法》(1993),以荣格、弗洛伊德和萨宾娜为主要人物。根据这本书,有了舞台剧《谈话治疗》。根据这个舞台剧,又有了电影《危险方法》(1911)。

弗洛伊德与荣格的分歧（二）

弗洛伊德精心栽培荣格，让他担任精神分析大会的主席。但两人之间的裂痕越来越大。

1909年，美国心理学家斯坦利·霍尔（Stanley Hall）邀请弗洛伊德和荣格去美国。他们两人在德国北部港口城市不来梅会合，一起乘船去美国。在不来梅，荣格在报纸上读到在泥炭沼泽上发现史前尸体的新闻。泥炭中的酸很好地保存了这些尸体。这让荣格兴奋——他从小就对尸体有浓厚的兴趣。荣格不停地谈论尸体，让弗洛伊德不解和愤怒。当荣格在餐桌上又一次开始这个话题时，弗洛伊德晕了过去。荣格在自传中说："过后，他对我说，他确信，就这些尸体所进行的一切交谈，含有我盼他早日死掉的成分。"

在1913年的慕尼黑精神分析大会期间，弗洛伊德第二次在荣格面前昏倒。当时有人谈起古埃及第十八王朝的法老阿克那顿。这位法老在位的第五年创立了世界上第一个一神教，并把自己的名字从阿蒙霍特普（Amenhotep，意为阿蒙神〔Amun〕的满意者）四世改为阿克那顿（Akhenaton，意为阿顿神〔Aten〕的光辉，又译为埃赫那吞）。阿顿是古埃及的太阳神。在多神教的古埃及，阿克那顿树立的唯一神阿顿可算是一个新的神。

当时，那个论者（荣格没有说是谁）说，阿克那顿创立一神教的行为背后有一种仇父情结。这个看法激怒了荣格。荣格指出，阿克那顿一直尊敬地保存对他父亲的纪念，他破坏的只是石碑上的阿蒙的名字；其他法老也用自己的名字取代神话祖先的名字，因为他们都是同一个神的化身，他们有权力这样做。荣格还说："他们既没有开创一种新风格，也没有开创一种新宗教。"荣格是错的，从多神到一神，显然是一场深刻的革命。荣格说到这里，弗洛伊德晕过去了。

弗洛伊德醒来后，像父亲一样看着荣格。荣格说："这两次晕倒的共同原因却显然是父杀子的幻觉所造成的。""父杀子"当是译者的笔误，应该是"子杀父"或"弑父"。荣格反对以"弑父"理论解释阿克那顿的宗教改革，所以弗洛伊德晕倒应该是因为他由此联想到"弑父情结"，而不是由荣格的言论直接引起的。不过，这个解释过于牵强。更可能的情形是，那位谈论阿克那顿的就是弗洛伊德本人，这样，荣格的反对就构成了他在思想上的"弑父"。荣格在自传中没有说谁在讨论阿克那顿的仇父情结，大约是想避开这个事实：他在 1913 年的慕尼黑会上公开挑战弗洛伊德的权威。

但是，在琼斯的弗洛伊德传记中，这两次晕倒的原因不同。当时琼斯在场。第一次是因为弗洛伊德在晚餐时坚持要荣格喝酒，而荣格与布劳伊勒等人有过禁酒的盟誓。饮酒象征着荣格抛弃苏黎世的同事，站到弗洛伊德这边来。弗洛伊德知道这杯酒的意义，所以晕倒了。第二次是弗洛伊德指责荣格在一篇介绍精神分析的文章中没有提到他，荣格回答说，没有必要，因为这是大家都知道的事实。弗洛伊德仍在继续指责，然后突然晕倒。弗洛伊德自己的解释是，这与他在一岁七个月时的弟弟之死有关。琼斯认为，晕厥是由战胜对手的满足引起的。

埃里希·弗洛姆在《弗洛伊德的使命》中说，弗洛伊德对男性有强烈的依赖心理，有如儿童对于母亲（弗洛伊德确实恋母）。但友情不可能达到母爱的程度，因此弗洛伊德的友谊经常经历"殷切的希望、高涨的热情和最后的破裂"。弗洛伊德和德国柏林的耳鼻喉科医生弗里斯（Wilhelm Fliess）的关系是又一个例子。在 1887 年的一次会议上认识之后，弗洛伊德给弗里斯发去热情洋溢的信，之后两人关系急剧升温。他们住在同一家旅馆里的时候，弗洛伊德也晕倒过。他在给琼斯的信中承认，这是因为他对弗里斯"有一种无法控制的同性恋的感觉"。

这样看来，荣格和弗洛伊德对彼此的心理都有很大的误解。

经过数十年的思考，1939 年，即他生命的最后一年，弗洛伊德发表了《摩西与一神教》。他指出，摩西是阿顿一神教的信徒（甚至可能是阿克那顿法老的儿子）。摩西是埃及人，一位高官。"摩西"在古埃及语中是"之子"意思，例如，阿克那顿的祖父叫图特摩斯四世（Thutmose IV 或 Tuthmosis IV），意思是图特之子。图特即透特，知识与智慧之神，也为欧洲神秘主义者所崇拜。《旧约》省去"摩西"（之子）前面的那个词，是为了掩藏他的埃及血统。摩西在宗教改革失败后率领受压迫的犹太人走出埃及，把一神教传给他们。这是弗洛伊德对《旧约·出埃及记》做出的解释。《出埃及记》通常被认为是摩西所作。

《摩西与一神教》是犹太人弗洛伊德对他的祖先信奉的犹太教的"弑父"。这本书也是尼采的《论道德的谱系》的进一步发展——都是不友好地揭示犹太教－基督教的产生背景。荣格评论说：弗洛伊德不信神，却用咄咄逼人的"性的形象"代替了好嫉妒的上帝的形象。也就是说，他认为，弗洛伊德建立了一个崇拜"性"的宗教。

回到 1909 年。弗洛伊德和荣格在七个星期的美国之行中为对方解梦。针对弗洛伊德做的一个梦——荣格认为不适合公布——荣格要求弗洛伊德提供更多的私人生活的细节，以便他做出更好的解释。弗洛伊德满怀疑虑地看着他说："我可不想拿我的权威性来冒险。"荣格在自传中说："这时刻，他便完全失掉其权威性了。这句话深深地烙进了我的脑海里，随之而来的，我们的关系的结束便已可预见了。弗洛伊德已把权威性置于真理之上了。"

其实，荣格自己也没有公布他的许多梦。在 1913 年和弗洛伊德的关系破裂之后，荣格陷入精神崩溃的边缘，各种神灵和妖怪出现在他的梦中。他用画笔把梦境记录下来，一直持续到 1930 年。荣格在这一时期建立和丰富他的心理学，称之为"分析心理学"，以区别于弗洛伊德的"精神分析学"。荣格把这些手稿收藏起来，直到他去世之后四十多年，只有很少人见过这些图画和文字。一位研究荣格的学者用了两年多时间说服保管其遗产的荣格的外孙，《红书》才在2009年首次出版，出版后立刻登上美国畅销书榜。

在和弗洛伊德互相释梦的时候，荣格做了一个梦。在一座陌生的两层楼里，他在二楼看到老式家具和珍贵名画，满意地认识到这是他的家。他沿着楼梯下到一楼，室内阴暗，一切东西都显得更加古老，可以追溯到15或16世纪。他打开一道厚重的门，走到地下室，发现一个有拱顶的美丽房间，砖墙是古罗马式的，地板是石片铺成的。他在石板上看到一个环，拉动这个环，石片抬了起来，一条狭窄的石阶通向更深的地下。他走下去，到了一个从岩石里凿出的低矮洞穴。洞穴地上是厚厚的尘土，散布着骨头和陶片，像是原始文化的遗物。他还发现了两具头骨，年代久远，都快要碎了。这时，荣格醒了。

弗洛伊德对这两具头骨特别感兴趣，他反复追问荣格的想法。荣格知道他想得到的答案，便撒了一个谎，说头骨是他的妻子和妻妹的。弗洛伊德很满意——不是他的，荣格没有表现出"弑父"的愿望。荣格说，那时他刚结婚不久，并不希望妻子死去。但只有这个答案才不会让弗洛伊德怀疑。

这个梦给了荣格启示。他要深入地探究他的一层层心理结构。1912年，三十七岁的荣格发表《力比多的变化与象征》（后来版本的书名是《变形的象征》，也译为《转化的象征》），对"力比多"做出超出"性力"之外的解释，用这个词表示普遍的生命力。这本探讨无意识的书是荣格建立自己的心理学体系的第一部重要著作。

Libido在拉丁文中的意思是欲望，可以是各种欲望，如求知欲。基督教哲学家圣奥古斯丁在《论自由意志》中用 libido 指贪欲，其中包括淫欲，不过他也在中性的意义上使用这个词。弗洛伊德用 libido 表示性欲，有时也用 eros，古希腊语的"性爱"。精神分析学意义上的 libido 经常被翻译为"性力"，在汉语中就成为 Shakti 的同义词。在梵文中，"性力"（Shakti）的意思是原初的宇宙力量，这个创造的力量是女性的，如同天地之母。

荣格在写《力比多的变化与象征》的时候压力很大，他知道这本书将导致他和弗洛伊德的分裂。

其实，荣格并不排斥精神分析学中的性欲学说。在《对死者的七次布道》（1915）的第五次布道中，他说："男性的性欲更多是肉体，女性的性欲更多是精神。男性的精神更多是天国，通往阔大。女性的精神更多是肉体，趋向渺小。"荣格以此发展出阿尼玛和阿尼姆斯的概念，也因此推崇中国的阴阳学说。在 1929 年（弗洛伊德仍健在）为《科隆日报》写的《弗洛伊德和荣格之比较》中，荣格说他"并不是要否认性在生命中的重要性"，他要做的是"给性这个泛滥成灾并损害所有有关心灵的讨论的术语划定界限，并把它放置到合适的地方"。

荣格始终觉得有必要说明他和弗洛伊德的区别，表明老师的阴影一直笼罩着他。区别主要在对"性"的看法上。在《科隆日报》的这篇文章中，荣格说："弗洛伊德所说的性、幼儿期快乐，它们与'现实原则'的冲突以及乱伦等等，都可以看作是他个人心理的最真实表述，是对他自己主观观察到的一切的成功阐释。"这一点得到后来一些学者的认定。

荣格还说："弗洛伊德的'超我'概念，不过是在心理学理论下伪装的鬼鬼祟祟地走私由来已久的耶和华形象而已。"这句话表现了荣格从宗教和神话解释心理的学术路径，未必是对弗洛伊德的恰当批评。

弗洛伊德和荣格的理论都被认为不是科学的，然而，基于实验的心理学却失去了迷人之处。在这样说的时候，我们不应该忘记，弗洛伊德和荣格都是执业的心理医生，有丰富的临床经验。荣格警告："精神治疗师绝不可使自己的视野染上病理学的色彩；他绝不可让自己忘记，生病的心灵是人的心灵——尽管是有病了，却也在无意识中拥有人的全部心灵生活。"这个"全部心灵生活"沉淀为集体无意识。荣格说："自我之所以生病，就是因为它与整体断绝了关系，并且不是同人类而是同精神失去了关联。"人类是古老的。荣格指出，弗洛伊德的一个缺点是仅仅把精神过程上溯到父母。

弗洛伊德常常同他的追随者和支持者闹翻。他在1927年写的自传中说："1911年到1913年期间，发生了两次脱离精神分析学的运动，领头人物是以前曾在这门年轻学科中发挥过重要作用的阿尔弗雷德·阿德勒[1]和C.G.荣格。这两次脱离运动来势不小，一下子就有大批人马跟随而去。"

弗洛伊德正确地指出，阿德勒和荣格发现，他们即使不拒绝精神分析学的材料，也能够摆脱他们反感的性理论。弗洛伊德

---

[1] 阿德勒（Alfred Adler）出生在维也纳郊区，1895年在维也纳大学获得医学博士后成为一名眼科医生。他是弗洛伊德最早的追随者之一，也如同其他的早期追随者一样，是一位犹太人。阿德勒也因为反对弗洛伊德的性理论，在1911年第一个脱离精神分析学，创立"个体心理学"。阿德勒的《自卑与超越》（1932）在中国很受欢迎。

说："如荣格试图从抽象的、非个人的和非历史的角度，对精神分析学所占有的材料重新解释，以期不必再去认识幼儿的性生活和俄狄浦斯情结的重要作用，不必对幼儿阶段作任何分析。""非个人的"大约指荣格提出的"集体无意识"，但是，自从在《对死者的七次布道》中提出"个体化"之后，荣格就把自我作为意识的核心，直到最后都坚持这个观点。"非历史的"的所指不容易理解，因为荣格把"集体无意识"的历史上溯到人类之初，而且重视文明史在无意识中留下的深深印迹。

弗洛伊德认为，阿德勒似乎走得更远。他说："他（阿德勒）全盘否定了性的重要作用，认为性格的形成与神经症的形成，根源都在人的权利欲，以及对补偿体质低下的需求上。"阿德勒的"权利欲"来自尼采的"权力意志"，"体质低下"则是构成他的另一个概念"自卑感"的因素，产生于儿童对成年人的依赖。阿德勒因心脏病死在弗洛伊德之前，让弗洛伊德感到欣慰。

毫无疑问，阿德勒和荣格是在弗洛伊德奠定的基础上发展他们各自的理论的。弗洛伊德在自传中对他们的出走轻描淡写，只用了两小段文字。他在第二段的最后说："现在（他写自传的时候），十多年的时间过去了，我可以明确相告，上述这些反对精神分析学的企图已经收场，它们没有给精神分析学造成任何损失。""反对精神分析学"显示出弗洛伊德对学生独立发展的不包容。

虽然弗洛伊德表示阿德勒和荣格的离去没有损害他的精神分析学，但两位最有才华的学生先后离去，仍然使他难堪。他说，这两件事"常常被人们用作攻击我的材料，说什么这是我独断专行的证据，是我大难临头的征兆"。他罗列了一个仍留在他身边的跟随者名单（其中一位后来也因观点分歧离开了弗洛伊德），然后说："我倒想替自己说几句话，一个心胸狭隘、自以为是的人，能够始终抓住那么多有学识、有水平的人吗？更何况像我这样没有什么吸引力的人了。"这样的辩解有些苍白。

彼得·克拉玛（Peter Kramer）在《弗洛伊德传》中说："弗洛伊德不懂得判断人品，也是一个纰漏百出的政客，荣格显得不够稳定且自私自利，弗洛伊德仍信任他，交付他种种权力，期待他会绝对忠诚。"荣格的自私大约是可以确定的，从他坚持要求妻子艾玛接受他的情人这件事上可以看出来，那时荣格还在跟随弗洛伊德。他在离开弗洛伊德之后陷入困境，他的妻子帮助了他，并且学习他的分析心理学，后来还出版了著作，受到好评。

克拉玛还说："后来，荣格陷入精神崩溃，又与另一名精神病患发生关系，最后在纳粹时期，还投机地涉入反犹太活动（荣格曾写下'雅利安潜意识比犹太潜意识更具潜力'）。"这另一名精神病患是托尼·伍尔夫（Toni Wolff），在萨宾娜·施皮尔赖因之后成为荣格的情人。伍尔夫在治疗期间幻想怀上了荣格的孩子。精神病人会发生"移情"——把对生活中重要人物的感情转移到治疗医生身上。而荣格的"反犹"大概不能成立。那时对极权主义还没有预防针，在疯狂的环境中，荣格难免会陷入纳粹的词语陷阱之中。当然，这不足以为荣格开脱。但应该注意到的是，荣格说的"雅利安"和"犹太"很可能是特指——他自己和弗洛伊德——不是广泛的反犹。

弗洛伊德也遇到过移情。他曾经被女病人抱住，当时正好有人走进房间，他才得以解脱。实际上，"移情"这个词是弗洛伊德用在精神分析学上的，英译用的是 transference，指（情感的）转移。荣格著有《移情心理学》（1946），英译用的是 Empathy（指在想象中把自己的情感投射到另外一个人身上，另一个定义是能够理解别人的情感）。这两个词的词义有一些差别。医生应该把移情的真相告诉病人。荣格不能抗拒美丽女子的移情，违反了职业道德。

弗洛伊德把他的学说建立在"性"之上，他的性道德却是无可指责的。他自己说，他在四十岁之后就不再有性生活。他有六个子女，小女儿在他三十九岁那年出生。

荣格与文学

　　弗洛伊德和荣格给现代文学与艺术提供了灵感。他们也是现代主义的参与者、观照者，特别是荣格。文学是荣格心理学的胜场。

　　弗洛伊德在 1928 年的一篇关于陀思妥耶夫斯基的文章中承认："在小说家和诗人面前，精神分析必须缴械投降。"而荣格揭示了更深层次的人类共同心理的反抗。如果采用荣格心理学的视角，可以对现代主义有更深入的理解。

　　艺术作品是个人的创造，但在被创造出来后就不再属于艺术家个人。在《心理学与文学》中，荣格说："艺术是一种天赋的动力，它抓住一个人，使他成为它的工具。艺术家不是拥有自由意志、寻找实现其个人目的的人，而是一个允许艺术通过他实现艺术目的的人。他作为个人可能有喜怒哀乐、个人意志和个人目的，然而作为艺术家他却是更高意义上的人，即'集体的人'，是一个负荷并造就人类无意识精神生活的人。为了行使这一艰难的使命，他有时牺牲个人幸福，牺牲普通人认为使生活值得一过的一切事物。"

荣格把艺术家当作艺术天赋的寄主，寄生的天赋控制了艺术家。这段话也适合评价荣格和他的心理学。他受到内心驱动，这种能力被称为天赋。如果没有天赋，即使刻苦也不能够有大的创造。在这个意义上，艺术属于神秘主义。

黑塞：挣扎的精神病患者

赫尔曼·黑塞是一个经历过严重精神危机的小说家和诗人，还不到十五岁的时候就试图自杀，被父亲送进精神病院。他小说中的人物也多为精神病患者。

《在轮下》（1906）是黑塞的青春期半自传体小说。在这部小说中，约瑟夫·吉本拉特是一位商业才能平平的中间商，"真诚地由心底崇拜金钱"，"对上帝和官府均怀有适度的敬仰"。黑塞说，约瑟夫和任何邻居都没有区别。他又说："（约瑟夫）对一切更自由、更美好的事物，一切精神上的事物，因嫉妒而产生的本能的敌意，也都和全城的其余家长无分轩轾。"这种思想的统一是小说的背景。小说的主角是约瑟夫的儿子汉斯。

聪明的汉斯被寄予厚望。他参加补习、考试，进入神学校，又要为升入神学院做准备。同学海尔涅是潜伏在汉斯的无意识之中的另一个自我。海尔涅热爱自由，批评周围的一切，后来逃离神学校。而耗尽精力的汉斯不得不退学。他企图上吊，最终溺水而亡。

国民的平庸是汉斯"在轮下"的原因，也是德国卷入希特勒轮下的原因——虽然小说发表的时间甚至早于"一战"。

1916年，黑塞的父亲去世，儿子病重，妻子精神分裂，他的抑郁症加重。黑塞的心理医生是荣格的学生朗格（Joseph Lang），他因此在1917年认识了荣格。在长期接受朗格治疗的同时，黑塞也和荣格往来，并盛赞荣格的《力比多的变化与象征》，后来短期住在荣格家中接受他的治疗。

"一战"之后，黑塞用笔名发表小说《德米安》（1919），也是《在轮下》那样的两个少年的故事。辛克莱生活在黑暗世界之中，在寻找自我的过程中接受来自"光明世界"的德米安的指导。这两个世界也是冲突中的现实世界和精神世界。小说中的其他人物都是辛克莱的自我投射。克罗默是恶的象征，操纵辛克莱；贝雅特里斯是一个意象，同名者有但丁《神曲》中在地狱中引导诗人的女性；爱娃是德米安的母亲，也是辛克莱的情人，引导辛克莱在爱欲中达到与自我的同一。当辛克莱不再需要德米安的指导时，他进入精神的世界、自由的世界。

《德米安》是关于两个对立世界统一的故事，其中有老子哲学的影响。黑塞出生在德国南部的施瓦本。他的父亲是新教牧师。他的母亲出生在印度，外祖父长期在印度传教。因此，黑塞自幼便接触印度哲学，在1922年写了小说《悉达多》，一部关于佛陀的故事，但又不完全是。

黑塞在精神上认同东方。1922年，在给作家茨威格的信中，黑塞说："（《悉达多》）穿着印度的外衣，但其智慧却更接近老子而不是悉达多。"1929年，他在给卫礼贤（Richard Wilhelm）的一封信中说："如果要我坦白几个重要的曾经对我发生持久影响的经历，那么，他们大概是尼采、印度人（薄伽梵歌和奥义书）、您翻译的中国著作，大约还有与弗洛伊德和荣格的接触和推动。"

《德米安》中的辛克莱痊愈了，黑塞还在挣扎。《荒原狼》（1927）是一部关于无意识的小说，也有相互交织的两个世界：现实和魔法剧院。小说的主角哈立·哈勒是一位中年知识分子，也是有自杀冲动的精神病患者，处于理性和欲望的紧张对立之中。他在"只供狂人观赏"的魔法剧院看到一篇论文《论荒原狼》，从此自称"荒原狼"——那实际上是他心中的野蛮力量。在夜半的舞厅里，他遇到一位美丽姑娘，猜出她的名字是赫尔米娜——黑塞之名赫尔曼的阴性拼写，他的灵魂。在赫尔米娜的引导下，荒原狼经历各种魔幻场景，最后杀死赫尔米娜远去。

病态、绝望的 20 世纪

德语文学在 20 世纪前半期的基调是压抑，如卡夫卡的《城堡》（1914）和《审判》（1918）、亨利希·曼的《臣仆》（1914）、托马斯·曼的《魔山》（1924）、黑塞的《荒原狼》（1927）、穆齐尔的两卷本《没有个性的人》（1930、1933），等等。这些描述病态的小说都不是轻松的读物。

穆齐尔（Robert Musil）得到同行的推崇，却在去世后多年才赢得巨大声誉。这位奥地利人在柏林大学研读哲学和心理学，博士论文导师是卡尔·斯图姆夫（Carl Stumpf）。斯图姆夫是布伦塔诺的学生，与胡塞尔和弗洛伊德同出一门。穆齐尔对中国有特别的好感，部分原因是他阅读过卫礼贤翻译的中国经典。他还为卫礼贤翻译的《金花的秘密》写过评论。后面会说到荣格为这个译本写的长篇序言。

从这些小说可以看出，这一时期的德语国家仿佛是一个巨大的精神病院，满街都行走着平庸的病人，极少数作者则是拒绝分享那个伟大时代快乐的病人。他们被国家排斥，也遭到爱国同胞们的谴责。这是心理医生弗洛伊德、荣格出现的背景，也是希特勒出现的背景——希特勒是失败的艺术生、精神疾病患者。

在德语区的东边，俄语文学家笔下多是关押另一种病人的流放地——古拉格。这些不肯屈服于时代的病人饱受折磨，也记录了民族的苦难。黑塞认为，陀思妥耶夫斯基是过去诗人中距离精神分析学原理最近的。黑塞在《艺术家和心理分析》（1918）中指出："（陀思妥耶夫斯基）不仅在直觉上走到了弗洛伊德和他的学生面前，而且也已经具有某种实践这种心理学的技术。"这是因为俄国和陀思妥耶夫斯基都是病人吧。

德国作家豪克（Gustav René Hocke）的《绝望与信心——论20世纪末的文学和艺术》，是一本主要讨论欧洲文艺的小书。他提出，那些没有历经精神绝望的文化，可能只是历史的姗姗来迟者，或者不被允许表达绝望。杰出的文学家和艺术家总是敏锐的极少数、民族的先知。在两次世界大战之前，德国的群众都信心满满。豪克认为，在焦虑之梦中也有信心。他说："关于这一点，弗洛伊德和荣格都没有给予令人满意的说明。显然在无意识中存在着某种希望和信心的生命因素。"他指出，如果文学和艺术只表现绝望，那只是表现了生命的一半。

《绝望与信心》出版于1974年，那时20世纪还剩下四分之一多，作者豪克也将在世纪末到来之前去世。因此，这个"世纪末"不是时间意义上的，而且更多是绝望，信心只是豪克寄予的希望。现在对21世纪初的文学与艺术做出全面评论为时尚早，但欧洲当前的政治和社会的诸多问题显示，欧洲还没有走出对自身文化的"绝望"。在一些非基督教文化中，宗教有替代品，例如权力。权力的衰退也会引起崇拜者的精神疾病。

艺术可以反映绝望，也制造信心。在《心理学与文学》中，荣格指出希望的各种原型。他说："这类原型意象举不胜举，然而除非由于普遍观念的动摇，它们绝不可能被召唤出来，显现在人们的梦和艺术作品中。每当意识生活明显地具有片面性和某种虚伪倾向的时候，它们就被激活——甚至不妨说是'本能地'被激活——并显现于人们的梦境和艺术家先知者们的幻觉中，这样也就恢复了这一时代的心理平衡。"

荣格关心的目标从个人心理转向"时代的心理平衡"。这正是他的主要贡献之一。但他在这里讨论的是艺术家——一群遵从他们的灵感而不是理性的人。现代文学艺术的一个作用是满足无意识，无论是创造还是欣赏。文学和艺术是一种治疗方式，总会或多或少表现出希望，即使是最后的挣扎。同样，黑色幽默派和荒诞派的作家也都没有真正绝望，至少在他们还写作的时候。真正绝望的人是不发声的。

马尔克斯：萦绕不去的魔咒

在拉美，作家们用另外的风格记录他们的家族和国家。哥伦比亚作家加西亚·马尔克斯是魔幻现实主义文学的代表人物。他流传最广的小说是《百年孤独》（1967）。这是一个家族七代人的故事。小说的第一句被各种模仿："多年以后，面对行刑队，奥雷里亚诺·布恩迪亚上校将会回想起父亲带他去见识冰块的那个遥远的下午。"上校的意识从遥远的未来回到过去，作家由此开始布恩迪亚家族历史的叙述。

父亲何塞·阿尔卡蒂奥·布恩迪亚是这个家族的第一代。冰块是吉卜赛人带来的。那个下午不是吉卜赛人第一次来到马孔多——沼泽之中的一个小村庄。此前，父亲在斗鸡之后杀死嘲笑他的家族会长猪尾巴的输家，为了躲避一再出现的死者，他在逃跑路上和同伙定居在马孔多。在触摸滚烫的冰块之前，父亲还曾被吉卜赛人的星盘、炼金术吸引，用家畜换下这些神奇的物件，却没有得到承诺的结果。在荣格心理学中，星象学和炼金术揭示了通向无意识的路径。

上校的父亲（小说中人物多有相同的名字，在此只能这样说，以避免混乱）不甘心居住在马孔多。他要寻找通向文明世界的大海。在路上，"远征队的人们被最古老的回忆压得喘不过来气"。他们终于到达海边，但是，"他的梦想终于破灭，这灰白肮脏、泡沫翻腾的大海，不值得为之冒险和牺牲"。这句话也可以用来象征 20 世纪乌托邦的破灭。

上校父亲的故事只是这部小说的开始部分。这位父亲的堂兄弟有一个长着猪尾巴。这个家族的第七代在出生时又长着猪尾巴，还是婴儿时就被蚂蚁吃掉。布恩迪亚家族的男性都不得善终。在小说的最后，布恩迪亚家族的命运将被破译，这好像弗洛伊德和荣格通过揭示无意识来治愈病人。但马孔多这座镜子之城或蜃景之城，在此之前将被飓风抹去。布恩迪亚家族将从世人的记忆中消失。

在父亲之前已经开始的布恩迪亚家族的无意识，其实也是拉美的集体无意识。马尔克斯否认《百年孤独》的社会和历史意义。他在《番石榴飘香》中说，这只是他的家族史、他的童年记忆，他为少数亲友写的一本书。但马尔克斯的这一声明不能否定《百年孤独》中潜藏着一部已经成为集体无意识的拉美史。作者的天赋不允许他只完成写家族史的初衷。他的小说已经使他成为荣格所说的更为广泛的"集体的人"。

马尔克斯希望魔咒消失，但事实没有遂他的愿。他为拉美众多的专制者们写了《族长的秋天》（1975）——他认为的自己最好的小说。对权力的迷恋是一种精神疾病，现实又被他们的病态扭曲，而专制者制造的残酷现实同时也在扭曲他们自己。所以，这部小说也是魔幻的，虽然作者为此收集了大量历史资料。在扭曲的时空之中，魔幻比写实更接近人们感受到的现实。

博尔赫斯：无意识中的时间和宇宙

在别的地方的小说中，例如《第 22 条军规》（1961）、《大师和玛格丽特》（1966）、《1984》（1949）等等，也都存在着魔幻般的现实，但很少涉及无意识。谈到拉美文学中的无意识，不能不提到豪尔赫·博尔赫斯。按出生之年算，博尔赫斯比马尔克斯年长一辈。

博尔赫斯是一位博学的作家，长期在阿根廷担任市立和国家图书馆馆长。很难说他受到了荣格的直接影响，虽然他在瑞士度过少年时期。如果博尔赫斯不了解荣格，那么，他的诗歌和小说则成为支持荣格心理学的独立证据。如果从荣格的视角阅读博尔赫斯，读者将更容易理解他的作品。

博尔赫斯的祖辈在反抗独裁的战斗中死去。在《我用什么才能留住你》中，诗人献给情人的是他的家族史："我给你我已死去的祖辈／后人们用大理石祭奠的先魂／我父亲的父亲／阵亡于布宜诺斯艾利斯的边境／两颗子弹射穿了他的胸膛／死的时候蓄着胡子／尸体被士兵们用牛皮裹起／我母亲的祖父／那年才二十四岁／在秘鲁率领三百人冲锋／如今都成了消失的马背上的亡魂。"

诗人真实的家族史在这首情诗中占有主要位置。与《百年孤独》中布恩迪亚家族的男性相比，诗人的祖辈经历的似乎是另一种生与死，但其实没有大的不同，他们都被国家历史挟裹而去。博尔赫斯给予情人的、属于他个人的则是"一个久久望着孤月的人的悲哀"。此外，他写道："我给你我的寂寞／我的黑暗／我心的饥渴／我试图用困惑、危险、失败来打动你。"这些寂寞、黑暗、危险有多少来自沉积在诗人心中的家族记忆？

诗是不可翻译的。绝大多数诗在翻译中失去原有的美妙而变得平淡。读者最多只能像读散文那样去理解翻译的诗。不过，博尔赫斯给了译诗一个方便之处。评论家指出，博尔赫斯的诗像散文，而他的散文像诗。

《小径分岔的花园》（1941）收录了七篇小说，合在一起也只是一本小册子。这些小说都没有清晰的情节，好像是梦中痴语。其中有一篇题为《通天塔图书馆》。这座无数层的图书馆是博尔赫斯的宇宙意象，每一层"由许多六角形的回廊组成"。重复而且相连的正六边形组成稳定的结构，可以无限扩大。人们猜测有一本书是所有书的总和，但只有一位图书馆员翻阅过。这说明确实存在这样的宇宙秘密，只有一人知道。

博尔赫斯还把图书馆看作监狱和天堂——宇宙由此组成。《赠礼之诗》说："我漫无目的跋涉在这盲目的／图书馆，这座高大而幽深的监狱。"他又说："我，总是在想象着天堂／是一座图书馆的类型。"他意向中的图书馆是一个深不可测的地方，有无数藏书、无数秘密，就像人的无意识。

还有一篇题为《环形废墟》。一个外乡人梦见自己在一个环形阶梯剧场的中央。剧场像是一座毁坏的庙宇，阶梯上坐满了学生，鸦雀无声，他们的脸仿佛在几个世纪之外。他在给学生们讲解"解剖学、宇宙结构学、魔法"。荣格认为，集体无意识的原型是圆的，例如曼荼罗。博尔赫斯要探索的不仅是宇宙，更是潜藏在内心之中的人类秘密。他的《诗艺》也出现了这一圆形主题："灵魂（那么我告诉自己）会以一种秘密而充分的方式，懂得／它是不朽的，它巨大而沉重的／圆环无所不包，无所不能。／比这渴望更远，比这首诗更远，／无穷无尽的宇宙在等待着我。"

这本小说集中的同名短篇《小径分岔的花园》，博尔赫斯称之为"侦探小说"。故事说，在"一战"期间，一位德国间谍，青岛大学的前英语教师余准博士，探知英国的炮兵阵地在艾伯特（地名）。他要刺杀汉学家艾伯特（姓），从而向德国传递情报。余准不认识艾伯特，艾伯特却知道余准的曾祖父彭㝡（zuì）。艾伯特把他请进书房，向他讲述彭㝡的历史：彭㝡当过总督，精通天文、占星以及士大夫的一切知识和技能。但彭㝡抛弃了这一切，闭门不出，要写一本小说，建一座迷宫。迷宫即小径分岔的花园。

这个花园其实是一部小说。汉学家艾伯特说："谁都没有想到小说和迷宫是一件东西。"这两者都有无限可能。艾伯特从彭㝡留下的一张写着小楷的纸上发现：小径分岔的花园就是他那部留给后人的小说，是"时间而非空间的分岔"。艾伯特告诉余准："时间永远分岔，通向无数的将来。"他们又说了一会儿，余准要求再次看那张纸，在艾伯特转身的时候开枪杀死了他。他被随后赶到的侦探抓住，被判绞刑。

《小径分岔的花园》是一篇关于时间的小说，也是关于小说的时间。分岔的时间产生无数可能的空间——现代物理学家提出有平行宇宙；时间也不再是单向的。谁知道余准杀死的不是他自己呢？毕竟，艾伯特洞察到他的曾祖父制造的秘密，而这本来应该是这位曾孙的责任。

博尔赫斯的诗《谜语》说："今天吟唱着诗篇的我／明天将是那神秘的，是死者，／居住在一个魔法与荒漠的／星球上，没有以往，没有以后，没有时辰。／神秘主义者如是说。"

天才的疯狂、反抗与创造

    心理学是一门实践的科学，或者被业内人士视为一门科学。荣格的心理学却被指责为不是科学，他曾经的老师弗洛伊德也这样说。在科学主导的时代，这种指责对于一种学说几乎是致命的，无可辩驳。脑科学至今还在起步阶段，对意识的研究还不够深入。无意识，以及集体无意识，如同霍金的黑洞理论，更未得到科学的充分证明。这大约需要生理学家在大脑中确认储存无意识的部位，并把无意识的活动显示在电脑屏幕上。现在还做不到这一点。科学需要科学的证明，而证明的出发点是已有的科学。在得到证明之前，一项新的科学发现是否值得证明，是否能够得到证明，需要科学家依据现有的科学知识做出主观判断。可是，已经存在的科学就一定科学吗？不一定，至少不完全是科学的。科学已经发生多次革命，旧的科学范式被大幅度修正、补充，甚至被推翻。今天的科学就是这个不断发生的过程的结果。

数学家的疯狂

突破现有的思维框架需要天才，他们因为创造性的破坏而被视为疯狂，这在数学和科学领域不乏其例。先举数学的例子。数学不属于科学的范畴，却是科学的基础。

数学家格奥尔格·康托尔（Georg Cantor）认识到在无穷之后还有无穷。他在19世纪70年代初发表的论文中提出超穷论，即超越无穷的无穷，并由此建立新的数学体系。大数学家庞加莱（Jules Henri Poincaré）说康托尔是数学感染的"严重疾病"。德国当时最好的数学家科罗内克（Leopold Kronecker）曾经是康托尔的老师，也声称康托尔是"科学骗子"，他的集合论不是数学而是神秘主义。康托尔想从数学教授转为哲学教授，以避开对他的指责，最后在一家精神病院死去。康托尔的集合论被后来者发展之后，部分地证明了算数系统的一致性。

在康托尔遭到围攻时，数学家大卫·希尔伯特（David Hilbert）站到了他这一边。希尔伯特的同情可能部分因为他有过与康托尔相似的遭遇。19世纪90年代，希尔伯特的"终结不变量理论"论文遭到"不变量之王"保罗·哥尔丹（Paul Gordan）退稿。哥尔丹的评论是："这不是数学，这是神学。"这句话与弗洛伊德对荣格的评价如出一辙。希尔伯特采用"存在性证明"，断言存在某个数学现象，但不能具体指出。哥尔丹则坚守"结构性证明"，以计算为基础，给出具体的结果。在方法上，希尔伯特与荣格有相似之处。哥尔丹后来也接受了希尔伯特的方法，他说："即使神学也有其存在价值。"这不是哥尔丹的自我开脱。他开始接受一种新的数学方法。

希尔伯特希望为数学建立一个坚实的基础。他期望得出这样一个结论：所有真的陈述都能够被证明；数学是一致的，不会推出自相矛盾的陈述。前者被称为数学的完备性，后者被称为数学的一致性。1931 年，哥德尔的不完备性定理证明数学有着内在的缺陷，打破了希尔伯特的这个希望。

这些数学发展中的往事同样适用于荣格，那些改变了数学的人最初受到的指责也类似荣格的遭遇。荣格的理论可能还需要很多年才能得到证明。不过，在此之前，他得到了科学之外的承认，吸引了大批的"外行"。可是，每一个人都有自己的心理经验（虽然经验并不可靠），谁又完全是无意识的外行呢？最为敏锐的文学家们用他们的作品证明荣格，正如他们支持弗洛伊德那样；荣格也在古代文化（有些延续至今）中找到了证据。

现在凭借弗洛伊德或荣格的理论提供心理治疗的执业医生已经不多，也不是主流。迅速发展的生理学战胜了他们的心理学。在今天，弗洛伊德更多被当作 20 世纪的一位文化巨擘而受到纪念，荣格也是如此。他们的影响余波主要不在心理学界，他们的心理学已经被业内人士认为是过时的。但是，他们超出科学范围的那部分思想仍然吸引了很多人，特别是荣格那具有浓厚神秘主义色彩的心理学。

可以说，在数学与科学中，无疯狂则难有重大创新。即使创新者精神正常，也会因为他们的突破而一时不被接受，进而还可能被视为疯狂。

人与物

　　疯狂属于心理学研究的范围。心理学不应该只是生理学家的事情。心理学的研究对象，意识和无意识，还可能对物质有影响。在物理学这个似乎纯粹的关于"物"的学科中也不能排除人的因素。这就是人择原理（anthropic principle）：宇宙的演化是为了适应人的存在；观察者在宇宙中的出现是必然的。毫无疑问，人之所以能够观察，是因为他们具有意识。人择原理是天体物理学家布兰登·卡特（Brandon Carter）在 1973 年提出的。他提醒生物学家要考虑到天文学和宇宙学的因素。霍金的观点有所不同。他称之为人存原理：我们看到的宇宙之所以是这个样子，那是因为我们的存在。

　　美国物理学家约翰·惠勒（John Archibald Wheeler）更进一步。他认为"万物源自比特"（It from bit）。It 包括从粒子到宇宙，从微观到宏观。比特是由"是—否"构成的二进制信息量单位，因此可以说物理世界源自信息，或宇宙由信息构成。宇宙既然是信息，也应当包括意识，并受到意识的影响。惠勒猜测，现实是由观察者创造的。惠勒从量子物理学的实验结果推断，宇宙是由观察创造出来的，即现在的选择能够影响过去。"万物源自比特"是惠勒提出的"参与的宇宙"（participatory universe）的基础。参与创造宇宙的是人。惠勒提出，可由"延迟选择实验"来证明他的判断。这是从量子物理的双缝实验中推导出来的思想实验。在光子已经通过双缝之后，人的观察使它选择通过一条缝或者两条缝。惠勒说："没有一个预先存在着的过去，除非它被现在记录。"贝克莱认为，存在就是被感知；惠勒则相信，测量（观察、记录）能改变曾经的存在。

1943 年，惠勒向费曼（Richard Feynman）提出"单电子宇宙"的构想，即宇宙中只有一个电子，所有的电子都是这一个电子的运动，这个电子在时间上既能向前也能向后。这个设想使得他的这位天才学生大吃一惊。惠勒还认为，光子的湮灭实际上是光子在时间上的反向运动。费曼后来发展了老师的想法，提出反电子是逆时间前行的电子。惠勒还创造了黑洞、虫洞这两个词。他不是这两个词背后的理论的提出者，却丰富了这些理论。他不仅善于起名字，还把理论推向极端。他说："虫洞作为理论上的实体，这种由魔法幻现出来的景象有着非常的活力。"荣格一定会赞同他。

如果惠勒是正确的，荣格也可能是正确的。他们在不同的领域分别看到了魔法和幻象，在惠勒是比喻，在荣格是象征，差别并不大。他们打破传统思维框架建立的理论令人难以置信。惠勒可能为荣格心理学提供了物理学证明，但也须提出警告：对惠勒理论的任何发挥都可能偏离他的思想。

惠勒从来不是一位神秘主义者。他是一流的物理学家，长期在普林斯顿大学任教，是爱因斯坦的同事，发展了广义相对论。惠勒是尼耳斯·玻尔（Niels Bohr）的学生、理查德·费曼的老师。这两位在中国比他更有名。他与这两位都合作发表过不少的论文。他和玻尔对核裂变理论有重大贡献。惠勒参与了美国制造原子弹的曼哈顿计划、氢弹计划。他提出的矩阵后来由维尔纳·海森堡（Werner Heisenberg）在 1943 年发展为描述粒子之间相互作用的散射矩阵。他在量子引力领域提出惠勒-德维特方程。1934 年，惠勒与另一位物理学家布赖特（Gregory Breit）提出把光变成物质的设想：用伽马射线对撞产生电子和正电子。这个过程被称为布赖特—惠勒过程，把爱因斯坦的 $E=mc^2$ 方程式变为 $m=e/c^2$，在数学上是成立的，可以重现宇宙诞生 100 秒以内的景象。因为所需能量巨大，直到 2014 年，才由英国帝国理工学院的物理学家想出用两束高能激光对撞的方法实验。在本书写作时，实验正在进行中。

从这个实验的实施可以看出惠勒的思维超前，以至证实或证伪他的一个想法至少要在数十年之后。在数学和科学的发展史中，这个时间距离不算长，还有困扰人们数百年甚至更久仍未得到解决的问题。例如，意识是否对物质有作用？现在人们还不能做出科学的回答。数学和科学的突破中有难以解释的天赋在发挥作用，但它们的确立必须经过理性的演算和实验的证明。在完成这一步之前，人们应该保持开放的心态和足够的耐心。

意识与物质

惠勒是一位严肃的科学家，反对自己的理论被滥用。1979年，惠勒要求美国科学促进会（AAAS）把被他称为伪科学的超心理学（通灵学）驱逐出去。这一"学科"是在十年前由著名人类学家玛格丽特·米德（Margaret Mead）介绍入会的。惠勒反对超心理学对他的理论的误用。他指出，量子观察中的核心不是意识，而是探测与被探测的区别。这是对那些轻率地把物理学引入意识的警告。但不可否认，探测者是因为有意识才去探测的。惠勒也说，他不反对超心理学的探索，只是在得到令人信服的证明之前应该对此有所保留。这是科学的态度，可是 AAAS 没有接受他的要求。

提出"超心理学"这个词的是约瑟夫·莱茵（Joseph Banks Rhine）。他在母校杜克大学建立实验室（后来脱离），试图用实验证明超感觉感知（ESP，如传心术、预知）的存在。莱茵的工作是认真的。他曾揭露一位接受实验者作弊。即使如此，在他的实验室，另外一些声称具有超感觉感知能力者的实验结果仍高于合理概率近一倍。但其他心理学家没有能够重复出莱茵的实验结果，否认了他的工作。而荣格了解莱茵的工作并信任他。

意识与物质的关系至今仍然无解。2017 年 8 月，美国《科学》杂志庆祝创刊 125 周年，为此发布了 125 个世界最前沿的科学问题。前两个是：宇宙由什么构成？意识的生物学基础是什么？科学界还没能给出答案。如果意识的存在得到实证，无意识的存在也将同时得到间接证实。第二个问题被谨慎地限定在生物学范围之内。"意识的生物学基础"之说显然把意识当作物质的产物。在生物学基础之外，意识还有别的基础吗？

在生物学之前，哲学和心理学已经对意识做了研究，而无意识的概念在西方哲学中也有久远的源头。但这些探索的结果都没有被科学界接受。

数学和科学的天才与文学和艺术的天才可能受到同一种力量的驱动，虽然前者是被"误诊"，后者才是符合医学标准的病人。

这种力量包括还没有被科学实验证明的无意识。受无意识驱动的"疯子"在反抗常规中获得突破。

大多数疯子并不比常人拥有更多创造力，这一事实不能否认他们中的少数天赋异禀。至少在近两百年来，这些"疯子"为文明做出了巨大贡献，同时也更多地分担了这个世界的痛苦。福柯说："因为充满斗争和痛苦的世界是根据尼采、凡·高、阿尔托这样的人的作品大量涌现这一事实来评估自身的。"

天才的"疯子"还会继续出现，他们将改变人们对世界的看法，从而改变世界。福柯在《疯癫与文明》的结束部分说："疯癫的策略及其获得的新胜利就在于，世界通过心理学来评估疯癫和辩明它的合理性。"但是，世界必须首先在疯癫面前证明自身的合理性，而不是依据"正常人"的标准来判定"疯子"，因为科学的世界也在变得疯狂，这种疯狂可能会成为判定正常的新标准。

阿尔托和凡·高

福柯说到的三个人中的安托南·阿尔托（Antonin Artaud），是法国演员、诗人和画家。荒诞派戏剧深受他的影响，暴露了理性时代人生意义的缺失，从一个侧面揭示精神病的成因。阿尔托在五岁时患脑膜炎，1919 年染上鸦片瘾，1937 年患精神分裂症。1947 年，在巴黎举行的一场凡·高画展之前数天，画廊主人请阿尔托为画家写点什么。阿尔托写下了《凡·高：被社会自杀的人》——是的，他在七十多年前已经提出"被自杀"概念。这也是对他自己结局的预言：阿尔托孤独地死在一家精神病院，被认为是自杀。阿尔托在这篇文章中说，凡·高说出了"不可忍受的事实"，那些受到惊扰的人们逼迫他自杀。阿尔托对精神病的评论出自他本人的经验，而不是当时流行的心理学。这位精神病人说的一切都证实了弗洛伊德和荣格的心理学，有些地方甚至比他们更深刻。

阿尔托这样评价凡·高的《自画像》：

> 我知道，没有一个精神病专家懂得如何用这样无法抗拒的力量仔细地注视一个人的面孔，如一把小刀，剖析其不可否认的心理。

这是凡·高《自画像》能够打动人的原因。作为精神病人的阿尔托能够理解凡·高的画，因为他们生活在相似的世界。

阿尔托继续说：

> 或许，在凡·高之前唯一一个拥有这只眼睛的人是不幸的尼采：他拥有同样的力量，可以暴露灵魂，将身体从灵魂中扯出，让身体赤裸无蔽，让身体脱离心灵的诡计。那是一种渗透的、洞穿的注视，在一张被粗糙劈砍、如一棵方形树木的脸上。这虚无中的一瞥，如一颗陨石的炸弹投向我们，染上了填满它那空虚惰性的无调色彩。这便是凡·高诊断他自己的疾病的方法，胜于世上的任何精神病专家。

阿尔托在凡·高那里发现艺术是精神病症的诊断，还是治疗。《加歇医生》是凡·高在自杀前一个月为他的医生画的肖像，时间在 1890 年 6 月。他们之间的医患关系一度很紧张。凡·高告诉弟弟，加歇也是精神病人。这是病人对医生反向观察而得出的结论。久病成良医，凡·高的"诊断"很可能是对的。阿尔托这样评论《加歇医生》："凡·高不是出于自己或自己的精神疾病才放弃生命的，而是在一个名叫加歇医生的恶灵的压力下才促成的。"同病相怜，也相知。作为一位精神病患者，阿尔托比心理医生更懂得凡·高的痛苦。这种痛苦很大程度上来自医生的治疗，而不是疾病。

可是，阿尔托有时也期待"治疗"。他说："我也像可怜的凡·高，我不再思考，但我每天临近内心巨大的混乱，我愿看着某个医疗机构指责我让我自己疲惫。"他期待的不是治疗，而是指责、折磨，用一种痛苦压倒另一种痛苦，用疲惫消耗他过剩的精力。

荣格论疯狂

荣格的无意识有强大的力量。在很大程度上，这是一种心理病症。但他作为心理医生看到的世界仍不同于精神病人。在评论乔伊斯小说的文章《〈尤利西斯〉：一篇独白》（1932）中，荣格说，他始终没有把《尤利西斯》看作精神分裂的产品。但他又说，乔伊斯与精神分裂症患者有相似的症状：推开现实，或把自己抽离现实。确实，杰出的艺术家、文学家（文学就是一种艺术）都是超越他们时代的。他们不在现实的泥潭里打滚。

乔伊斯"推开现实"，进入无意识领域。他在那个时代不是独特的。集体无意识在整个现代艺术中强烈发作。荣格在这篇文章中说：

> 在现代艺术家那里，这种表象不是个体的某种疾病引发的，它是我们时代的集体症候群。艺术家并非按个人的灵感活动，而是受限于集体的生活意志。这种意志不是直接来自意识，而是发自现代心理的集体无意识。正因为它是一种广泛的现象，它才会在完全不同的领域中得出了相同的结果，在美术与文学中，在雕刻与建筑中比比皆是。

集体无意识是远古以来沉积在心理深处的人类经验，但这个过程一直在持续，因此有些部分并不古老，也有近现代人类经验的沉积。集体无意识是现代文学与艺术中灵感的源泉，当它赤裸裸地暴露出来的时候，就会产生精神分裂症。荣格接着上引说："另外，现代主义运动精神的鼻祖之一——凡·高——事实上是一位精神分裂症病患，这一点是非常重要的。"他大概是说集体无意识产生两个作用：精神分裂和艺术创造。

凡·高是一位有传染性的精神病患者，使得现代艺术染上精神分裂症，而"病毒"就是凡·高激活的集体无意识。天才而疯狂的艺术家不是一个人在行动，在他们的个体无意识之下还有集体无意识。疯子是天生的反抗者。他们中的一些人能够创造历史，无论是好还是坏，不仅在文学和艺术之中，也在政治之中。所以，苏联把不满者送入精神病院不是完全没有医学理由的——消极或积极反抗似乎不可战胜的权力很难不被想象为疯子的行为。那些"理智的人"往往选择沉默，甚至还想治疗他们眼中的"疯子"。

阿尔托说："精神病专家诞生于这样一个粗俗的土地：他们渴望在疾病的根源处维持邪恶，并因此从自身的虚无中发掘出一列卫队，以便削弱一切天才的反叛原驱力。"这句话对精神病专家也许有点不公平。但他仍忽略了一点：这样的精神病专家不限于精神病院的医生。

从意识到无意识

哲学中的意识

心理学最初是哲学的一个分支，随着生理学的发展在 19 世纪晚期独立出来，成为一种实验科学。意识和无意识原来是哲学的概念。心理学意义上的无意识是思想史上的一个重大发现。但至今还没有找到无意识存在的科学证据，就像暗物质和暗能量一样。但也有间接证据。人们一般会相信自己的直觉——那是无意识作用的结果。人们一般也会相信自己的梦具有某种意义——那是无意识的浮现。

"无意识"概念在欧洲哲学中有一个漫长的发展过程。前面提到过的医生、占星师、炼金术士帕拉塞尔苏斯在 1567 年的《关于疾病》中提出"无意识"的说法。把术士和科学家相提并论在今天是不合适的，但在当时乃至更晚，两者却没有区别。艾萨克·牛顿就沉迷于炼金术；采用几何学论证方式的斯宾诺莎也是一位泛神论者，认为宇宙就是神，而"人的心灵具有神的永恒无限的本质的正确知识"。这是斯宾诺莎在《伦理学》中提出的一个命题。

在这本书中，斯宾诺莎还说："经验也像理性一样明白教导我们，人们相信他们是自由的，只是因为他们自己意识着自己的行为，而毫不知道决定他们行为的原因。"这里的"毫不知道"就是对某事是"无意识"的，没有察觉。这也是"无意识"在较早时期的意义。斯宾诺莎说，人们对他们的行为的原因没有意识，与前面的"意识"相对，即知其然不知其所以然——这个解释正是心理学中无意识的作用方式。

斯宾诺莎隐约感到了无意识的存在。费希特则从斯宾诺莎进入哲学。费希特把"自我"设定为一切事物的绝对的出发点，而规定"自我"是"自我意识"。费希特说："只有彻底改善我的意志，才在我这里对于我的生活与我的使命升起一线新的光芒；如果没有这种改善，不论我怎么苦思冥想，不论我具备多么突出的精神禀赋，在我之内和在我周围也都不过是一片黑暗。"（《人的使命》第三卷）

意志不是无意识。费希特认为，意志是理性的。他说："意志本身就是理性。"斯宾诺莎在他之前说过："意志与理智是同一的。"（《伦理学》第二部分）费希特的"我之内"的黑暗是无意识，不是改善意志或理性而能够照亮的。叔本华把意志解释为存在于意识之中的康德的"自在之物"（《作为意志和表象的世界》）——这有些近似汉传佛教的"佛性"、王阳明的"良知"，觉悟的固有的种子，有待被发现，也不是意识的产物。

到谢林，无意识的概念在哲学中才变得清晰。如同费希特凭借一本论述康德哲学的文章赢得康德的赞赏，谢林在年轻的时候也凭一本论述费希特哲学的文章得到费希特的承认。谢林在他的早期著作《先验唯心论体系》（1800）中提出"无意识"一词。后来，曾于德国学习哲学的英国诗人柯勒律治，在1817年出版的《文学传记》中，把"无意识"一词引进英语。

谢林说："理智是以双重方式进行创造的，或者是盲目地或者是无意识地进行创造的，或者是自由地和有意识地进行创造的。"他把无意识归入理智的范畴。自然世界的创造是无意识的活动。无意识上升到自我意识或者理性。谢林的无意识存在于自然之中，不同于弗洛伊德意义上的无意识——被压抑的欲望。自然存在于意识之外。谢林的自然是更高的存在。他说："自然是可见的精神，精神是不可见的自然。"（《自然哲学观念》）

在《先验唯心论体系》中，谢林指出历史有先验性，人与历史一同出现。只有把人并入自然，人的历史才有先天设计的可能。他说："与自由相反的东西一定是无意识，而不是别的什么东西。内在于我的无意识的东西就是不由自主；而有意识的东西则是通过人的意愿内在于我的，必然就在自由中。"他认为，无意识不是人能够掌控的，所以是与自由相反的东西。

谢林说："如果自由的现象是必然无限的，那么，绝对的全部进化也是一个无限的过程，而历史自身永远都不是那个绝对的彻底完成的启示。出于意识和无意识的原因，也仅仅出于现象的原因，绝对把自己分成意识和无意识，自由的和直觉的；但是，在它所在之处的不可见光的照耀下，绝对自身却是永恒的同一，以及这两者之间和谐的永久基础。"（《先验唯心论体系》）在他这里，历史的进化反映绝对的进化，但不是绝对的全部启示。显现在现象界的"绝对"由意识和无意识组成，在绝对自身之中是永恒的同一，没有分别。这个"绝对自身"是自在之物，不能被认识。

因为他的自然主义（"自然"是谢林对费希特"自我"的补充）和神秘主义倾向，以及大学好友黑格尔的贬低，谢林在很长一段时期没有受到足够的重视，直到 20 世纪才被重新"发现"。

由此可知，在心理学独立之前，意识和无意识的概念在哲学中已经有了长期和深厚的积累。荣格多次批评弗洛伊德不懂哲学，应当是指责弗洛伊德没有从这些积累中汲取知识，而仅仅限于生理学的范围。当时的生理学还很初级。

当然，荣格关于意识和无意识的知识来源要比谢林以降的欧洲哲学久远得多，其中包括基督教早期异端的诺斯替教哲学。荣格也不是像批评者指责的那样不科学。其实，他同样在科学之中获取灵感和支持，只不过主要是从科学的前身：炼金术和星相术。在科学的早期阶段，对精神和物质的探索还没有分裂成两条路径，还处于混沌之中。荣格受到东方思想鼓舞的原因也在于此。他在现代科学之前的"科学"中找到了无意识存在的证据。如果要指出荣格理论中的缺陷，那么，他对无意识做出清晰的陈述和分析应该是其中之一。

科学在今天似乎在回归混沌状态。科学家在探索人与自然之间的相互作用，而不是自然的单向作用。这一路径通向哪里还不确定，还要看今后的发展。

哲学中的无意识

无意识概念的提出是对意识的极大拓展。把无意识与医学和日常经验联系在一起并加以推广的首功在弗洛伊德。其他人的贡献也不可忽视。在《分析心理学的理论与实践》中，荣格说："'无意识'这个词并不是弗洛伊德的发明。在德国哲学中，康德、莱布尼兹和别的哲学家早就在使用这个词了。"他在《儿童原型心理学》中说："虽然许多哲学家，如莱布尼兹、康德和谢林，已经非常清楚地指出过人类存在着心理阴影的问题，但有一位医生从他的科学与医学经验中感到，'无意识'是精神（psyche）的重要基础。他就是卡尔·古斯塔夫·卡鲁斯（Carl Gustav Carus），即爱德华·冯·哈特曼（Eduard von Hartmann）追随的权威。"

在回溯无意识的概念史时，荣格提到了哲学家。莱布尼兹在《人类理智新论》（1704）中提出"微知觉"，即"感觉不到的知觉"。微知觉是灵魂固有的，可以用来说明主体之间存在上帝的"前定和谐"。固有的微知觉与荣格的集体无意识更接近，而不是弗洛伊德的无意识。莱布尼兹还提出"统觉"（apperception），即自我对客体的总体意识。康德批评莱布尼兹的统觉是经验的。康德提出先验的统觉。统觉中的经验和先验影响到无意识和集体无意识的分类。

在《纯粹理性批判》（1781）第二编第一卷第三节，康德说："纯粹理性对于先验心灵论、先验宇宙论，最后对于先验神学提供理念。"这句话中的"先验心灵论"（psychologia rationalis）

也可以翻译为"理性心理学"。不过，当时作为一门学科的心理学还没有出现。康德认为，理性是在经验之先的先天判断，因此是先验的。哲学概念在不同语言中的语义差别很大，也是不可翻译的（玄奘提出"五不翻"，即有五大类词用音译），但又不得不翻译。荣格在他的心理学中保留了先验的知识，这就是集体无意识。其根基既有神秘主义的，也有哲学的，更有他作为心理医生的经验。

在哲学之外，荣格还指出"无意识"概念的一个经验的源头。这是从卡鲁斯的医学开始的源头，到哈特曼又回到哲学。

卡鲁斯和荣格同名，都是卡尔·古斯塔夫。卡鲁斯是诗人歌德的朋友，也是德国浪漫主义时期的一位重要风景画家。对于荣格，卡鲁斯首先是一位医生。那时的欧洲医学已经走出帕拉塞尔苏斯时期的混沌状态，进入现代医学阶段。卡鲁斯是萨克森国王的御医。为了纪念卡鲁斯，德雷斯顿（萨克森州首府）有以他的名字命名的医院。卡鲁斯提出的"脊椎动物原型"是达尔文进化论的思想种子，而"原型"也是荣格心理学的一个核心概念。上引荣格说"'无意识'是精神的重要基础"，即卡鲁斯在《精神：心灵的发展史》（1846）中的论点。主书名"Psyche"的意思是精神、灵魂，也是"心理学"的词根。

卡鲁斯的追随者爱德华·冯·哈特曼是出生于柏林的德国哲学家。哈特曼的第一本书是《无意识哲学》（1869），在德国哲学传统之中论述无意识。至1882年，《无意识哲学》已经出到第九版，显然大受欢迎，哈特曼由此奠定了他的哲学家声誉。

《无意识哲学》初版六年之后，荣格出生；而弗洛伊德的

《论无意识》初版于 1915 年。这两位心理学家都受到哈特曼的影响，也对他有所批评。例如，哈特曼认为梦是烦恼的产物。弗洛伊德在《梦的解析》第四章称哈特曼为"悲观哲学家"，因为哈特曼最反对"梦是愿望的达成"——这是弗洛伊德的《梦的解析》第三章之名。

哈特曼的无意识概念是形而上学的，与他的历史哲学联在一起。

无意识：创造和毁灭历史

尼采被认为是发现无意识的先驱之一，他敏锐地看出无意识的摧毁能力。在《历史的用途与滥用》（1874）中，他说："如果看到所有的根基都在疯狂无意识的毁灭中分崩离析，并溶于流淌不息的演变之川，如果看到一切创造都被现代人、被这世界之网中的大蜘蛛织进了历史之网，那些道德家、艺术家、圣人，还有政治家都会大伤脑筋的。我们自己却可以高兴一下，就像我们在哲学滑稽表演者闪亮的魔镜之中看到了这一切。"

在《悲剧的诞生》中，尼采说："悲剧神话引导现象世界到其界限，使它否定自己，渴望重新逃回唯一真正的实在的怀抱。"在古希腊悲剧中，命运是注定的，不可避免，无法改变，决定性的力量在现象世界的边界之外。根据尼采的观点，抚慰受命运控制之人的"怀抱"是"太一"，其实就是谢林说的意识和无意识的同一。古希腊人在狂欢中进入集体无意识。他们的酒神精神创造了艺术。尼采借用瓦格纳歌剧人物之口呼喊："无意识——最高的狂喜！"

这句话在荣格那里产生了回响。在 1910 年 2 月 11 日给弗洛伊德的信中，荣格说："无穷的狂喜和嬉戏潜伏在我们的宗教之中，等待被引导，回归到它们真正的目的地！"

尼采批评哈特曼把体现上帝意志的无意识作为历史的决定因素。在《历史的用途与滥用》中，他挖苦说："爱德华·冯·哈特曼出场了，连同他那著名的无意识哲学，或者说得更清楚些，他的无意识讽刺哲学。我们很少读到过比哈特曼的书更为好笑的作品、更大的哲学玩笑……世界进程的始终，从意识的最初振动到它最后跃入虚无，连同为它制定的我们这一代的任务——都是来自那个灵感的聪明之泉，来自无意识。它在《启示录》的光芒中闪烁，要模仿一种对待生活的诚心的严肃，就好像这是一套严肃的哲学，而不是一个天大的玩笑——这样一个体系显示出其创造者是一切时代中第一位的哲学表演者。"

这种联系实在不是哈特曼一人之过。他只是"历史进程"之观念的提倡者之一。

在汉语的语境中，"历史"是对已经发生的事情的记录，也是后人对前人进行道德审判的根据。在犹太－基督教文明中，"历史"是上帝为人类所作的时间规划，因此有确定的过程和目的；历史哲学是其变形，少有例外。上帝的意志体现在被规定了的历史目的之中，这一观念不限于宗教。例如，谢林在《先验唯心论体系》中说："作为整体的历史是绝对的不断前进、逐步自我显露的启示。"他的"绝对"被认为是上帝的代名词。

在《历史的用途与滥用》中，尼采指出，历史要服务于生活，历史需要行动者。他说："（哈特曼）把他意识到的悲哀当作是世界历史的完成，如果这样的话，那这种信仰必定显得可怕而且具有毁灭性。这样的一种观点使得德国人习惯于谈论一种'世界进程'，并把他们自己的时代看作是这一进程的必然结果。这种观点还用历史取代了其他精神力量、艺术和宗教的主宰地位。"

　　在上引中，尼采指出，相信历史进程是德国人的习惯，这必将带来毁灭。他的预言在20世纪不幸成真。尼采继续把无意识和历史进程放在一起评论："做一个美妙的试验：拿一架天平，在一端放上哈特曼的'无意识'，另一端放上他的'世界进程'。有些人相信它们是等重的，因为每一端都有一个邪恶的词——以及一个十足的笑话。"

　　"历史进程"也许是一个笑话，但无意识不是，尽管其中都隐藏着"邪恶"。

　　俄罗斯人也相信犹太－基督教的历史进程。列夫·托尔斯泰也把历史与无意识联系在一起，看到的却是历史中的偶然因素。《战争与和平》（1869）以拿破仑1812年入侵俄国为历史背景。他在小说情节中夹有许多短论。托尔斯泰认为，历史事件的发生或者不发生，不是由拿破仑这样的伟人决定的，他们也不由自主。他们还需要数百万个人意志软弱的人来执行命令，而这些人还受到其他无数复杂原因的驱使。

　　在这种情况下，托尔斯泰认识到理性的有限性。他说："为了解释这些不合理的历史现象（就是说，我们不理解这些现象的理性），必然得出宿命论。我们越是尽力合理地解释这些历史现象，我们就越觉得这些现象不合理和不可理解。"他指出，理性选择以及事后的理性分析与历史事件是冲突的。历史中的人只是工具，不能决定历史。

托尔斯泰说："人自觉地为自己活着，但是他不自觉地充当了达到历史的、全人类的各种目的的工具。"国王也是历史的工具。"不自觉"其实是"无意识"。不过，这样汉译有一些道理：无意识的作用往往不能被察觉，因此，人的言行必然是"不自觉"的，人由此成为无意识的工具。托尔斯泰的结论是："国王的心握在上帝手里。"上帝或无意识决定历史，作用方式超出人的理性能够理解的范围。

托尔斯泰是在欧洲哲学的传统之中讨论历史的。他认为无意识（上帝的变形）是历史的真正动力。他说："禁吃智慧树的果子这个戒条，在历史事件中表现得最为明显。只有不自觉的行动才能带来结果，而在历史事件中扮演角色的人，永远不懂得历史事件的意义。如果他企图去理解它，也是毫无结果。"同样，在古希腊悲剧中，命运以及历史也是不可把握、不可理解的。这是悲剧产生的根本原因。

卡尔·洛维特说，托尔斯泰是"研究人类灵魂的大专家"。对灵魂和历史的洞察使得托尔斯泰成为伟大的文学家。他用小说的情节支持他的哲学观点。托尔斯泰相信，历史进程是不可知、不可人为的。他从俄国的历史中得出一个结论：参与历史的人只是在制造历史垃圾。他紧接上一段引文说："当时在俄国发生的事件，越是密切地参与其中的人，就越是不了解它的意义。"这句话的意义超越了那场战争的时空。

集体无意识

　　集体无意识是荣格提出的最重要的一个概念，他的其他主要概念都是围绕集体无意识而展开的。

　　无意识不是没有意识。把德文的 Unbewussten 及英文的 unconscious 翻译为"无意识"可能会引起误解，好像无意识是意识的不存在。其实，无意识是潜藏不被感知的意识。在弗洛伊德的早期著作《梦的解析》中，他写为"潜意识"（Unterbewussten），后来改成"无意识"（Unbewussten）。在弗洛伊德看来，这两个概念的内涵是一致的，他只不过改了名称。"潜"是潜伏、暗藏的意思。无意识是深藏在意识之下的意识，不属于意识的范围，但能够影响意识。在一定程度上，意识和无意识的关系类似冰山之尖和冰山的水下部分，不可见的部分更大；更像是物质与暗物质的关系，彼此的联系若有若无。据计算，暗物质和暗能量占宇宙质量的95.1％。到目前为止，科学家还没有找到它们存在的直接证据，但间接证据不断被发现。

发现集体无意识

荣格在自传中说："我所有的著作，我的一切创造性活动，都始于 1912 年。"这一年，他三十七岁，在年底出版的《力比多的变化与象征》，标志着他与弗洛伊德的分裂。这本书收入汉译《荣格文集》作第二卷，名为《转化的象征》。这里的"转化"其实是荣格的术语"变形"。在弗洛伊德的理论中，力比多的本质是性欲冲动，而荣格把力比多看作是生命力，含义要宽泛得多。荣格提出的集体无意识是他们在理论上的重要区别。

在《转化的象征》中，荣格仍然把弗洛伊德当作权威，但在引用时对弗洛伊德的"力比多"做出更广泛的解释。他说："尽管弗洛伊德把力比多定义为性，但他也并非像人们通常认为的那样，以性来诠释'一切'，而是承认确有某些特殊的、性质尚不清楚的本能力量存在。"可以从中看出荣格试图在弗洛伊德和他自己之间进行调和。这种"性质尚不清楚的本能力量"不是弗洛伊德的发现，而是荣格的"集体无意识"概念的开端，但那时还比较模糊。当然，荣格不仅吸纳弗洛伊德的理论以及诊疗经验，更发现了各文明具有相似的神秘主义底色。这个底色才是"集体无意识"的坚实基础。

在《转化的象征》第二部分第三章，荣格叙述了他在 1910年之前观察到的一些精神病例。那些病人的幻觉中有相似的意象，如对男根表现出的崇拜，这与他读到的澳洲等地的原始民族的传说和行为相近，而他相信这些地方在近代才开始有了文化交流。所以，荣格说："这显然不是一个观念传承的问题，而是关于人类天生具有制造类同意象的禀赋的问题，或者毋宁说是人人共有一些相同的心理构造，我后来把这些相同的心理构造称为集体潜意识的原型。"

在《力比多的变化与象征》中，荣格还把集体无意识与生理学概念相比较，以获得科学上的支持："它们与生理学上的'行为模式'概念是相对应的。"荣格认为这是受到压抑的性欲退行（这时他还在弗洛伊德的影响之下）产生的。他进一步指出，被压制的性欲"激活其他领域的功能"；性能量转变了形态，以另一种方式出现。他后来把这个过程称为"变形"，但抛弃了作为原初动力的性欲，代之以"原型"，即人类共有的意象。

独立于弗洛伊德之后，荣格又对潜意识和无意识做了区分。在《分析心理学的理论与实践》中，他把跨入意识门槛的无意识的产物分为两类。"一类包括那些显然来源于个人的、可被认识的材料"，"此外还包括被遗忘、被压抑的内容以及创造性内容"。荣格把后者称为潜意识，或个人无意识。另一类不是个人的获得物，属于人类共有，处于无意识的深层。荣格说："非个人的心理内容，神话特征，或者换言之原型，正是来自这些深层无意识。因此我把它们叫作非个人的无意识或集体无意识。"集体无意识是历史的长期积累。荣格选用"集体"这个词是因为这种无意识是人类普遍共有的。

按照印度佛教哲学，汉传佛教法相宗认为有八识（其他宗派的观点有所差别）。前五识为眼、耳、鼻、舌、身识，是感官对外境的认识。第六识是意识，其与前五识都由因缘所生，大致可以说是服从因果律。第七识是意根（末那识），执"我"以思量加工前六识所得，因此可以说是自我意识。第八识是阿赖耶识。"阿赖耶"在梵文中的意思是藏、能藏，保存前七识在历代熏习而得的种子。阿赖耶识不由外境产生，为一切众生本来所有，即从远古（无始）以来就存在于所有人。阿赖耶识经常被认为就是如来藏。如果不考虑其中的宗教内容，阿赖耶识有一点儿像集体无意识。

集体无意识处在无意识的深层次，显现的是人类从远古遗传下来的共同意象，而构成弗洛伊德的无意识的材料是个人经验，特别是受压抑的性欲。中国曾有论者把当下社会的集体记忆称为集体无意识，尤其指民族心理创伤留下的记忆疤痕。这只是荣格使用这个词的原意的很小一部分。

集体无意识是历史的积淀

荣格在自传中说："1916 年，我有了一种要形成自己的思想的渴望，我的内心产生了具体的冲动。这一内心冲动逼着我去详细阐述并表达。"这一冲动的结果是写出《对死者的七次布道》。荣格说："无意识对应于全部死者的神话世界，对应于先人的世界。因此，要是有人产生灵魂消失的幻觉，这就意味着灵魂退缩进了潜意识，或者说回到了'死者的世界'之中。"这个另外的世界不在别处，就在产生幻觉的集体无意识之中。

荣格用"灵魂"指阿尼玛，男性心理中的女性一面，不是超自然的存在。"死者的世界"指潜意识（无意识），因为他相信自古以来的人类（死者）经验没有完全消失，而是以各种意象（即原型）遗传下来，保存在无意识之中，他把这部分无意识称为集体无意识。集体无意识不是超自然的存在。荣格的部分思想资源以及他的用词经常使人误认为他是一位神秘主义者，而他自己也不曾认真地辩解过。他有过幻觉，这是他选择精神病学的一个原因，也是他能够有所发现的一个原因。但他是在清醒时分析和整理这些幻觉的。毫无疑问，他是一位理性的现代学者。荣格说："集体无意识的概念其实很简单。如果不是这样，人们就会把它当作奇迹来谈论，而我可不是传播奇迹的人。"

那些不曾出现过幻觉的人，或不曾像荣格那样有过经常的、强烈的幻觉的人，可能不容易理解他的经历。但幻觉并不完全是虚幻的，它们是精神疾病导致的潜藏的欲望、观念、意象的变形。这种变化经常出现在梦境中。梦是弗洛伊德治疗病人的入手之处，这个方法也被荣格继承。

幻觉能够刺激灵感的产生，因此，幻象有时被当作艺术才能的显现。那些缺乏这种症状或者想更加刺激的人，则从致幻剂中获取幻象，最终毁了自己。有些现代文学家和艺术家依赖毒品制造幻觉，成为幻觉的牺牲品。

美国诗人艾伦·金斯伯格在《嚎叫》（1955）中说："我看见这一代最杰出的头脑毁于疯狂，挨着饿歇斯底里浑身赤裸，拖着自己走过黎明时分的黑人街巷寻找狠命的一剂。"这"一剂"是一剂毒品。他们用毒品制造疯狂和灵感。在美国，使用毒品在"二战"后"垮掉的一代"中很常见，至20世纪60年代和70年代甚至成为社会运动的一部分。在灵感之外，他们还期待在毒品制造的幻觉中得到解脱和启示，而这是自上古以来许多信仰中经常采用的方法，不是新潮。荣格与这些文学家和艺术家不同，他走的是另一条路。他在"自发的"幻象中寻找心理因素。

曼陀罗草：一种致幻植物

在第一次世界大战之前不久，荣格陷入精神困境，原因是他和弗洛伊德的分裂，以及他在战前已经产生的对战争的恐惧。他极力使自己避免陷入疯癫。他在自传中说："一直到第一次世界大战末期，我才逐渐脱离困境。有两件事帮了大忙。第一件事是，终于与那位努力说服我、使我相信自己的幻想具艺术价值的女士断交。第二件事则为我开始明了了曼陀罗的图形。这时大约是1918年和1919年之间。大约在我完成《对死者的七次布道》之后，可能是1916年左右，我第一次画出曼陀罗的图。当然，我当时并不理解它。""一战"结束于1918年11月，几乎与荣格的这次精神困境同时终结。荣格从他的精神困境中看到的不是艺术才能——从《红书》可以看出他富有绘画天赋——他寻找深层次的原因，在画曼陀罗中自我治愈，也为集体无意识的存在找到了更多证据。

荣格说的曼陀罗不是那种多年生草本植物。那种曼陀罗草（mandrake）在希伯来语中的意思是"爱的植物"，传说女人喝用它炮制的药水可以医治不孕。《旧约》汉语版中的"风茄"就是曼陀罗，其传说中的功效必然深入人心。据《旧约·创世纪》，亚伯拉罕的孙子雅各先后娶两姐妹为妻。有一段时间雅各疏远了姐姐。姐姐把他儿子采来的风茄给妹妹，换取那一夜她与雅各同寝，生了她和雅各的第五个儿子。

马基雅维里在五幕喜剧《曼陀罗》中也写到了这种植物传说的功效，那个时代还没有现代医学，因此剧中的说法是有说服力的，正像我们看到的对鸡血、绿豆疗效的迷信，于是得以构成喜剧。乔万尼·薄伽丘的《十日谈》也把性和人们对宗教神奇力量的盲信作为笑料。对宗教的嘲笑是意大利文艺复兴时期人文精神和科学精神兴起的一个重要标志。但脱离了对神秘力量的依附又导致人的孤独和焦虑，产生精神分裂症。

曼陀罗草是茄科茄参属植物，原产于地中海周边地区，能致幻，所谓"爱的植物"大约就是指迷幻之中的感情。因为它的根茎具有人的形状，因此像人参一样，也曾被赋予想象的药用价值，还传说被拔出来的时候会喊叫。茄科曼陀罗属的一种植物也被汉译为曼陀罗，原产墨西哥和美国加利福尼亚州南部，有剧毒，也有强大的致幻能力，为土著所用，英语俗名很多，常用的是 jimson weed。这两种植物在汉语中同名，在植物分类学中同科不同属，都与荣格说的曼陀罗没有关系。

曼陀罗或曼荼罗：集体无意识的一种原型

更让曼陀罗这个汉语词混乱的是，mantra（咒语、密咒）有时也被音译为曼陀罗，因此又有人称密宗为曼陀罗乘。而荣格画的曼陀罗是坛城。这个曼陀罗是 mandala 的汉语音译,又写为"曼荼罗"[1],梵文的原意是"圆",象征宇宙,在三千多年前的印度吠陀时代就已经出现。藏传佛教大量使用曼陀罗的形象,又称曼扎,即坛城。想象和制作(平面和立体的)坛城是与宇宙合一的过程。荣格把曼陀罗看作是集体无意识的原型之一。他后来在其他文明中也看到众多类似的造型,并广泛收集各个部落、民族的神话和传说以及图像作为证据。

在 1918 年至 1919 年期间,荣格每天清晨都画一幅圆形图,即曼荼罗。当一位"有较好审美能力的夫人"再次告诉他这些画有艺术价值之时,荣格确认她是在奉承,反而怀疑这些画不是他自己"随心所欲的虚构编造之物"。他说:"第二天我便画出了一幅与以往不同的曼荼罗图画:图中有部分内容是断开的,因而两边极不对称。"这种变化就是变形。荣格排除了他的艺术创作的可能性之后,心中的秘密开始向他显现。

荣格的无意识被慢慢打开。他说:"事后我才逐渐发现,什么才是真正的曼荼罗:'成形、变形、不变的含义,不变的创造。'这便是自性,即人格的完整性。""人格的完整性"是他对自性的定义。他又说:"自性,即我的整体存在";"自性就像我那样的个体,是我的世界";"精神发展的目标就是自性"。在字面上,荣格的自性(Self)就是谢林的自我(亦即自我意识)。汉译者用"性"字来标识荣格赋予这个字的独特内涵。

上面两段中的引文都出自荣格自传中相邻的几页。在晚年写

---

[1] 本书因受不同出处的引文所限,没有全部统一。

的这本书中，他整理了几乎一生的思想发展脉络。虽然不如他随着思想发展而写的那些书和文章更能真实地反映他当年的观点，但作为最后的总结，自传的叙述更有条理，更简洁清晰，而站在一生的高峰回顾往事还有近似旁观者的优势。

荣格1935年在伦敦的五次演讲收入《荣格文集》第九卷，在中国的单行本名为《分析心理学的理论与实践》。（这两版的译者不同。）荣格在第二讲中说："我们不能够直接和潜意识过程打交道，因为它们不可企及。它们不是直接被观察到的，而是仅仅在它们的产物中显现出来。"无意识就像是不能被直接观察到的黑洞，它们的"产物"是神话、传说、梦、精神病症，还应该包括哲学的一部分和早期的科学。荣格说："我们从这些产物的特殊性质中推断出，必定有一些东西隐藏在它们之后，它们从那里发端。我们称此黑暗区域为潜意识心理。"

在第二讲中，荣格追溯大脑的历史。他说："大脑生来就有确定的结构，其工作方式虽然是现代的，却有自己的历史。大脑是在数百万年的过程中建构起来的，代表了这个历史的成果。"因此，大脑也和身体的其他部分一样，携带历史遗传的信息。其他领域的学者也将证明这一点。荣格相信："如果你能摸索到心灵的基本构造，你自然就会窥见远古心灵的痕迹。"其实，原始人或野蛮人仍然住在每个人的心里，有的活跃，有的沉默。

在集体无意识之中没有自我，在那里，"我"与世界合为一体，自我是迷失的。因此，"一旦无意识触及我们，我们就是无意识——我们变得浑然不知自我。这是一个由来已久的危险，为原始人本能地知道和恐惧"（《荣格文集》第五卷）。"不知自我"

是因为这个无意识是集体无意识。荣格指出，这是神话和传说中许多恐怖景象的心理背景——地狱、妖魔不在人心之外。土著人知道这种危险，所以要举行各种仪式来抵抗和消弭。根据荣格的理论可推知，海地人的僵尸（zombie）传说就是对集体无意识侵入意识的恐惧。僵尸意象盛行于西方流行文化，其中必有道理。

集体无意识是不可控的。荣格说："集体无意识的内容不从属于任何专断性意图，不受意志的控制。"这正如内脏的活动不受意识控制一样。没有人可以像运动四肢那样控制心脏的活动。但是，集体无意识却可以控制人和人群，把他们领进"黑暗区域"，把他们变成丧失自我意识的僵尸。

在现代社会，集体无意识被理性、法律等压制得更深，爆发也更强烈。在伦敦演讲的第二讲，荣格说："通常，当集体潜意识在巨大的社会群体中汇聚起来，其结果就是一种公众狂热，一种精神流行病，这可能导致革命，或者战争，或者诸如此类的事情。这些活动具有极度的传染性——几乎是无法克服的传染性——因为当集体潜意识被激活，你就不再是同一个人。你不仅是身处潮流之中——你就是潮流本身。"（《荣格文集》第九卷）

在上面这段话中，荣格用集体无意识对群体行为进行了解释。失控的群体行为往往伴随着破坏，甚至杀戮，小型的有足球流氓闹事，大规模的则有卢旺达大屠杀，都在突然之间爆发。在荣格做这次演讲时，希特勒已经当权，德国正在更深地堕入原始人害怕的"黑暗区域"，许多德国人已经被变成僵尸。虽然可以把灾难的发生归罪于领袖的煽动，归结为黑暗的集体无意识的发作，却也大致适用于今天流行的一句话：当雪崩发生时，没有一片雪花是无辜的。

原型和个体化

荣格的重要心理学概念——集体无意识、原型、变形、自性、个体化（individuation）、阿尼玛、阿尼姆斯、内倾、外倾——都是相互连接的，无法分开。原型是集体无意识的原型；变形是原型的变形、自性的显现；个体化是原型的个体化，形成自性；男性的无意识中是阿尼玛，"集体无意识以女性的形式把自己完全呈献给男人"，因此他又称之为"女性原则"，相应的，女性的无意识中是阿尼姆斯；内倾是倾向于自性的心理特征，外倾则相反。

集体无意识由本能与原型共同构成。本能不经过意识的指示。本能来自遗传，是人类的遗传，不是家族的遗传，因此是普遍的，突然面对相同的情景，人类会做出一致的无意识反应。荣格说："原型是铭刻在人类头脑中的自然意象，并帮助人形成判断。"原型（archetype）也是遗传的。

原型的源头

荣格说，"原型"是他从基督教神学家圣奥古斯丁那里继承来的。但他又说："原型一词未见于圣奥古斯丁的著作中，但文中是有此含义的。"可以在《圣经》中找到圣奥古斯丁的一些意象的原型。这些意象带来慰藉。荣格认为宗教也是心理治疗的方式。他在1935年伦敦演讲的第五讲中说："宗教是什么？宗教就是精神治疗体系。"宗教中有很多象征性的意象和神话，而无意识中也有很多象征。原型的各种变形可能预示精神病，荣格追踪这些象征寻找病因，却有了更大的发现。

原型指最初的模式，荣格用来指具有远古神话特征的意象，又称之为"原型意象"。曼荼罗是其中之一，还有许多其他原型，如母亲（"母亲原型显现在几乎无限多样的面向之下"）、儿童（变形为侏儒、小精灵）、智慧老人等等。这些原型是神话与传说的基础，反映了人类的心理。

荣格说他不断遇到一种错误观念——原型的内容是确定的。他说："必须再次指出，原型中确定的并非其内容，而是其形式。"只有形式才可以遗传，构成集体无意识。形式也以各种变形出现。荣格又把"原型"上溯到更早的时期。他说："原型这个词就是柏拉图哲学中的形式。"他还说过："荣誉属于柏拉图。"柏拉图的重要概念"形式"（Form）在英语中是荣格心理学的"变形"（transformation）的词根。荣格的《转化的象征》中的"转化"其实是"变形"，而"变形"是原型形式的变化。柏拉图认为万物模仿形式。形式是超验的、不变的、完美的。模仿（即万物）都是不完善的。

柏拉图的形式又称为理念（idea）。在《开放社会及其敌人》（1945）中，卡尔·波普尔说："柏拉图还把他对一个不变的完美国家的信念扩大到'万物'领域。他相信对各种普通的或衰败的事物而言还存在一种不衰败的完美事物。这种对完美的不变事物的信念通常被称为形式论或理念论，并成为柏拉图哲学的核心学说。"波普尔把柏拉图当作开放社会的敌人，因为柏拉图相信历史是退化衰败的，却还要在这个过程中按照理念设计一个"最美好的国家"。

波普尔说："柏拉图的理念是事物的原型或起源，是事物之理，事物存在的理由——是事物得以存在的恒定而持久的原则。""流变中的事物，像子女一样，是祖辈的摹本。它的父亲或原型就是柏拉图所说的'形式'或'模式'或'理念'。"（下划线为本书作者所加）这里的"原型"是波普尔对柏拉图的"形式"的解释，不是柏拉图的用词。柏拉图认为，形式或理念是永恒的，而模仿则是流变的。波普尔说："我们必须表明，形式或理念，无论它被称作什么，都不是'我们心中的观念'，它不是一个幻想，不是一个梦，而是真实的事物。"这种真实却是形而上的。"它确实比一切在流变中的一般事物更为真实，因为一般事物尽管看起来是实实在在的，但它们注定要衰亡，而形式和理念则是完善的，不会消失的。"

在柏拉图之后，理念论继续发展。荣格说："原型一词最早是在犹太人斐洛（Philo Judeaus）谈到人身上的'上帝形象'时使用的。它也曾在伊里奈乌（Irenaeus of Lyons）的著作中出现，如：'世界的创造者并没有按照自身来直接造物，而是按自身以外的原型仿造的。'《秘义集成》（*Corpus Hermeticum*，又写为 *Hermetica*）把上帝称为原型之光，这个词多次在狄奥尼修法官（Dionysius the Areopagita）的著作中出现。例如在《天国等级》第二卷第四章中写到'非物质原型'以及在《天国等级》第一卷第六章中写到'原型石'。"

在上面这段话中，荣格总结了"原型"一词的几个源头，都有柏拉图的形式或理念的印迹。斐洛是犹太宗教学家，与耶稣同时代而年长，在公元前后生活于今埃及的亚历山大城（当时在罗马治下，且斐洛是罗马公民）。伊里奈乌是今法国里昂地区的主教，大约死于 202 年，他反对神秘主义的诺斯替教派，而诺斯替主义（Gnosticism）是荣格思想发展中的重要资源。《秘义集成》是炼金术的核心文献，又译为《炼金术大全》，大约成书于 2 世纪。狄奥尼修法官是 1 世纪时的雅典大法官兼首任主教，《狄奥尼修书》（其中包括荣格提到的那两本书）是托名于他的伪作，时间不晚于 5 世纪中期，其哲学基础是"新柏拉图主义"，不过这是 19 世纪发明的一个词了。

原型是一

新柏拉图主义者继承了柏拉图的理念论。他们认为自己是柏拉图的信徒，并不"新"。这一学派的主要人物是罗马帝国时期的普罗提诺（Plotinus）。他出生在埃及，四十岁时到罗马，后半生基本上在罗马度过，卒于270年，享年六十六岁。学生波菲利（Porphyry）整理了他的文字，又为他作传。普罗提诺是早期基督教的一个思想来源，也是荣格经常会提起的人物。直到7世纪阿拉伯征服大中东地区，新柏拉图主义才消融在各种知识体系中。

普罗提诺认为，一是万物之源。一是最高的、超验的、不可分的，但不是存在，也不是非存在，一先于所有存在物，是善、美。可以看出，这个"一"是柏拉图的形式或理念的变形。普罗提诺的"一"也被汉译为"太一"（太乙），存在物的创造者。道教的《太乙金华宗旨》给过荣格很大启发。从内涵来说，太一比直译的一更准确。老子没有说太一，他的一是次生的："道生一，一生二，二生三，三生万物。"普罗提诺的一并不"生"。普罗提诺把一比作光，万物都从"一"流溢而出，按流出时间先后确定高低等级。第一个流溢出的是神圣的智识（nous，努斯），第二个是世界的灵魂（psychē），在此之后是人类个体的灵魂，然后是物质。普罗提诺把psychē分为世界的和个体的两种，前者是荣格的集体无意识的"原型"。

努斯（nous）原是一个日常用词，大致意思是善知、智慧、头脑一类，在现存文本中最早出现于《荷马史诗》。古希腊人热切追求知，努斯在哲学中发展出丰富的内涵，在汉语中没有定译。心灵、心智、精神等等，在一定程度上还包括理性或逻各斯（logos），都只是努斯的一方面。柏拉图笔下的苏格拉底已赋予努斯以神性。在《斐多篇》中，苏格拉底称赞阿那克萨戈拉（Anaxagoras）："据他说，世间万物都是由智慧的心灵安排，也是由智慧的心灵发生的。"苏格拉底不满阿那克萨戈拉把智慧

（nous）的作用归因于物质因素。他相信绝对的永恒。他说："我认为至美、至善、至大等绝对的东西是有的。如果你们也承认这点，认为这种种绝对的东西是存在的，我相信我能把我追究的原因向你们讲明，并且证明灵魂（psychē）不朽。"

在柏拉图笔下，苏格拉底相信灵魂不朽；灵魂在人出生之前很久就已经存在了，一次次投入人身。这个观念必然导向神性的智慧、先验的知识。苏格拉底在饮毒药之前，先谈努斯，然后才说到灵魂的不朽。以相同的顺序，在普罗提诺的观点中，努斯和灵魂也先后从"一"之中流溢而出。

犹太－基督教文明相信，世界是被创造的。创造不是随意的，在创造之前应当有一个模式或理念。按照荣格的理论，上帝是无意识的创造物，基督（上帝的三个位格之一）不是神，而是完美的一个原型。

从相信永恒、至善的存在，进而到与这种存在合一，这在东西方哲学中并无二致。宋人邵雍的《得一吟》说："天自得一天无既，我一自天而后至。唯天与一无两般，我亦何尝与天异。"这也是表达与神圣的原型合一。对于这种愿望，荣格在自传中说："我们的精神结构是以宇宙结构为基础的，在宏观世界发生的一切也同样发生在精神的微观世界和最主观的领域之中。基于此，上帝的形象便总是一种巨大而有力的对立物的内心体验的某种影像投射。"

荣格的阅读面广博。他读哲学著作，也读宗教和神秘主义的著作，并且有他自己的体验以及对病人的治疗经验。他对集体无意识以及相关的各种现象的论证有坚实的基础。从柏拉图、普罗提诺、莱布尼兹，可以发现荣格的"原型"概念有原型及多种变形。他的"个体化"也是继承来的概念。

个体化：成为单个的人、完整的人

"个体化"是荣格心理学的一个关键词，也被译为"个性化"。荣格说："我的心理学发现中最核心的即个体化的内心转换过程。"个体化把集体无意识与个体意识结合在一起。荣格在自传中说，他画曼荼罗是潜意识运行的结果，"我必须让自己被这股急流挟裹着前进，无法获悉它要将我引向何方"。他的画总是回到一个中心，而曼荼罗"是一切道路的标志，是通向这个中心、通向个体化的唯一之路"。荣格的个体化是把无意识中的原型与自我意识综合在一起。曼荼罗就是整体性的象征。意识与无意识的分裂导致精神错乱，因此需要把它们统一起来。更早的时候，莱布尼兹有类似观点。他在学位论文中说，个体化原则是形式与实体的复合。

中国哲学和西方哲学的一个区别是，中国哲人倡导从个体走向天人合一，个体容易被忽视；西方的重点则是在合一之后的"个体化"，容易忽视合一。

在莱布尼兹的《单子论》（1714）中，组成事物的元素是单子（monad），是不可分的单纯实体。单子是被创造出来的，不是自然生长的。这暗示单子有一个共同原型，在被创造之时彼此没有差别。也可以说，单子在变化之前没有不同。但单子必须彼此不同，否则世界不可能呈现出多样性。莱布尼兹说："每一个单子必须与任何一个别的单子不同。因为自然界绝没有两个东西完全一样，不可能在其中找出一种内在的、基于固有本质的差别来。"他认为，单子变化的动力是知觉和欲求，是无限的东西。

单子有灵魂。莱布尼兹说："我们可以把一切单纯实体或创造出来的单子命名为'隐德来希'（entelecheia），因为它们自身之内具有一定的完满性，有一种自足性使它们成为它们的内在活动的源泉。""隐德来希"是亚里士多德的用语，意思是实现、完成，指潜在形式的实现；莱布尼兹用这个词指灵魂、完美的原则，在这句话中成为单子的代称。可以看出，莱布尼兹意义上的隐德来希接近荣格的自性，完美性就是自性的整体性。

可以把莱布尼兹的单子看作是普罗提诺的"一"的个体化。《单子论》中有上帝，而上帝的"完满性是绝对无限的"。在《人类理智新论》中，莱布尼兹在论时间和空间的上下文中说到"个体化原理"——这个词是他从经院哲学中借来的，此前他在1663年的学位论文中已经讨论过。

个体性的一个表现是：没有两片树叶是完全相同的。人亦如此。莱布尼兹把个体化与无限性相连。个人在体现于上帝的完满性中获得无限性，然后才有个体性，因此需要先抓住无限性。他在《人类理智新论》中说："最为重要的一点乃是，个体性牵涉到无限性，只有当一个人能够抓住那无限的东西，他才能够知道一个给定之物的个体化原则。"这个"无限的东西"就是单子变化的动力，单子受内在欲望推动的无限的知觉运动。

在《作为意志和表象的世界》第一卷中，叔本华对个体化原理的描述显然是从莱布尼兹那里借用的，却也说是借用经院哲学的术语。叔本华说："时间和空间是'个体化原理'。"时间有先后，空间不能重叠。时间和空间必然制造杂多的个体，不可能有完全的一致。叔本华说："我们知道杂多性绝对地必须以时间和空间为条件。"孤独的人信赖个体化原理。叔本华说，意志是"作为个体而出现的认识的主体"。因此，意志和意识在内涵上有相当大的重叠，但意志更广大。个体意志的欲求产生痛苦。叔本华说，认识的主体"由于与身体的同一性而出现为个体"，人们因为自我丧失（"自失"）于客体而忘记他们的个体。艺术审美中的"自失"对痛苦有消除作用。庄子达到的境界是"今者吾丧我"。

个体化：尼采与荣格

尼采在日神中看到个体化。他在《悲剧的诞生》中说："日神因素为我们剥夺了酒神普遍性，使我们迷恋个体，把我们的同情心束缚在个体上面，用个体来满足我们渴望伟大崇高形式的美德；它把人生形象一一展示给我们，激励我们去领悟其中蕴涵的人生奥秘。"在《论道德的谱系》中，尼采是轻视"同情"这个品质的。在《悲剧的诞生》中，酒神的智慧象征着本能的无意识。尼采把酒神精神的苏醒视为他那个时代的希望。

尼采用酒神化解日神的"个体化原理"。酒神的迷狂状态使人脱离意识，其实就是从意识进入集体无意识。尼采认为，个体化是一切痛苦的原因，而悲剧是一种治疗方式。他说："只有在希腊人那里，个体化的崩溃才成为一种艺术现象。"而悲剧的秘仪学说"认识到万物在根本上浑然一体，个体化是灾祸的始因，艺术是可喜的希望，由个体化的魅惑的破除而预感到统一将得以重建"。

在《悲剧的诞生》中，尼采说："日神本身应该被看作个体化原理的壮丽的神圣形象。"他说："在我看来，日神是美化个体化原理的守护神。唯有通过它才能真正在外观中获得解脱；相反，在酒神的神秘欢呼下，个体化的魅力烟消云散，通向存在之母、万物核心的道路敞开了。""酒神的神秘欢呼"消解个体化，把人们送入存在之母。存在之母即无意识。

荣格与尼采反向而行。荣格认为，精神分裂是因为无意识与意识分裂，无意识不受意识的控制所致。在《原型与集体无意识》中，荣格说："虽然那些粗暴地显现在精神错乱中的东西在神经病中依旧潜伏于背景中，但是它们继续影响意识。因此，当分析透过意识现象的背景时，它便发现了与激活精神病患者的精神错乱相同的原型形象。最后出现了大量文学与历史证据，证明在这些原型中，我们是在处理常态类型的幻想；事实上，这些幻想处处存在，而非精神错觉的怪异产物。病例因素并非是在于这些思想的存在，而是不再能够控制无意识和意识分裂。因此在所有神经分裂病例之中，统一无意识与意识是必须的。这是一个综合过程，我称之为'个体化过程'。"

意识是个人的，无意识是集体的。无意识的失控是精神分裂症的原因——在社会中也是如此，群体心理学研究的是其表象。荣格把"个体化过程"作为精神病治疗的方法，由意识控制无意识。个体化不仅是精神治疗的过程，更可以是精神完善的过程。荣格指出："个体化过程就是成为单一的个体，因此，我们借以深知我们最深处的、最低端，而且不可比较的独特性，成为自我。我们由此便将个体化过程称为'走向自我'或者'实现自我'。"亚伯拉罕·马斯洛的"自我实现的人"是走向自我的高处，荣格的个体化的人是走向自我的深处并能够安全返回。高处显而易见，乐于攀爬者众；深处幽而难至，勇于探索者少。

变形：不断变化

　　上一篇说到"个体化"——意识与无意识的结合。意识是个人经验的产物，而无意识包含"未分化的上古心理残余，包括动物性阶段"（《荣格文集》第五卷第二部分）。在两者的结合中，人类心理的共性以适应个体经验的方式表现出来。在这个过程中，无意识中的原始意象会发生"变形"，但仍不离其宗。在心理学之外，变形在神话、文学、绘画中也是常见的主题，在某些事例中能够暴露深层的心理因素。

奥维德的神话和《圣经》的往事

　　《山海经》中的奇异动植物和人都是想象的变形，马王堆帛画、敦煌壁画也绘有变形的动物。敦煌的变相是变佛经文字为图画，敦煌的变文是文体的改变，可以说都是对无形的变形。

在欧洲神话和文学中，变形是一个恒久的主题。古罗马诗人奥维德著有《变形记》，把希腊神话、罗马神话融在一起。每一个神话中都有变形。

《变形记》中有一个故事：天神朱庇特和他的儿子墨丘利伪装成凡人，到佛里吉亚（在今土耳其）求宿，敲了一千家门，都被拒之门外。最后只有一对贫穷的老夫妻博西斯和腓利门（Baucis and Philemon）热情招待了这两位天神，穷尽他们的所有。朱庇特向他们显示神迹，然后让他们走到山上，用洪水毁掉这个地方及其他所有人，又把他们的小破草屋变成一座金碧辉煌的神庙。宙斯问他们要什么报酬，博西斯和腓利门希望成为朱庇特的祭司，并且在将来同时死去。朱庇特满足了他们的愿望。他们在老死之后变成两棵并生的大树——完成了变形。

朱庇特和墨丘利是古罗马神话中的神，他们在古希腊神话中的名字分别是宙斯和赫尔墨斯。赫尔墨斯（墨丘利）是天神的信使，自由地往返于天界与人间。赫尔墨斯或墨丘利的这种能力被引申。在英语（以及其他一些西方语言）中，墨丘利写作Mercury，指精神，也被用来指水银（汞）——它们都容易发生变化（变形）。水银是在常温常压下以液态存在的金属，并挥发汞蒸气。在炼丹术或炼金术中，水银是一种主要原料。在天文学和占星术中，Mercury指水星。

荣格在《红书》中以腓利门为导师，或许与这位老人接待过墨丘利有部分关系。炼金术、占星术、神智学是荣格心理学的重要资源。当他谈论腓利门的时候，可能隐含着这些知识。

《圣经》中也说到希腊神话中的这两位神。《新约·使徒行传》中有一个故事：使徒巴拿巴和保罗叫一个天生瘸腿的人行走，众人看到后大声说："'有神借着人形降临在我们中间了！'于是称巴拿巴为丢斯，称保罗为希耳米。"丢斯、希耳米分别是宙斯和赫尔墨斯的异译。两位使徒否认自己是神，他们大喊："诸君，为什么做这事呢？我们也是人，性情和你们一样！"使徒保罗出生于公元3年，奥维德的《变形记》完成于公元8年。《圣经》的这个故事说明，在基督教的初期，众人是熟悉古希腊神话的，也许通过奥维德完成不久的《变形记》，也许来自更早已经流传的神话故事。他们希望像博西斯和腓利门那样被神护佑。保罗要在他们中间传播新的神——虽然是以色列人的古老的神，却已经经过耶稣和弟子们的变形。

变形与不变心

在《查拉图斯特拉如是说》中，尼采笔下的查拉图斯特拉说："我要告诉你们三种变形：精神如何变成骆驼，骆驼如何变成狮子，狮子如何变成孩童。"三次变形的原型是精神，按照尼采的说法，也是心。有担当的精神要担起最重的负荷，为真理而让灵魂忍饥，跃入污秽，拒绝慰藉而与聋子为友……"有担当的精神将这一切都背负起来，向它的荒漠急行而去，就像满载重物的骆驼，疾步迈向沙漠。"在最寂寞的沙漠中，精神发生第二种变形，"精神变成狮子，它亟想争取自由，并主宰自己的荒漠"。狮子要创造价值并支配新的价值。可是，"为什么勇猛掠夺的狮子还要变成孩童呢？"狮子做不到的，孩童如何能做到？查拉图斯特拉说："孩童是天真而善忘的，一个新的开始，一个游戏，一个自转的旋轮，一个原始的动作，一个神圣的肯定。""自转的旋轮"是圆形的，所以也是"原始的"，荣格一定会把它看作精神的原型。至此，精神回归自我，有了"一个新的开始"。

骆驼象征重负的责任，狮子象征创造和支配，精神至孩童完成变形，获得生命需要的"神圣的肯定"。查拉图斯特拉说，变形为孩童，"世界的流放者又重新回到**自己的世界**"（黑体为原文所加）。

变是永恒的，但也有不变。变形是外观的变化。中国传统文化看重形变心不变。

尼采的变，在儒家是不变。但这是诸多变化之中的一个不变。《孟子·离娄下》说："大人者，不失其赤子之心者也。""不失"是不变之意。阮籍的思想中更多道家思想的成分。他在《大人先生传》中说："夫大人者，乃与造物同体，天地并生，逍遥浮世，与道俱成，变化散聚，不常其形。""不常其形"就是经常变形。阮籍又说："神贵之道存乎内，而万物运于天外矣。"这"神贵之道"是不变的，也不可能由人来改变。

由孟子之说，李贽在《童心说》（1585）中发挥："夫童心者，真心也。若以童心为不可，是以真心为不可也。夫童心者，绝假纯真，最初一念之本心也。若失却童心，便失却真心；失却真心，便失却真人。人而非真，全不复有初矣。"只有在千变万化之中保持童心，才可以为真人。

"童心"就是"赤子之心"。赤子之心或童心是精神依存之处。"心"被用来代指精神的居所，不是驱动血液流动的脏器。大人不失其赤子之心，真人不失其童心，意思相同，都是拥有最原始精神者。"不失"是直接留在本心。李贽常住佛院，他此说还略有禅宗的"直指人心"之心的意思。

佛家也说心，为觉悟所凭依的不变实体（阿赖耶识或如来藏）之所在。儒家保存本心，佛家发掘本心，其心一也。尼采的变形与中国文化中的不变，区别在于对精神发展过程之论述的展开或未展开，追求的结果则一。儒家的"心"没有变形，儒家却不缺少承担重负的骆驼精神。《论语·泰伯》中说："曾子曰：'士不可以不弘毅，任重而道远。仁以为己任，不亦重乎？死而后已，不亦远乎？'"儒家缺少的是创造价值的狮子精神。

歌德的遗产

腓利门又译为斐勒蒙，不是一个专有的名字。尼采在《悲剧的诞生》中说："斐勒蒙的愿望也不算太奇怪了。这人愿意立刻上吊，只要他确知死后仍有理智，从而可以到阴府去拜访欧里庇德斯。"这里的斐勒蒙是古希腊新喜剧作家。另外，大约在公元60年，使徒保罗写信给腓利门，称赞他的信心和爱心，为一位属于腓利门、逃走并皈依基督教的奴隶求情。这封信收在《新约·腓利门书》中。荣格的腓利门可能与这两个人无关。

在说德语的人中，歌德的声誉远超过文学的范围，深刻地影响了他们的精神世界。奥地利哲学家鲁道夫·施泰纳（Rudolf

Steiner）在九岁时有过一次通灵体验。他早年为新版的歌德文集担任自然科学编辑，又应邀到魏玛编辑出版歌德档案，发表过多部研究歌德、费希特、叔本华、尼采等人的著作。19世纪末，尼采的妹妹请施泰纳为尼采整理档案，那时尼采仍然在世，但已神志不清。施泰纳婉拒了。他对东方哲学和神秘主义有浓厚兴趣，于1902年接任布拉瓦兹基夫人的神智学（theosophy）会主席，并成为广受欢迎的演讲家。1912年，施泰纳创立人智学（anthroposophy），试图从科学的角度探索精神和灵魂。1913年，施泰纳设计并在巴塞尔南郊的多纳赫（Dornach）建设歌德纪念馆，作为精神研究的中心。施泰纳的工作说明在当时的德语国家，荣格的探索不是孤立的，而歌德是他们的一个共同精神源头。荣格是时代潮流的一部分。

歌德的《浮士德》中也有腓利门和博西斯。他们是歌德自己的创造，他们的经历与奥维德《变形记》的情节完全不同。浮士德把灵魂出卖给魔鬼靡菲斯特，换取他为自己服务。为了填海造一座城，浮士德要求魔鬼为他在海边清理出一块土地，那里原本住着博西斯和腓利门。魔鬼强制拆迁时，这对夫妻不从被杀。

在奥维德和歌德的笔下，腓利门和博西斯分别遭遇不同的命运，显示出上帝和魔鬼的区别。浮士德发现自己有两个灵魂，属于上帝的和属于魔鬼的。

有一个说法：在某种程度上德国人都是浮士德，亦即浮士德是德国人的心理原型，每一个德国人不过是他的变形。荣格在自传中说："歌德的这一奇妙的英雄式神话其实是一种集体性的体验，而且它还预言了德国人的命运。"荣格继续说："因此，我便有自己介入进去的感觉。当浮士德由于自大傲慢和目中无人而导致腓利门和博西斯被杀害时,我便感到自己也有罪孽在身,就像我自己在那样的处境下也会帮助谋杀一样。"

《红书》:荣格的精神变形

1913年,荣格反复出现幻觉。他为此写了《黑书》和《红书》,并有大量插图,记录他在幻觉中看到的一切。《红书》中的腓利门是荣格的精神导师。他在自传中说:"从心理层面来分析,腓利门所代表的是更高层次的洞察力。""他对我来说就是印度人称之为宗教导师一类的存在。"荣格的腓利门是一个综合体,既受到歌德的《浮士德》的影响,也是古希腊神话中的那位同名人物,还混合了《圣经》人物以利亚。

在一次幻觉中,荣格看到他处在一个无底的深渊。"这深渊就像是一条通到月球或踏进空无一物的真空之路。最初的意象是一个火山口,而我便觉得自己仿佛在一个死人的国土之中。"这显然是地狱的意象。在深渊边,荣格看到一位白胡子老人、一位美丽而青春的姑娘。老人告诉荣格,他就是以利亚。那位姑娘是一个盲人,她说她是莎乐美。这个意象有些类似但丁在炼狱遇到的半人马。以利亚和莎乐美都是《圣经》人物。在荣格的幻景中,他们是一对夫妻。以利亚告诉荣格,他和莎乐美自从开天辟地那天就是夫妻了。

以利亚是公元前9世纪的犹太先知。在希伯来文中,这个名字的意思是"我的上帝是耶和华"。据《旧约·列王纪上》，以利亚守卫摩西以降的犹太人信仰，反对当时在迦南流行的巴力（Baal）神崇拜。他鼓动以色列人杀死巴力神的先知，巩固了以色列人已经衰落的信仰。摩西是最早的先知。以利亚是摩西之后的一位老先知，早于《旧约·先知书》中的那些先知。《新约》中也提到过这位先知，比如《雅各书》中说到祈祷的力量："以利亚与我们是一样性情的人，他恳切祷告，求不要下雨，雨就三年零六个月不下在地上。他又祷告，天就降下雨来，地也生出土产。"

据《新约·马太福音》，莎乐美是小希律（Herod Antipas）的继女（不是盲人）。小希律是加利利封地的小王。他的父亲是统治罗马帝国犹太行省的大希律。大希律为了杀死幼儿耶稣，下令杀死伯利恒所有两岁以下的儿童。小希律离婚后娶异母兄之妻希罗底（Herodias），受到施洗者约翰的谴责。莎乐美听从母亲的指使，在为小希律跳舞之后，要求割下约翰的头颅作为奖赏。希律父子是《新约》中的残暴统治者，也是真实的历史人物。

《圣经》中的以利亚和莎乐美在时间上相距将近千年，不可能相见。不过，这两人之间确实有关联，虽然不是夫妻。在《马太福音》中，耶稣这样对众人说施洗者约翰："众先知和律法说预言，到约翰为止。你们若肯领受，这人就是那应当来的以利亚。"据此，莎乐美使约翰被杀，实际上使以利亚被杀，象征犹太教先知时代的彻底结束。荣格的幻觉使他们成为夫妻，根据就在此——幻觉也是有依据的，不会完全凭空而起。因为父亲是牧师，荣格从小就知道《圣经》的故事。不熟悉基督教的人不会产生这样的幻觉，但各文化背景的人产生幻觉的心理机制不会有明显差异。

荣格这样解释这两人在他的心里的象征："莎乐美是男性心中的阿尼玛的形象。"莎乐美是荣格的灵魂，却是盲人，所以嫁给以利亚，以获得指导。"以利亚是聪明的先知，他是理智和知识的代表，而莎乐美所代表的则是情欲的要素。我们可以说这两个形象是逻各斯与厄洛斯的体现。"

以利亚是荣格精神导师的原型。经过一次变形，以利亚变成腓利门。荣格在自传中说，在以利亚和莎乐美的幻象出现后不久，他的无意识产生了一个新的形象："他是从以利亚的形象引申而来的，我将之命名为腓利门。他是一个英雄形象，又是一个异教徒。他身上具有诺斯替教派的色彩，兼具埃及与希腊的混合气质。"这一混合形象预告了荣格将吸收各个文明，包括中国文明，但原型仍是以利亚、腓利门。

荣格回忆他第一次在幻象中见到腓利门的情景：海蓝色的天空，被褐色土块覆盖，土块似乎要分裂，突然，一位头上长着牛角、有翠鸟翅膀的老人出现了。在《红书》中，荣格把腓利门当作智慧老人、他进入无意识之时的精神导师，如在地狱和炼狱中引导但丁的维吉尔。写《红书》时的荣格也仿佛经历了一次地狱和炼狱之行。

变形的时代：1912 年

　　1912 年是变形的一年。荣格出版《力比多的变形与象征》（英译本改名为《无意识心理学》），并开始写《红书》；卡夫卡完成《变形记》；里尔克开始创作《杜伊诺哀歌》并完成部分诗篇。《红书》用了十六年；卡夫卡的这部小说在三年后出版；里尔克用了十年多才完成这组不算很长的诗。

　　这三个人属于同一个时代，里尔克与荣格同岁，与卡夫卡在同一座城市（布拉格）出生，他们都使用德文写作。《红书》开始揭开集体无意识，另两部书都是 20 世纪世界文学中的重要著作。他们的"变形"含有某种预示。两年后，第一次世界大战在欧洲爆发，极大地改变了世界格局。对于欧洲中心主义的批评者，有必要指出这场大战导致美国走向世界舞台的中心，在俄国引起十月革命，在中国引发五四运动。这三个国家都不在欧洲。

　　德语中，荣格的"变形"是 Wandlunge（复数），单数形式是 Wandlung，指形状的改变，也指"化体"，即基督教信仰中使圣餐面包和酒变成耶稣的肉和血——这显然是一种变形。卡夫卡的《变形记》(*Die Verwandlung*)使用的是另外一个词，多出来的 ver 是一个前缀，也有变形、变化的意思。德语词汇中有与英语相同的 Transformation，不太常用。奥维德的"变形"metamorphoses（复数）当然是一个拉丁语词汇，与 transformation 一样由"变化"和"形状"两部分组成，被后来的欧洲语言继承，不过也不太常用，在德语中是地质学等学科的专业用词。卡夫卡《变形记》的书名有两种英译：The Metamorphosis、The Transformation。总而言之，这些词在不同的欧洲语言中的拼写虽然有差别，意思却是一致的，翻译成汉语都是"变形"。

《力比多的变形与象征》标志着荣格与老师的分裂。荣格经过精神的和学术的变形，部分地摆脱了弗洛伊德的影响，成为一位有重大贡献的学者。

荣格的《红书》

在《红书》的跋中，荣格说这本书用了他十六年的时间，到1928 年才完成写作。由此推算，荣格是在 1912 年开始写《红书》的，而不是通常认为的 1913 年，即他与弗洛伊德关系彻底破裂的那一年。在自传中，荣格回忆他出现幻觉是在 1912 年圣诞节前后。因此，《红书》的写作应该开始于 1912 年底。在荣格生前只有很少人见过《红书》，家人在他身后又珍藏了很多年，直到2009 年底才允许公开出版。这时荣格已经去世四十八年了。

《红书》中有对幻境的记录，还有荣格自己作的大量插图，比他的其他任何书都更能揭示他的心理变形过程，可以从中窥见他的精神秘密。开始写《红书》的时候，荣格仍在弗洛伊德的影响之下，却已有明确的出走意愿。他需要一位新的导师，以利亚在他的无意识之中出现了，如同在地狱中引导但丁的维吉尔。

上一章说过，《红书》中的另一个人物莎乐美是荣格的阿尼玛，即他的灵魂。在《红书》的收尾部分，荣格的自我（自性）加入到他们两人之中。荣格说："亲子关系，这避免了肉体和精神的两种极端，以利亚作为父亲，莎乐美作为妹妹，自我是儿子和哥哥。"他们成为一家人——显然有基督教三位一体思想的影子。以利亚也比莎乐美重要。荣格表现出西方思想中传统的精神与肉体的二元对立。因此，莎乐美既是他的灵魂，又象征他的欲望，摇摆于他的灵魂和欲望之间，有如贝雅特丽齐之于但丁。

经过这次精神危机，荣格挣扎着从可能导致他精神分裂的二元冲突中走出来，走向精神。但他最终只是在学术中完成与弗洛伊德的分裂。他朝着精神方向的变形并没有使他摆脱欲望——在现实生活中对女性肉体的欲望。在此之后，他有妻子，也有情人。

在《红书》中，以利亚与莎乐美是父女，在荣格的自传中却被写为夫妻。这大约不是因为荣格在老年回忆往事之时记忆有误。他认为夫妻关系才能更准确地反映他的精神——他把精神成熟之后的想法写进了自传。荣格在世时很少人读过《红书》，这个改写不会引起人们的注意。《红书》和自传都是真实的。对于晚年的荣格，《红书》是历史真实，自传是现实真实。他在自传中对自己理论的叙述，会比此前的文字更为成熟和协调。

女儿跟随父亲，相当于学生；夫妻则是平等的。在《红书》中，以利亚从宗教人物变成神话人物腓利门，莎乐美从以利亚的女儿变成妻子，这些变化都为荣格的精神成长创造了空间。荣格自己要成为以利亚那样的先知，取代以利亚，并升华自己的灵魂。他的灵魂不再是导师的女儿。

在藏传佛教的密宗教派中，如宁玛派和噶举派，徒弟们都必须严格遵循上师的指导。他们修《上师相应法》，切实感受上师的精神，并逐渐把自己代入上师，从而进入上师的精神境界。这个修炼过程与荣格幻觉中的以利亚和莎乐美之间关系的变化有些相似。

在《红书》中，与以利亚和莎乐美在一起的还有一条大蛇。《旧约》中的蛇毁灭了人类始祖无忧无虑的伊甸园生活。西方传说中的龙是大蛇。威廉·布莱克为《旧约》画过插图《大红龙》。这条龙有人的身躯——这是一个变形——却是魔鬼的化身，暗示人性中阴暗邪恶的一面。但在荣格的幻觉中，蛇是智慧的象征，对他很友好。这大约表示荣格已经接受了无意识吧。

荣格曾深深地陷入无意识引起的幻觉之中，这是理解他的关键。他所陷入的幻觉在幼小时就已经出现，不是他作为精神病医生的"感染"，也不是他编造的。

荣格的批评者指责他"自我神化"，例如理查德·诺尔（Richard Noll）在《荣格崇拜——一种有超凡魅力的运动的起源》（1994）一书中指出的。这个批评缺乏说服力。荣格是要成为自己的先知，引导自己的灵魂，以免在黑暗的无意识之中迷途。他并无招引徒众、发展组织、掀起"运动"的想法。但在另一方面,一个人的幻觉能够经受得起抽象而且复杂的分析,符合人类深厚的历史(尤其是文明史),也是够难得的。荣格的幻觉是在他半清醒之时出现的,有他的意识添加的内容。他并没有完全陷入无意识之中,否则就不可能有自省。

"荣格崇拜"既然是"运动",当然是大众的。诺尔承认:"弗洛伊德也许仍是 20 世纪末学术精英中的天才,但仅就数量而言,很显然是荣格赢得了这场文化战争,后者的著作在我们时代的大众文化中被更加广泛地阅读和讨论。弗洛伊德运动无论在规模上还是在范围上都无法与围绕荣格的象征性形象而展开的国际运动相提并论。"诺尔认为,在大众层面,荣格的影响超过了弗洛伊德。实际上,如果不了解西方哲学的历史(不是简略的哲学史)和宗教的历史,荣格比弗洛伊德更难理解。弗洛伊德的天才在于他的突破(但也有前人的基础),荣格的贡献在于他挖掘的深度。

其实,荣格更愿意称他自己为魔法师,一个能够与无意识沟通的人。

卡夫卡的《变形记》

卡夫卡的《变形记》在 1912 年完成。小说的主人公格里高尔·萨姆沙是推销员,"长年累月到处奔波",但也是岁月静好的中产阶级一员,收入不错。格里高尔一个人工作,养活一家四口：父母、妹妹和他。一天早晨，他醒来发现自己变成一只巨大的昆虫——"这可不是梦"。卡夫卡用的词 Ungeziefer 又译为甲虫，其实在德语中还有害虫之意。

格里高尔成为家人的害虫。在他失去劳动能力之后，父亲不得不重新出去工作，还在上学的妹妹也不能继续追求她的梦想。格里高尔遭到家人的嫌弃和排斥，甚至被父亲殴打。在他死后，剩下的三口人又回归静好的生活。他们在阳光灿烂的日子里去郊游。父母看到女儿"已经成长为身材丰满的美丽少女"，打定主意该给她找一个夫婿了——替代格里高尔的劳动力吗？

无论分析的角度是心理学、社会学，或弗拉基米尔·纳博科夫提出的卡夫卡个人的经历和艺术（其实可以归入心理学的范畴），格里高尔的变形都被笼罩在时代的阴影之中。如果把变形为昆虫视为一种大病，那么，格里高尔的遭遇在当下的语境中就变得容易理解多了，但不应该在此止步。

读卡夫卡的其他小说可知，这位小说家表现的更多是时代的精神困境，而不是经济问题。在经济建设的导向中，大部分人确实被异化或变形为低等动物。卡尔·波拉尼（Karl Paul Polanyi）的《大转型》（即"大变形"）反对经济脱离社会而发展。但他不知道一种更坏的可能：以平等为名可能产生更大的不平等，或有的动物更平等。

卡夫卡的变形可以被解释为异化的变形，里尔克的变形则是精神升华。《杜伊诺哀歌》中有死亡，也有爱和希望，而卡夫卡的小说只有无奈和绝望，因为他的世界在此岸。

里尔克的《杜伊诺哀歌》

里尔克的《杜伊诺哀歌》可谓心血之作。它和荣格的《红书》一样，都始于1912年，此时德语国家最为强盛繁荣。简言之，德国军事强大，科学发达，技术先进；奥匈帝国在表面上也强大，首都维也纳是文化中心——这才是帝国的真正遗产。两个国家的社会科学也都发达。在文化性格上，德国显阳刚，奥匈偏阴柔。里尔克表现的是德语思想中的阴柔，在德国可能不那么受欢迎。在他们这两本书完成之前，德国已经战败，奥匈帝国瓦解，昔日的文明盛况被毁灭，国家一片废墟。

里尔克的脆弱情感需要时时抚慰。他还接受过精神分析的治疗，也与心理学界的人物有交集。一直在精神分析领域享有盛誉的露·安德烈亚斯－莎乐美（Lou Andreas–Salomé），是里尔克多年的情人。而尼采曾追求过莎乐美。

里尔克和尼采一样敏感、脆弱，他们都向往成为精神上的超人。尼采把人的非理性一面揭示出来，而里尔克用诗表现他的内心——心从来不是全然理性的。

《杜伊诺哀歌》是里尔克的最重要诗歌。在里尔克居无定所的生活中，他曾想长期居住在杜伊诺，亚得里亚海北部的一个小镇，与詹姆斯·乔伊斯生活过很多年的城市的里雅斯特相邻。杜伊诺原来属于奥匈帝国，"一战"之后被划给意大利，现在属于意大利的里雅斯特省。

在传记《里尔克：一个诗人》（1996）有关《杜伊诺哀歌》的部分中，作者拉尔夫·弗里德曼（Ralph Freedman）在解读中多次说到蝴蝶的变形，虽然蝴蝶在诗中并未直接出现。以下引用的《杜伊诺哀歌》较长，以比较完整地呈现诗人的意象，也为更方便地接近荣格的精神。弗里德曼在多处截取的两三句都不在其中。这样做不会使弗里德曼的解释显得不相干——同一首诗的不同部分有相同的主题。

《杜伊诺哀歌》第七首（1922）片段："被爱者啊，除了在内心，世界是不存在的。我们的／生命随着变化而消逝。而且外界越来越小／以致化为乌有。从前有过一座永久房屋的地方，／横亘着某种臆造的建筑，完全属于／想象的产物，仿佛仍然全部耸立在头脑里。／宽广的力量仓库系由时代精神所建成，像它从万物／提取的紧张冲动一样无形。／他不再知道殿堂。我们更其隐蔽地节省着／心灵的这些靡费。是的，在仍然残存一件、／一件曾经被祈祷、一件被侍奉、被跪拜过的／圣物的地方，它坚持下去，像现在这样，一直达到／看不见的境界。／许多人不再觉察它了，他们忽略了这样的优越性，／就是可以在内心用圆柱和雕像把它建筑得更加宏伟！"

里尔克想象的"殿堂"近似荣格幻想中的城堡，作用都是保护他们容易受到伤害的心灵。弗里德曼看到的是创造：建筑、音乐……以及内心的世界。他说："（里尔克在第七首）描绘出他所追求的人生目标：做由蛹化蝶之变。要追求爱，就要意识到生活中的自然存在，同时又要为了更高的目标抓住它。"

《杜伊诺哀歌》第八首（1922）片段："永远面对创造，我们在它上面／只看见为我们弄暗了的／广阔天地的反映。或者一头哑默的动物／仰望着，安静地把我们一再看穿。／这就叫作命运：面对面，／舍此无它，永远面对面。"他在这首诗的最后说："我们就这样生活着并不断告别。"

里尔克仍然要创造。弗里德曼说："里尔克从自己的个人生活和职业生涯中抽取一个个片段，把它们糅合在一起，化入他的蛹蝶之变中：那是一场令一切内在截然不同的巨变，也是第八篇的关键之所在。"

第九首和第十首完成的时间反而更早——在里尔克开始写《杜伊诺哀歌》的1912年。里尔克在第九首中明确说到了"变形"："大地，不就是你所希求的吗：看不见地／在我们体内升起？——这不就是你的梦，／一旦变得看不见？大地！看不见！／如果不是变形，你紧迫的命令又是什么呢？／大地，亲爱的，我要你。哦请相信，为了让你赢得我，／已不再需要你的春天，一个春天，／哎哎，仅仅一个就使血液受不了。／我无话可说地听命于你，从远古以来。／你永远是对的，而你神圣的狂想／就是知心的死亡。／看哪，我活着。靠什么？童年和未来都没有／越变越少……额外的生存／在我的心中发源。"

弗里德曼说："这一篇（第九首诗）中，他（里尔克）更加强调了蛹蝶之变带来的快感，也再一次把焦点聚集在等待着由蛹化蝶的现世之上。"

大地是母神。里尔克在这里说到"梦""大地""从远古以来"。可是，诗人的个体生命并不始于"远古"。里尔克在第十首中还说到动物与人的意识："那实在动物身上如有／我们这样的意识，它便会拖着我们／跟随它东奔西走。"拖着我们奔走的意识其实是无意识？在人类还是动物时就有的吗？人类只是变形的动物？第十首还说："但死者必须前行，沉默地将他带到 / 更古老的悲伤，直至浴照在 / 月光中的峡谷： / 那喜悦之泉。她充满敬畏地 / 称呼它，说道：'在人们中间 / 它是一条运载的河流。'"——那种意识是从"远古"时期经过必须前行的"死者"流淌至今吗？

　　第十首有这样的句子："一只鸟惊恐地飞走了，笔直飞过它们仰望的视野， / 远处是它的孤独叫喊的文字形象。—— / 晚间她将他引向悲伤家族长辈们的 / 坟墓，引向神巫们和先知们。"这里的"坟墓""神巫们和先知们"也是经常出现在荣格幻觉中的意象，把荣格带入远古的精神世界。虽然诗歌由读者再造，读者仍需小心：用荣格的心理学解释里尔克的诗可能会有牵强附会的危险。不过，如果说他们两人有相近的精神状态，大约不会离事实太远。

　　弗里德曼这样总结《杜伊诺哀歌》："里尔克将自己人生中的点点滴滴汇入蛹蝶之变，以及死亡的思想主题，此在惊鸿一现，便已有万千不同。"实际上，世界各地的人们都在蝴蝶变形之上附加了他们自己的传说。

变形的时代: 1944 年

　　"变形"至少包括精神和社会两个方面，而且两者是互动的。荣格的时代是精神变形的时代，也是社会变形的时代。这次变形也许永远不会完成，因为或大或小的变形一个个紧紧相连，很难把它们清楚地分开。只有在很多年以后回顾历史，才可能看清这些变形的意义和相互关系。科学与技术的发展正在使社会的变形更加连续，所以这是可塑性强的年轻人的时代，这也是他们焦虑的原因之一。在历史进入现代以来，社会的变形加快，改革已成为不变的主题。"改革"（reform）的意思是再塑形。一个国家的改革是在政治层面上适应社会（包括国际社会）的变化。改革是，或应该是，一种变形（transformation）。只有发生明显的变形，而不仅仅是权力机构的内部调整，才可被称为改革。

脱嵌与除魅：现代社会的形成及其后果

在精神的变形中，诗人的意象、近乎寓言的小说都可以容纳很多种解释。而在要求观点明晰的学术著作中，变形必须是明确有所指的，被社会学家用来指社会结构的巨大变化。

正如 1912 年之于荣格、卡夫卡和里尔克，在著作史上，1944年也是变形的一年，第二次世界大战的胜负已逐渐明了，美苏冷战将要开始。在这一年，卡尔·波拉尼出版《大转型：我们时代的政治与经济起源》。这个"转型"指前现代向现代的变形，不是 20 世纪 90 年代由计划经济向市场经济的"转型"。另一个汉译本译为《巨变》，让我联想起描写 20 世纪 50 年代中国农业合作化运动的小说《山乡巨变》——在各种语言文字中对应的词被历史赋予的意义相差甚大，翻译用词之难可见一斑。也许"大变形"是更贴切的选择。

卡尔·波拉尼被当作经济史家。他从 19 世纪的"百年和平"开始，批判市场经济，指出"这种自我调节的市场的理念，是彻头彻尾的乌托邦"，"它会摧毁人类并将其环境变成一片荒野"。波拉尼认为，在 19 世纪之前，经济一直是"嵌入"社会的，而"脱嵌"将导致经济危机和社会崩溃，因此不可能成功。法西斯—纳粹的崛起就是脱嵌造成的后果。为了维护自由，经济不能独立于社会之外。

现代的一个重要标志是社会取代了共同体（community，又译为社区）。这是两种不同的集团。斐迪南·滕尼斯（Ferdinand Tönnies）在《共同体与社会》（1887）中指出了这一点。"共同体"指前现代的农业群体，成员享有共同的目标。中国聚族而居的村庄就是这样。他们有共同的心理基础，把个人当作实现集体目标的手段。共同体成员由与生俱有的无意识的生命相互联系——滕尼斯已经意识到"集体无意识"的存在。与共同体相反，社会由陌生人组成，被当作现实个人目标的工具，以未来为导向。社会出现在资本主义的城市之中，人们之间以金钱和个人利益相联系。

滕尼斯比弗洛伊德大一岁，比荣格大二十岁，年长一辈。他曾爱上莎乐美——尼采的追求、里尔克的情人、弗洛伊德的学生。这位德国学者是最早的社会学家之一。他的《共同体与社会》是社会学的经典之作，现在仍在启发学者。

齐格蒙特·鲍曼（Zygmunt Bauman）的《共同体》（2001）从滕尼斯开始说起，在后现代怀念共同体："我们怀念共同体是因为我们怀念安全感，安全感是幸福生活的至关重要的品质，但是我们栖息的这个世界几乎不可能提供这种安全感，甚至更不愿意作出许诺。"安全感的缺失使人们倍感压力。

在19世纪的英国，因为人口的剧烈增长、交通和通信技术的快速进步，陌生的人们聚集在城市，彼此不知真相，如同现在"在网上没有人知道你是一条狗"（其实国家知道你是谁）。詹姆斯·弗农（James Vernon）在《远方的陌生人：英国是如何成为现代国家的》（2014）中告诉读者，在那样的历史背景中，契约、选举等等现代文明的因素是如何维持一个由陌生人组成的大英帝国的。这是从另一个角度回应滕尼斯和鲍曼。

在社会学领域，滕尼斯之后有马克斯·韦伯（Max Weber）。

韦伯的早期著作《新教伦理与资本主义精神》（1904）指出伦理的改变导致精神的变化，精神的变化促成社会的发展。在他的理论中，精神、经济和社会三者不可分。据此，经济不应该独立于社会。

韦伯的一个重要概念是"除魅"。他在演讲《以学术为业》（1919）中说："从原则上说，再也没有什么神秘莫测、无法计算的力量在起作用，人们可以通过计算掌握一切，而这就意味着为世界除魅。人们不必再像相信这种神秘力量存在的野蛮人那样，为了控制或祈求神灵而求助于魔法。技术和计算在发挥着这样的功效，而这比任何其他事情更明确地意味着理智化。"

韦伯说，在失去魔法的理性时代，人们感到"活得累"，不可能"有享尽天年之感"。他们只能捕捉到精神生活的最细微一点，"而且都是些临时货色，并非终极产品"。所以死亡就没有意义，生活也因此没有意义。韦伯指出，这是托尔斯泰晚期小说的基调。

脱嵌与除魅也是变形的过程。当人们失去安全感和魔法之后，精神就会变形。荣格要在这个理性或理智化的时代显示魔法，恢复魅之力。荣格违背他的时代精神，却因此大受欢迎。

哈耶克的《通往奴役之路》

同在 1944 年，弗雷德里希·哈耶克（Friedrich August von Hayek）出版了《通往奴役之路》，也是为了维护自由，不过与波拉尼的角度不同。哈耶克站在自由主义的立场上，指出另一条道路的不可行。那是一个大变形的时期，也是大分流的时期。哈耶克与波拉尼的观点是对立的。在相当大程度上，波拉尼、哈耶克以及他们的小友彼得·德鲁克都关注经济与社会的关系。德鲁克写了《经济人的终结》(1939)、《工业人的未来》(1942)，重点在现代社会中经济自由和社会平等的冲突和前景，与波拉尼关心的内容相似。而哈耶克在《通往奴役之路》中描述的是失去经济自由之后的社会极度变形，在巨大压力之下的变形，不仅是结构的，更是精神的。1949年，乔治·奥威尔发表小说《1984》，逼真地展示了哈耶克用理论预测的前景。

当然，自由从来不是不受约束。哈耶克在《致命的自负》(1988)中说："自由，服从共同的抽象规则；奴役，服从共同的具体目标。"这些"抽象规则"包括法律，并不完全是抽象的。自由的社会一定是法治的社会。受压迫的奴隶没有创造力，奴役的国家必定是僵死的。

哈耶克也不完全反对计划。他在《通往奴役之路》中说："计划与竞争只有在为竞争而计划而不是运用计划反对竞争的时候，才能够结合起来。"另一方面，哈耶克也看到资本主义导致不平等，但他仍然选择自由。这是权衡之后的选择。他说："一个富人得势的世界仍比一个只有得势的人才能致富的世界要好些。"历史已经证明波拉尼和哈耶克的观点都很有道理。人类历史就走在钢索上，需要不断地调整姿势，保持平衡。在两个极端之间，是否还有第三种可能，在鼓励相当程度的竞争的同时保持一定的社会平等？这是可能的，但没有任何办法可以保障一个美好的未来。

蝴蝶效应和蝴蝶的象征

一种昆虫在变形之后成为蝴蝶。蝴蝶可能引起意想不到的巨大后果。20世纪60年代，一位气象学家发现：一只南美洲亚马孙河边热带雨林中的蝴蝶，偶尔扇动几下翅膀，有可能在两周后于美国得克萨斯州引起一场龙卷风。这种不可预测的因果关系被总结为蝴蝶效应：在一个动力系统中，初始条件下微小的变化能带动整个系统的长期的巨大的连锁反应。

如果要避免蝴蝶效应，只能使熵趋向最大化，破坏系统内的自组织现象，把动力系统变成静态的孤立系统。这个系统必须消除一切扰动，哪怕是蝴蝶扇动的翅膀。

蝴蝶在变形中成长，毛虫破茧成蝶，飞向天空，因此经常被用来作为变形的一个象征——虽然言者也许没有心理学的"变形"概念。在以荣格心理学为出发点的《变形：自性的显现》一书中，作者默里·斯坦因（Murray Stein）罗列了一系列对灵魂再生的信仰。这些再生都是经由变形的蝴蝶来实现的。他说："荷马史诗中的希腊人把离开死亡之躯的灵魂看作蝴蝶，阿兹台克人把在墨西哥草地上拍翅振翼的蝴蝶想象成已经死亡的战士再生的灵魂。中扎伊尔卡塞的巴鲁巴人和鲁鲁阿人把墓穴说成是茧，人的灵魂从其中显露为蝴蝶。中亚的突厥语部族相信，死者会以蛾子的形式还转。"这一段资料涉及四大洲的原始信仰。人们都相信，蝴蝶承载的灵魂再生是真实的。

巴鲁巴人（Baluba，单数：Luba）讲班图语系的一种语言，居住在非洲中部，在欧洲殖民者到来之前曾建立过帝国。在他们的传说中，人之初，没有心。在创造世界之后，创造之神就变得不可见了（很有"事了拂衣去，深藏身与名"之意）。在消失之前，这位神为人类造了心，使他们能够用自己的心来替代离去的神。因此，巴鲁巴人的心从一开始就具有神的功能，他们的心是灵魂的居所。同样，尼采笔下的查拉图斯特拉说："我钟爱那精神与心灵都自由的人，如是，他的头只不过是其心之内腑，而他的心则促使他完成自我。"

道教的"羽化""蝉蜕"则是变形的另一个比喻。在成仙之后，仙人的形体没有变化，变的是没有形状的精神。完成精神变形的仙人不属于这个世界。不过，在传说中，他们从来不曾彻底离开过这个世界。

庄周梦蝶是一个心理过程。《庄子·齐物论》中说："昔者庄周梦为胡（蝴）蝶，栩栩然胡（蝴）蝶也，自喻适志与！不知周也。俄然觉，则蘧蘧然周也。不知周之梦为胡（蝴）蝶与，胡（蝴）蝶之梦为周与？周与胡（蝴）蝶，则必有分矣。此之谓物化。"这一段话的叙述者是庄子本人。庄子和蝴蝶互为梦中之物。他们在醒（觉）时"必有分矣"，在梦中却分不清主体和客体。"物化"，事物的变化，在这里就是变形。这个故事是说庄子与外物在变化中合为一体。

庄周梦蝶，梦中变化的只是外形，其心不变。庄子之心就是蝴蝶之心。"齐物论"的根据在万物的根本，而不在它们千变万化的外形。

庄子是轴心时代的人。有一本汉译为《轴心时代》（2006）的大众读物，介绍"人类伟大宗教传统的开端"，英文原书名是 The Great Transformation，意即"大变形"，与卡尔·波拉尼的"大变形"用词相同，其内容则受到精神病学家、存在主义哲学家卡尔·雅斯贝尔斯（Karl Theodor Jaspers）的影响。作者凯伦·阿姆斯特朗（Karen Armstrong）出生于 1944 年，她选用这个书名，或许是向波拉尼在她出生那年发表的著作表示敬意。汉译者把她的《大变形》改名为《轴心时代》，显然知道她在这本书中继承了雅斯贝尔斯的观点。"轴心时代"确实是一次"大变形"。

轴心时代和精神变形

雅斯贝尔斯与社会学家滕尼斯、韦伯、格奥尔格·齐美尔（Georg Simmel）同在一个学术圈子，他们经常在韦伯家中聚会。雅斯贝尔斯在《历史的起源与目标》中提出"轴心时代"。这本书首次出版于 1949 年，与《大变形》《通往奴役之路》在同一个时代而略晚。

雅斯贝尔斯说："最不平常的事件集中在这一时期。"他指出：在中国出现了先秦诸子；在印度有《奥义书》和佛陀；在伊朗有查拉图斯特拉（琐罗亚斯德）；"在巴勒斯坦，从以利亚经由以赛亚和耶利米到以赛亚第二，先知们纷纷涌现"；在希腊，则有荷马、哲学家、悲剧作者、修昔底德、阿基米德。两河流域和埃及的更古老文明这时已经衰落（但后来的西方文明受到它们的滋养），只有这五个地区进入轴心时代。

不过，雅斯贝尔斯把伊朗、以色列、希腊作为西方精神的共同源头，列为同一个地区。他说："在数世纪之内，这些名字所包含的一切，几乎同时在中国、印度和西方这三个互不知晓的地区发展起来。"雅斯贝尔斯把以利亚列为轴心时代的第一位先知，而不是《旧约·先知书》中的第一位先知以赛亚，这与荣格对先知序列的理解一致。

人类精神在轴心时代发生巨大转变。他说："这个时代的特点是，世界上三个地区所有的人类全都开始意识到整体的存在、自身和自身的限度。人类体验到世界的恐怖和自身的软弱。他探寻根本性的问题。面对虚无，他力求解放和拯救。"也可以用这句话来评价荣格的探索，尤其是他对自己的无意识的探索。雅斯贝尔斯又说："这一切皆由反思产生。意识在此意识到自身，思想成为它自己的对象。"意识的自我意识产生了轴心时代。

无意识被揭示出来也是意识的发现——意识认识到无意识的存在。无意识的发现是一个重大进展，但还不能和轴心时代相比。无论怎样估计轴心时代的价值都不过分。可以说，此后的人类精神都是这一时期的继承和变形。雅斯贝尔斯也说："人类一直靠轴心时期所产生的思考和创造的一切而生存，每一次新的飞跃都回顾这一时期，并被它重燃火焰……轴心时代潜力的苏醒和对轴心时代潜力的回归，或者说复兴，总是提供了精神的动力。"

先秦诸子不是中国最早的思想者。与先知、荷马对应的是推演《周易》的周文王、制礼作乐的周公旦、《尚书》和《左传》所依据的历史记录者，以及《诗》的作者。先秦诸子是以他们为出发点的。当然，进入轴心时代的其他古文明也有更早的奠基者。例如，在那些以色列先知之前还有摩西，在《奥义书》和佛陀之前还有《吠陀》。

与希腊思想的继承者的区别是，中国精神史或更宽泛的思想史还没有得到很好的整理，也就难以继续发展。西方思想史已经在诠释中经过了多次"变形"，才走入现代。这样连续的变形，即对轴心时代思想的不断诠释，在中国是缺乏的。因此，国人对经典的理解基本上仍停留在古代，还没有进入现代。同时，经典以及对经典的传统解释，即所谓的"国学"，已经收缩成少数专家（指本来意义上的专家）的学问，不再被一般知识阶层了解。如果不算当前鸡汤化的发挥和算命式的应用，"国学"已成为书斋中的学问，不再能提供"精神的动力"。

经典就是在后人的解释中不断变形却总是能够给人以引导和启发的著作，否则不能称为经典。为复活经典，为适应现代社会，中国传统思想亟须发生一次变形。

作为异性存在的灵魂

阿尼玛或女性原则

阿尼玛在荣格的心理学中占有重要地位。荣格在自传中说："灵魂，意即阿尼玛，她与无意识有关。"男子的灵魂是女性。在女性的集体无意识之中则有阿尼姆斯，即男性原则，也是女性的灵魂。每个人的心中都住着一位异性。因为荣格是男性，他因个人的体验更多地论述阿尼玛。他的研究的一个特点是他个人的经验常常起到主导作用，而他的心理非常敏锐，多幻觉和梦想，因此有神秘主义者之讥，很多人不容易接受他。

可是，在所有领域中有大贡献的人不都是因为他们比别人更敏锐吗？而敏锐和敏感显然有女子属性。甚至在最注重男子汉气质的军队中，那些能够敏锐地抓住战机的人才可能成长为杰出的统帅。有些人敏锐到令人不可思议，如有神助。印度数学家斯里尼瓦瑟·拉马努金（Srinivasa Ramanujan）使其他伟大的数学家都惊叹不已，他就说自己在梦中得到过印度神的启示。只不过数学和科学是可证的（虽然数学家仍没能理解拉马努金提出的全部公式，科学突破也多出自"幻想"），而心理学的主张还不能做到完全可证。这部分是因为在心理学问题上人们往往以自己为标杆，而人的心理有差异，理性的人很难理解直觉的人，反之亦然。两性之间的互不理解也受这个因素影响，《男人来自火星，女人来自金星》的畅销就是一个证明。

柏拉图的《会饮篇》是一篇关于爱的对话。参加宴饮畅谈的有阿里斯多芬、苏格拉底等人。他们谈到，宙斯和诸神担心强大的人造反，于是把人劈开为两半。在被分开之后，男人们和女人们都寻求他们的另一半——原来同一个人的另一半，或同性的另一半。只有被分开之前的阴阳人才会爱上异性，因为他们（她们）原来就是这样的。这些会饮者相信，最高贵的爱是男人之间的爱。无论怎样，只有找到另一半，人才是完整的。

荣格追求的就是人的完整，但不是在同性之间，也不仅仅是肉体的爱。他认为，异性原则的显现能够促使人的性格趋于完整，而异性原则就在内心之中。他在《红书》中说："那阳刚之气又如何？男子需要多少阴柔气质才得以完满，你知道吗？女子需要多少阳刚气质才得以完满，你知道吗？你们从女子身上找寻阴柔气质，在男子身上找寻阳刚气质。而这只会让男的更加男性，女的更加女性。但人在哪里呢？男人，你不应该在女人身上找寻女性的，而应该在你的内在找寻、认出她，因为那是你最初已经拥有的。"同样，女性也应该在她们的内在找寻阳刚之气。

荣格预告了一个中性时代的来临。确实，现代社会中的男男女女似乎正在变得更加中性。这或许是因为体力和暴力不再像在前现代社会中那么重要，而细腻、敏感早已成为精细的现代生活和工作中不可缺少的品质。女性在这些方面则有先天优势，而教育和工作则使她们能够更加独立。

荣格指出，弗洛伊德的性欲动机和父辈权威之说掩盖了一个更高神祇的精神的原始意向，使他没有认识到阿尼玛的存在。荣格说："弗洛伊德绝不是唯一一个含有这类偏见的人。在天主教思想的王国里，上帝之母及基督的新娘也是经过数百年之后，才最终被接纳进神圣的内室。"这女性的一面本来是诺斯替教派的观点。女子在基督教传统中的地位并不高。荣格说："在新教和犹太教里，父权一直是主宰。"父权压制了女性原则或阿尼玛，不接受女性原则。同样，阿尼姆斯也受到压制，因为它使女子失去女性的特点。由此可见，两性之间的分别在相当大程度上是文化的产物。

荣格认为，阿尼玛是"更高的神"送给人类的。他说："这位神祇将一个混合的器皿送给了人类，这是一个能将精神转化的神器，这个神器是一个阿尼玛。""精神转化"就是冶炼产生的精神变形。阿尼玛是神送给人的容器，必定能够容纳很多元素，如此才可能进行熔炼。这正是女性原则的意义之一。荣格说："在哲学意义上的炼金术里，女性原则起着至关重要的作用，甚至可以与男性原则并驾齐驱。在炼金术中，女性象征的最完美表现就是那个可以完成转变的神器。"在中国文化中，道教的内丹术也有精神炼金炉。《西游记》受道教的影响，太上老君的八卦炉之火给了孙悟空火眼金睛。这双眼睛拥有的大概不仅仅是一种生物学功能吧。

自性的完善与作为灵魂的阿尼玛

荣格的"自性"(Self)原本是一个普通的词,就是自我,在荣格这里表示由意识与无意识结合而构成的完整的人。荣格在自传中回忆他的 1938 年印度之行。他说,看到阿育王所建的桑奇大塔,"我非常激动地感觉到,桑奇山应该是某种中心。佛教的新的现实正在此处向我展现出来。我觉得佛的生命是某种作为自性的现实存在,希求有人格的生命。在佛看来,自性是高于一切神性之上的存在,自性是一个统一的世界,它代表着人类经验的整体存在和世界的本质。而自性又包含了固有的存在和可知性的存在,若缺乏这二者之一,世界便不复存在"。

自性是完整的人格,个体意识与集体无意识的神秘结合。在禅宗那里,佛性其实也是自性,所以有"明心见性"。这个"性"不在佛,而在个人的心中。如同集体无意识,佛性先天地存在于每一个人的心中。

荣格还说:"基督与佛有相似,虽然含义并不相同,但都是自性的体现。他们都旨在征服现世,不同在于:佛是出自理性的大彻大悟,而基督则是命定要殉道者。"佛陀和基督都拒绝暴力,佛的征服是用智慧——超越的智慧,基督则用忍耐。荣格认为佛是理性的,但那不是世间的理性。

荣格说，精神病医生是灵魂的医治者，阿尼玛是灵魂。那么，无论对他自己还是病人，阿尼玛都是他要时时面对的。阿尼玛（anima）是一个拉丁词，本意就是灵魂。荣格的阿尼玛是阴性灵魂，还有显现于女性的阳性灵魂——阿尼姆斯（animus）。灵魂中有理性。希腊哲学中有很大的理性因素。在此之后，一些基督教神学家试图用理性证明上帝的存在和伟大，例如奥古斯丁的《独语录》（约 387）中有一段他与理性的对话：

> 理性："你还不知道上帝，怎么就说你知道任何东西都不像上帝？"
>
> 奥古斯丁："因为如果我知道任何东西像上帝，无疑我就会爱它，但是到现在为止，除了爱上帝和灵魂，我还没有爱任何东西，但这两者我都不知道。"
>
> 理性："那么难道你不爱朋友吗？"
>
> 奥古斯丁："既然我爱灵魂，怎么会不爱他们？"
>
> 理性："你也同样爱跳蚤和昆虫吗？"
>
> 奥古斯丁："我只是说我爱灵魂（anima），不是动物（animalia）。"
>
> 理性："那么或者人不是你的朋友，或者你不爱他们，因为每一个人都是动物，但你说你不爱动物。"
>
> 奥古斯丁："他们是人，而我爱他们并不是因为他们是动物，而是因为他们是人，我是说因为他们是有理性的灵魂，我爱这理性的灵魂，即便它在盗贼身上，因为我可以爱每个人都拥有的理性，即便他利用它作恶时我正当地恨他。

因此我爱我的朋友们，他们越好地利用理性灵魂（或至少渴望用好），我便越爱他们。"

基督教的信仰压制了古希腊思想中的理性，要等到启蒙运动，理性才占据上风，灵魂却又被压制。在基督教早期，理性的运用仍在继续。在这里，奥古斯丁认为理性与灵魂并不冲突。

对于奥古斯丁，人与动物的区别在于人有"理性的灵魂"，像上帝一样的东西。他认为灵魂是理性的。后来这两者被分开，甚至被对立。理性在很大程度上是后天训练的结果。缺少现代教育的人往往保留更多的原始冲动；在理性被欲望压倒的时候，人们往往也是非理性的，与他们受到的教育关系不大，例如在股市（逐利的欲望），在一溃千里的战场（求生的欲望）。更常见的性的欲望和对权力的欲望则可能成为犯罪的动力。

奥古斯丁说动物没有灵魂。童话作家汉斯·安徒生继承了这个观念，但他写的动物有爱。他的《海的女儿》（1837）是一个爱的故事。美人鱼为了爱变成人形（又是变形）。但她仍是动物，没有灵魂，尽管她具有人的情感和智慧。爱不能拯救美人鱼的生命。美人鱼变成泡沫死去，而人在死后灵魂可以升天。

法国的文学批评家斯达尔夫人（Germaine de Staël）是浪漫派作家。她在《论德国》（1813）中说："灵魂是一团火，它的火光穿过所有感觉；存在就在这一团火之中；哲学家的所有观察和所有努力都应该转向这个'我'（首字母大写的宾格，英文是Me），我们的感觉和观念的核心及推动力。"感觉是身体的功能，观念则是先天的。它们共同构成人的心理的基础，其核心和推动力都是"我"。她理解的灵魂是宾格的"我",不是异性的"我"。但荣格可能认为这就是他认识到的阿尼玛。

阿尼玛在藏传佛教密宗中也不可缺少。在传闻中,密宗的双修多被落实为男女之间的肉体关系,这并非没有根据。不过,双修是灵魂的一种修行,"双"的另一位明妃大多是修行者想象的女性,正如道教内丹修炼法术中的想象。可以把明妃理解为荣格的阿尼玛。同样,藏传佛教的女神度母也是阿尼玛。在密宗信徒的修行中,明妃和度母(以及其他神)保护灵魂,引领解脱。她们与阿尼玛在荣格心理学中的作用其实是一致的。

母亲与妻子

在《母亲原型的心理学面向》(见《荣格文集》第五卷)中,荣格认为母亲原型几乎有无限多样的面向。他断定:"阿尼玛原型首先与母亲意象融合,总是出现在男人的心理状态之中。"弗洛伊德提出"恋母弑父情结"(俄狄浦斯情结),荣格则提出"母亲情结"。"母亲"不仅仅是生育他的那位女子,还延伸为很多女性。

荣格父母的婚姻生活不幸福。他畏惧父亲,但没有弑父的念头。他的母亲有双重人格,这在女子中似乎并不少见。但荣格的母亲仍然很特别:她的另一面是祭司。荣格在自传中说:"白天,她是个可爱而温柔的母亲,而一旦到了晚上,她就显得那么不可思议,甚至让我觉得害怕起来。那里,她就像那些预言者一样,这种人同时又是一种奇异的动物，如同熊穴里的一个女祭司。富有古风而无情，就如同真理和自然般无情。每当那时，她就是我叫作'自然精神'的代表。"

母亲的神秘一面的人格把预言者（先知）和祭司的形象埋藏在荣格的个体无意识之中，也许不仅仅是生物学的遗传，还有精神的遗传和影响。

荣格和妻子艾玛育有五个子女。艾玛写过《阿尼姆斯与阿尼玛》（1941）。这本书被认为是对这对概念的最好解释之一。1955年艾玛去世后，荣格说："我的内心出现了要恢复我本来面目的想法。"在现实世界中，他的自性体现在湖边的波林根塔楼，他自己设计和建造的家。1923年他的母亲去世后，他动工建设第一层。妻子去世那年，他添建第二层。荣格说，这座塔楼就是母性的形象，一个子宫。他在塔楼里感到安详，把它当作一个比青铜还久远的物件，他的个体化过程的具体化。塔楼完成后，他发现它是"精神完整性的一个象征"。

对于荣格，艾玛逐渐承担起母亲的角色。而荣格需要另外的女人。他的病人大多是女性。这不是他的有意选择。女性比男性更倾向于寻求心理咨询。医生和患者需要沟通他们的精神世界，女病人容易对医生产生情感依赖。荣格的婚外恋大多是这样建立的。艾玛知道他的那些关系，也曾反抗，最后却无可奈何地接受了。

荣格现实生活中的阿尼玛

荣格的阿尼玛没有宗教的含义。对于荣格，阿尼玛是灵魂，也可以是肉体的女人。他在自传中说："一个人如果没有走过情欲的炼狱，就相当于永远没有战胜这些情欲的机会。"但他错过了多次机会。

前文提到过荣格的情人们，除萨宾娜·施皮尔赖因之外，还有托尼·伍尔夫等多人。伍尔夫在1910年成为荣格的病人。据美国的荣格研究者约翰·艾伦透露，荣格的儿子弗兰兹·荣格在1983年对他说，伍尔夫"或多或少地"挽救了他父亲的生命和理智。

伍尔夫出生在瑞士苏黎世的一个富裕家庭，小时候就对哲学、神话学产生了兴趣。1909年，因为父亲去世，她患上了抑郁症。这年她二十一岁。荣格是她的心理医生，治疗方法是鼓励她使用自己的才智。伍尔夫成为荣格的助理，并在1911年陪他和他的妻子艾玛一起参加在魏玛举行的精神分析大会。在这一年，她的治疗结束了。荣格在给弗洛伊德的一封信中称伍尔夫是他"新发现的自己"。这实际上承认伍尔夫是他的阿尼玛。

因为梦到伍尔夫，荣格在1913年又给她写信，请她回到身边。在这一年，荣格和弗洛伊德彻底决裂，精神濒临崩溃，伍尔夫对于他更加重要了。荣格写《红书》时，伍尔夫聆听了他的所有梦幻。十多年后，荣格的兴趣转向炼金术之后才中断《红书》。因为荣格不能离开伍尔夫，他的妻子不得不接受伍尔夫总是在她的家中出现。他们变成"三人行"。荣格称伍尔夫是他的"第二个妻子"。从20世纪20年代到伍尔夫去世，这两位女子经常陪伴荣格出现在公开场合。不过，伍尔夫总是觉得，她对荣格的内在智慧比对他的肉体更亲近一些。

伍尔夫是一位基督徒。当荣格在20世纪30年代投入炼金术的研究时，她不愿意跟随他的兴趣。1933年，伍尔夫邀请一批学生来到荣格的波林根塔楼，其中有十八岁的女中学生冯·弗兰兹（Marie–Louise von Franz）。她被荣格的心理学吸引。同年，冯·弗兰兹进入苏黎世大学，专业是拉丁语和希腊语。她还在瑞士联邦理工大学（在苏黎世）旁听荣格的讲座。1934年，作为荣格给她做心理学训练的回报，冯·弗兰兹为荣格翻译古典炼金术著作。因为炼金术是从阿拉伯传到欧洲的，她又在苏黎世大学学习阿拉伯语。这样，冯·弗兰兹取代了伍尔夫的助手位置，但她不是荣格的情人。

萨宾娜和伍尔夫都被认为是启发了荣格"阿尼玛"概念的女子。但在荣格自传的手稿中，他说到这个女人是墨泽尔（Maria Moltzer），他的一位情人。这个名字在自传正式出版时被删去，或许是阿妮拉·贾菲（Aniela Jaffe）所为。贾菲是荣格传记的记录者和编辑。她从1947年起担任荣格的秘书，直到荣格1961年去世。她可能在荣格的自传中增添了她想说的事情，删去了她不喜欢的内容。贾菲是出生在柏林的犹太人，从纳粹德国逃亡到瑞士，接受过荣格的心理分析。从这一点看，荣格不反犹。

伍尔夫是心理学家，著述不多，她最有影响的理论是女人分为四个类型：战士、母亲、名妓、灵媒。在伍尔夫与荣格的情感中，她的角色显然包括灵媒，荣格通过她与自己的阿尼玛对话。

伍尔夫去世后，只有艾玛·荣格代表荣格夫妻参加了她的葬礼。有人以此谴责荣格的冷漠，但实际上他是担心自己会在葬礼中因过度悲伤而崩溃。

冯·弗兰兹后来也成为荣格派的心理学家，在瑞士执业，出版了多本著作。她的成就主要在对古代童话及炼金术的解释上。这是荣格的研究路径。功成名就之后，冯·弗兰兹在山上的森林中建了自己的塔楼，从那里可以俯瞰荣格的家——波林根塔楼。她死后葬在荣格墓地不远处。

如诗人里尔克那样，荣格只有在女人那里才有安全感。但是，荣格也知道，阿尼玛是危险的。荣格在《红书》中说："莎乐美爱我，我爱她吗？我听见原始的音乐、那小手鼓、一个闷热的月夜、那圣人僵硬又血淋淋的首级——我被恐惧抓住了。"莎乐美是荣格幻想中的阿尼玛，她不是里尔克的俄国情人莎乐美，而是《新约》中的人物，她的舞蹈使施洗者约翰被砍头。荣格对他的阿尼玛保持警惕，对妻子和情人也是自私的。在写给情人萨宾娜·施皮尔赖因的最后一封信中，荣格说："有时候你必须做一些不可原谅的事，只是为了生活能够继续。"

存在的最高层次：诺斯

　　荣格的思想中包含多种神秘主义资源。神秘主义之所以"神秘"，是因为它具有非理性、超验性，也可以说是不可理喻的，无法用经验的方法证实或证伪。在这个意义上，形而上学、历史进程和不容置疑的真理等等都应该被归入广义的神秘主义。

　　作为一位倾向于神秘主义的心理学家，荣格被认为是一位诺斯替主义者。诺斯替是基督教早期的一个神秘主义教派，流行于1世纪至3世纪。荣格是现代最著名的诺斯替主义者，但不是最早的。17世纪的斯宾诺莎以及此后的一些哲学家也被放在众多诺斯替主义者之列。

　　诺斯替主义在地中海东岸兴起。各种文化在那里交汇，从远古时期就是如此，那里也因此战乱不已。有此地利，诺斯替主义综合了当时地中海东岸能够接触到的各种思想。20世纪研究诺斯替主义的最有成就者之一汉斯·约纳斯（Hans Jonas）在《诺斯替宗教》中说："诺斯替体系混合了一切——东方神话，占星学，伊朗神学，犹太传统中无论是圣经的、拉比的还是秘教的因素，基督教的拯救论与末世论，柏拉图主义的术语与概念。混合主义在这一阶段达到了它最大的成功。"

对于荣格来说，诺斯替主义者也许不是一个恰当的标签，至少不能全面概括他的思想。他首先是一位心理学家。这是一个现代职业。他追随自己的以及人类共同的心理，而人们的心里总有倾向神秘的一面。无论如何，他们还有虚无缥缈的希望，而支撑这些希望的是据信可能出现的神秘力量。当然，神秘主义未必就是诺斯替主义，但在今人的研究中，诺斯替主义的混合特征使它能够和欧亚大陆的各种神秘主义发生联系。

诺斯替教派显示了东西方文化如何融汇，或者混合，而荣格就在其中寻找人类的共同心理。从诺斯替主义可以看出荣格思想的复杂组成，以及他亲近东方文明的原因及结果。人是相通的，神秘体验和神秘主义是东西方文化的共同心理基础——文化各有特点，但没有一种文化是孤立的。

荣格经由古代开启了一个现代思潮。他不仅加深了对人类心理的了解，也由此为文学艺术乃至经济学做出了重要贡献。这个思潮在今天也许更加壮大。

诺斯、般若与知识

诺斯替教派是混合主义，但只是对欧亚大陆史前时期人类精神的一次回归，而不是一个全新的思想。因为这些思想的共同历史，诺斯替教派才有可能在多源的基础上形成，并广泛流传。

诺斯替主义（Gnosticism）的词根是诺斯（gnosis），在古希腊语中的意思是"知""知识"。诺斯替主义的主干可以追溯到古希腊的哲学思想——理性只是后者的一部分，同样重要的是其神秘主义。对于诺斯替主义的信奉者来说，诺斯全然不是后天获得的智识；诺斯指洞察人性的神圣知识，点燃智慧之光，引导人们摆脱俗世的约束。诺斯是一种隐秘的知识，后来又发展为基督教获得拯救的智慧，保留了原来的超越性的内涵。

希腊语和梵语同属印欧语系。原始印欧语系的分化大约在距今八千年至近万年之间，即新石器时期之初。从拼写可以看出，梵文的"识"（vijñāna）与"gnosis"同源，词源学指向在印欧语系的人群尚未分化之前已有这个概念。当然，它最初只是一个普通的词，没有后来的宗教和哲学内涵。

"识"的原型的传播远早于马其顿亚历山大大帝在公元前4世纪的征服——从尼罗河到印度河的土地都被他短暂地纳入同一个帝国。在希腊化时期，东西方有了更密切的交流，各文化互相渗透。这种交流没有因为亚历山大帝国的解体而消失，这为诺斯替主义的形成和传播创造了条件。

古希腊德尔斐神庙的最著名铭文是"认识你自己"（gnōthi seautón）。这个"认识"与"诺斯"同词根。在欧洲，gnosis 经由拉丁语的变化，构成了英语的"认知"（cognition）、"无知"（ignorance）等词的词根，这是世俗的意义。在佛教中，vijñāna 包括感官之识、意识，以及永恒不变的第八识——阿赖耶识。Vijñāna 的词头 vi 之意是分别，其意是区分认知对象。Gnosis 没有表示"分别"的词头，但希腊文明显然是注重区分和分析的。分析的方法是印欧语系思想的一个特点。中国传统文化则倾向于混沌和综合。在缺少外部新知识注入的时候，综合的方法容易因"原料"不足而陷入停滞。诺斯替主义也是对各种思想的综合。

在印度次大陆，"识"是佛教的一个非常重要的概念。有佛教思想家在此基础上建立了一个复杂的认知体系，对各种现象（相）做出归纳与否定。玄奘传播的唯识宗（又称法相宗）以"识"立宗。他翻译的世亲《阿毗达摩俱舍论》三十卷论证"诸法无我"，否定认知的可能以及认知的主体。《阿毗达摩俱舍论》三十卷在藏传佛教中也很受重视，是格鲁派必修的五部大论之一。梵文的"识"还指心识，而不仅是感官的认识。禅宗把心识作为一个起点，绕过繁杂的理论而直指人心，由此提出"顿悟"。倾向于简略的中国文化不容易接受印度繁杂的认知体系，因此才出现禅宗吧。

诺斯、般若与智慧

希腊和印度在"识"的基础上发展出各自的思想体系。这个"识"通向智慧，不是感知之识。而这个智慧是超越性的智慧，不是人间的聪明。

今人认为，古希腊文明是以理性为主导的。柏拉图笔下的苏格拉底（苏格拉底没有著作）却是一位神秘主义者。苏格拉底曾登门拜访曼提尼亚的狄俄提玛（Diotima of Mantinea），向她请教。

狄俄提玛是一位女预言家、女祭司。曼提尼亚是希腊伯罗奔尼撒半岛中部的一个小城，地名的词根"mantis"指预言家。在柏拉图的《会饮篇》中，苏格拉底说狄俄提玛教给他"爱的哲学"。这种爱欲是精神之爱，不同于男欢女爱或同性之爱。

苏格拉底说，狄俄提玛告诉他"最高等级的奥秘"：具有最高爱欲的有情人"会被引领到各种知识跟前，使他得以看到种种知识的美。一旦瞥见这种如今辽阔的美，他不会再像个奴隶似的，蝇营狗苟于个别的美……他会转向美的沧海并关注它，他会在丰盛的哲学中产生许多美的、壮观的言辞和思想"。

狄俄提玛倡导的"知识"（诺斯）是通过精神直观获得的，不是经感官或教学获得的普通知识。诺斯能够使人的精神升华，表现为美。狄俄提玛告诉苏格拉底：对于爱知识之人，"这美并非显得是一种幻觉"，"也不呈现为任何说辞或任何知识"。因此，这种美既是实在的，又不可以用语言表达，人们感知的美来源于这个更高的美。狄俄提玛说："毋宁说，这东西自体自根，自存自在，永恒地与自身为一，所有别的美的东西都不过以某种方式分有其美，所有其他东西生生灭灭，那东西却始终如是，丝毫不会因之而有损益。"

这样，狄俄提玛把这美与诺斯等同起来。狄俄提玛把哲学（即"对智慧之爱"）解释为对超越性的、永恒的知识的爱。这种情欲可获得超越的智慧（sofia）。佛教思想中也有这样的智慧，即般若（Prajna）。汉语中没有这个概念，所以在玄奘的"五不翻"之列。

狄俄提玛对美的解释与《心经》对"空"的定义相似。《心经》说:"是诸法空相,不生不灭,不垢不净,不增不减。"谈的是空的不增不减。从感官界乃至"无意识界"都是"空相"。这个"无意识"指意识是空,否定意识的真实存在,不是心理学的无意识。

据传,北魏时来华的北印度僧人菩提流支译有《不增不减经》一卷。在这部佛经中,佛对弟子舍利弗说:"一切愚痴凡夫,不如实知彼一界故。不如实见彼一界故,起于极恶大邪见心,谓众生界增,谓众生界减。"谈的是实的不增不减,异于《心经》之"空"说。佛接着说:"此甚深义乃是如来智慧境界,亦是如来心所行处。"可知众生界也有不增不减的如来智慧。法身界与众生界是同一的,这就是前引中的"一界"之意。法身自在,不增不减,所以众生界也不增不减。如此理解,方能进入"如来智慧境界";不如此理解,便是"极恶大邪见"。佛又说:"众生界者即是如来藏;如来藏者即是法身。"法身是如来藏,即如来智慧,等同于众生界。如来藏在众生心中,是众生成佛的种子,又在众生界无所不在。所以,唐代禅僧大珠慧海(马祖道一弟子)引马鸣祖师之语:"青青翠竹,总是法身;郁郁黄花,无非般若。"

佛教把存在分为十界,最高是佛界。其余九界从低向高有地狱界……畜生界……人界……菩萨界。这九界总称众生界。在《大宝积经》卷一一五之《文殊说般若会》中,文殊菩萨云:"众生界不增不减。"但《大宝积经》中的文殊菩萨只是说众生界的"相"和"量"如佛界,两界在本质上并不同一,与《不增不减经》的"一界"之说相去甚远。

《不增不减经》的基本概念是印度佛教的,其独特处在于提升和肯定众生界（现实世界），两个世界合一，与包括《大宝积经》在内的其他许多佛经不同。值得注意的是，《不增不减经》没有梵文版和藏文版。它阐述的一界思想很可能是在汉地发展起来的，是汉传佛教从"空"走向"实"的重要一步。

可以大致把佛教的众生界看作物质的世界，把佛界视为般若的世界。"诺斯"和"般若"是通往更高世界的必经之途。狄俄提玛和柏拉图早于大乘佛教数百年，他们没有提出大乘佛教这样的完整思想框架。在他们之后，新柏拉图主义、诺斯替主义在思想上与大乘佛教的某些方面更接近一些，或许有东西方交流的因素，虽然未必是直接的交流。约纳斯论述诺斯替主义时的"东方"只到波斯，没有到更远的印度和中国。

二元论：善与恶的对立

诺斯替主义中有善恶二元论，价值的绝对分裂与对立。这种二元对立是琐罗亚斯德教（祆教）的一个特征，为诺斯替主义吸收。祆教在公元前500多年起源于波斯，因崇拜光明的火，在传入中国后被称为拜火教。火是光明和善的象征，与之对立的是黑暗和恶。

祆教向东影响到西藏本土宗教苯教。苯教兴起于西部的象雄（今阿里地区），受到波斯文明的启发。苯（Bon）指祭司或巫师。苯教徒的六字真言的意思是"救度母亲的空间与光明"，与密宗的六字真言之意（"莲花上的珍宝"）不同，从中可以看到祆教的痕迹。

法国藏学家石泰安（Rolf Alfred Stein）在《西藏的文明》中，说了西藏的一些故事，其中有蛇（龙）、光明等元素，然后说："有人认为从这些故事中发现摩尼教或诺斯替教派的影响，这是完全可能的。"其实，这种影响的可能性很小。更可能的是，诺斯替教派和苯教都受到了波斯的影响。摩尼教也是波斯的一个宗教，创立于3世纪。

中国学者张云认为，祆教在2500多年前已经影响到西藏，于1世纪正式进入西藏。（《上古西藏与波斯文明》）而据另一位中国学者顿珠拉杰，苯教（也作本教）起源于西藏本土。（《西藏本教简史》）这也是对的，因为苯教有很强的萨满元素，与祆教很不同。但不管怎样，苯教徒相信，他们的祖师辛饶米沃来自大食（波斯）。

在苯教的四位主神中，萨赤尔桑是另外三位主神的母亲。"萨赤"是古象雄语，意为"智慧"——很容易让人联想到般若。这母子四位是其他苯教神的原型。萨赤尔桑的长子是辛拉韦噶，意为辛之神白光，也是智慧之神。"辛"与"苯"的所指相同，即巫师，而"白光"显然指光明或智慧之光。在人间可以看到辛拉韦噶发出的白光，或者说，人间能够接受更高的智慧。

祆教向西扩展，影响到诺斯替主义。在祆教和苯教中，二元对立都远不如在诺斯替教派中那样强烈。汉斯·约纳斯说："诺斯替主义是有史以来最激进的二元论。它是自我与世界之间的分裂、人异化于自然、对于自然的形而上学的贬低、普遍的精神的孤独感、对世俗准则的虚无化。"

这个批评对于二元论是恰当的。但诺斯替主义的二元论一点都不独特，也不是有史以来最激进的。至少，诺斯替主义没有撕裂社会，没有制造无休止的残酷斗争，而约纳斯看到过这一切。约纳斯在世之时，即几乎整个20世纪，"普遍的精神的孤独感、对世俗准则的虚无化"一度达到顶点，约纳斯的存在主义同伴萨特可以为例。萨特强烈反抗"异化"——人的价值和精神的虚无化，强调"人的实在"。萨特的思想基础显然不是诺斯替主义。在一定程度上，他的虚无和实在之说似乎可以与佛教进入中国之后的变化相比较。

诺斯替主义的善恶二元论不仅是对祆教的继承，在犹太—基督教的共同经典《旧约》中已有善恶之别。据说，最初的人亚当和夏娃因为受到蛇的怂恿，吃了"分别善恶的树"上的果子，"能知道善恶"，因此被赶出伊甸园。根据《旧约》，在人之前就已经有恶。恶不是人的本性，不足以用人的自由意志来解释恶的产生。恶的起源问题长期困扰着基督教神学家：既然世界是上帝创造的，那么就不应该有恶。但这个世界确实存在着恶。

汉传佛教天台宗对善恶关系的看法则不同。天台宗师智𫖮在《法华玄义》卷五下中说："又凡夫心一念，即具十界，悉有恶业性相。只恶性相即善性相。由恶有善，离恶无善。翻于诸恶，即善资成。"智𫖮断言善恶在凡夫一念之间，而不是神在人之前的创造。这种善恶一念的观点使得通过个人的自省去除恶成为可能。

接着，智𫖮把竹比喻为恶，火为善；火从竹生，烧毁竹。善恶互相包含，互相滋生。他说："故即恶性相是善性相也。"善与恶的"性"和"相"都是同一的。在中国文化的背景中，智顗可能是在调和孟子的性善论、荀子的性恶论，而不完全是佛教的——虽然《法华玄义》是对《法华经》的解释。

善与恶不在人与人之间，而在个人之中。人人都是凡夫，不会没有恶念。这是中国传统文化与基督教以及诺斯替主义的差别之一。善恶观点不仅符合人性，也可以帮助避免人与人之间的殊死争斗。当人们认为自己是绝对善的一方，而对方是绝对恶的时候，他们之间的恶斗永远不会停止。

智顗的论断和比喻都把恶放在善之前，"由恶有善"，没有说"由善有恶"。恶可以在对善的追求中产生。荣格更进一步，指出善可能为恶制造条件。他在自传中说："不管怎样，重新确定方向的时刻到了，我们需要一种思想的改变。如果说，与邪恶相连会招致某种屈从，那么，我们必须坚定，不再屈从，甚至连善也一样。因为善已经失去了其伦理的属性。当然，并非善有所改变，而是沉湎于善对人类不会有好处，会招致邪恶的出现。就像是现实意义的沉湎一样，它并不会带来好的结果，无论是酒、咖啡还是理想主义。我们必须警惕，不要认为善与恶是绝对对立的存在。"

这一否定善恶二元论的说法使荣格显得不那么诺斯替主义。

反异端与不免于异端

　　精神分析学是荣格的学术起点。他没有停留在那里。当他还是弗洛伊德的学生时，他已经开始走向诺斯替主义。但仅仅把荣格视为一位诺斯替主义者是远远不够的。从那里，荣格继续向更古老的东方宗教出发，并在共同的精神现象中发现了集体无意识。但似乎不能排除这是各文化之间交流的结果。这种交流很可能比荣格了解的更早、更深。

　　当然，荣格还在非洲、美洲的土著中为他的理论找到了证据。这些地方与欧亚大陆（包括北非）隔绝甚久。但在荣格到达这些地方之时，全球化的交流已经重新建立起数百年。西方殖民者的强势文化改变了土著人的生活，至少也扩大了他们的视野。土著人已不可能完整保存他们原来的精神世界。荣格排除交流的可能，坚持共同起源。他的努力是否成功仍是一个疑问。交流与同源之辩也许不会很快有答案。但这只涉及集体无意识的历史长短。而集体无意识本身是可信的。

人类精神有共同起源是可能的。其实，关于文化或文化的某一方面是有独立的起源还是交流的结果，在考古学家中也时有争论。尽管他们有出土实物作为根据，仍不免各执一词。精神不是实物，不能挖掘、测量或用技术手段确定年代和成分，因此争议各方更难趋向一致。

荣格是一位探索精神起源的考古学家、人类学家。他收集的资料不仅有田野考察、文献资料，也有精神病人的病例。在此基础上，荣格提出了人类深层精神这个问题，而且不是作为抽象的哲学问题。这是他的最大贡献。在此之后，他已不再是严格意义上的精神病学家。他和弗洛伊德的心理治疗效果都迟缓而且不明显。在使用药物和器械治疗精神病人的时代，他们的方法都被认为已经过时。他们富有启发性的思想却因此具有更加广泛的重要性。

荣格被认为继承了诺斯替主义的传统。在他所处的时期，这是对他的谴责，因为它是异端邪说。但诺斯替主义很可能早于基督教，不是在基督教基础上发展出来的一支异端。诺斯替主义兴起之时，它的各种源头——古希腊哲学、东方诸宗教，都已有至少数百年的历史。亚历山大帝国地跨欧亚，当时西方已知的文明都被纳入帝国的领土，为这些思想的交融创造了比以往更加便利的条件。这个帝国建立在耶稣出生之前两百多年。在这样长的时间里，文明之间的交融足以产生新的信仰和知识体系。

诺斯替主义是古代知识的汇流之处、荣格思想历程中的一个客栈。古希腊是一条大支流，注入诺斯替主义的至少有宗教和哲学两个方面。基督教反诺斯替主义，必然要反希腊。在中世纪欧洲，异教受到打压，但后来的学者们仍然能在那个时代发现俄耳浦斯教、诺斯替主义的蛛丝马迹。之所以有这种残存，是因为神秘思想是人的本能需求，而且与知识的多少没有关系，因为这一领域不在人类创造的知识范围内。神秘主义在德语区的传统最为深厚。在启蒙运动时，德语知识分子在精神上强烈认同古希腊人。这是荣格接受诺斯替主义的知识背景。

追寻荣格思想的复杂源头，也是间接地为他做一次精神分析。

诺斯替主义是基督教最早的敌对势力之一。这是基督教的选择。对诺斯替主义的斗争促成基督教的变化，使之成为接近今天的样子。威利斯顿·沃尔克（Williston Walker）在《基督教会史》（1918）中说："教会战胜了这次危险，并在这一过程中发展起一个严密的教会组织和一部清楚明白的信经，这和原始基督教的自发的和神授的性质有了很大区别。"这不是一般的辩论。基督教坚决排斥异己，在这次战斗中表现无遗。

在这场斗争中，伊里奈乌是最早的基督教护教士之一。他是里昂主教，与诺斯替派的信徒有过交往。他的著作主要是反对诺斯替主义，以《反异端》最为著名。在发现诺斯替古文献之前，对诺斯替主义的最完整描述保存在伊里奈乌的《反异端》之中。

伊里奈乌也使用诺斯替的概念。他说："于是，只有一个上帝，他通过圣言和智慧，创造并安排了万物；而他就是把这个世界给人类的那个造物主。"（《反异端》第四卷第二十章）伊里奈乌在这里用的"造物主"是拉丁文 Demiurgus，英文为 Demiurge，汉译为"德穆革"。德穆革是诺斯替主义中那位工匠性的造物主，位于无形的最高神之下，不是基督教的上帝。伊里奈乌强调"唯一的上帝"，其用意大约是把这两个神合一。

诺斯替主义认为，德穆革之上的最高神是无形的。伊里奈乌说，一些人认为，"先知们所见到的是另外一个上帝，而万物的圣父是不可见的。这后一种说法就是那些异端们所讲的"（《反异端》）。他说的异端就是诺斯替主义者。

伊里奈乌还说："人的生命就在于看到上帝。上帝是通过创造显现出来的。""人要通过圣灵的意愿看到上帝，还是将来的事。"可是，据《创世纪》，神是有形的："神就照着自己的形像造人。"《旧约》的先知们曾多次看到神。伊里奈乌解释说，先知们是在用比喻说出神在未来的显现。但这个解释很牵强，《旧约》中先知们见到神是已发生的事情。伊里奈乌涉嫌持有诺斯替主义观点。

比伊里奈乌略晚，继续反对诺斯替主义的基督教神学家有德尔图良（Tertullianus）、俄利根（Origen）等人。荣格把这两人分列入两种性格。他在《心理类型》中说："敏锐的思想者德尔图良变成了富有情感的人，而俄利根则成了学者，并沉醉在知识当中。"

沃尔克更重视德尔图良的理性一面，而非他的情感。沃尔克说："德尔图良最有影响的工作是他对逻各斯基督论的明确阐述，虽然他不经常使用逻各斯一词。"（《基督教会史》）

德尔图良是罗马天主教会的创立者，也接受柏拉图的哲学观点。德尔图良说："柏拉图的立场与我们的信仰在有些方面相当一致。他把灵魂分为理性的和非理性的两个部分。除了我们不太愿意把这一区分归之于灵魂的本性的不同，我们还是可以接受这种区分的。"（《论灵魂》）据此，德尔图良认为，灵魂的本性没有不同。这是对平等概念的深层论述。但他对这一立场的表述不太肯定。

德尔图良在《论灵魂》中说："但愿不需要用什么异端存在，好让那些值得敬仰的人显明出来。所以我们决不要在灵魂问题上尝试用我们自己的力量与哲学家抗争，这些人是异端的祖师爷，这样称呼他们是公正的。"

亚里士多德也著有《论灵魂》，但他用思维（头脑、心灵）取代灵魂。德尔图良指认的"异端的祖师爷"包括许多古希腊哲学家，其中就有亚里士多德。这显然不是一个理性的立场。德尔图良说："这些不同的（异端）学派都反映了它们的祖师爷的特点。他们或是带有高贵的柏拉图的印迹，或是有着芝诺般的冲动、亚里士多德般的泰然、伊壁鸠鲁般的愚蠢、赫拉克利特般的悲哀和恩培多克勒（Empedocles）般的疯狂……"

因为自信真理在握，德尔图良著有《论异端无权成立》。严厉的不宽容是为了挽救异教徒的灵魂吧。

在德尔图良笔下，基督教信仰与希腊哲学是对立的。荣格说："与德尔图良完全不同，俄利根并没有将诺斯替主义的影响拒之门外；实际上，他甚至以温和的形式把它传输到教会的内核当中，至少这是他的目的。的确，根据他的思想和基本观点来看，他本人大概是一个基督教的诺斯替教徒。"（《心理类型》）

荣格认为，俄利根的神学本质上在新柏拉图主义哲学的框架之内。这样，荣格把俄利根放在这位基督教护教士反对的思想传统之内。在《基督教大哲学家》中，汉斯·昆（Hans Küng）把俄利根列为全书仅谈的七人之一，可见其思想之重要，或许可以推出基督教中确有诺斯替成分。

荣格的证据之一是俄利根对于恶的观点。荣格在《自我与自性》（1951）中说："俄利根是不是第一个怀疑恶之终极命运的人，我不太确定。但无论如何，此说证明，在很久以前，魔鬼与上帝的再结合很可能是可以被讨论的。况且，如果基督教哲学未在二元论中结束，这一话题也不得不被讨论。我们不该忘记，善之缺乏的学说未能妥当处理永恒地狱及诅咒的教理。"

在基督教初期，"魔鬼与上帝的再结合"还是可以讨论的，在荣格少年时却是一个禁忌，一个延续近两千年的禁忌——不宽容常常随着权力的扩大而增加。荣格曾经为自己对上帝的不恭想法而惊慌。他在晚年的自传中继续这一话题："诺斯替教徒曾提出过的老问题'邪恶是从何处来的'，在基督教的世界里一直没有答案，而俄利根小心翼翼地提出魔鬼也可以赎罪的看法，却被看作是歪理邪说。"

世界既然是万能的上帝创造的，就不可能有恶的存在。但这个世界确实有恶。这个问题可以在诺斯替主义的善恶二元论中得到解答，但那是异端的解答。基督教教义的一个要点是"永恒地狱及诅咒"。教士们（不分时期和教派）的诅咒一直响亮。他们不能忍受他们认为的"恶"。因为教士们的利益和欲望没有边缘，"恶"也随之无边无际。

古希腊的宗教秘仪

沃尔克说："长期以来用希腊化思想解释基督教真理的工作到俄利根手中终于最后完成。"（《基督教会史》）在此之前，诺斯替主义已经接受苏格拉底、柏拉图以及罗马帝国时期的新柏拉图主义，以前有过简略介绍。在思想之外，在以理性著称的古希腊也常见秘仪，这些秘仪影响到诺斯替主义。

俄利根的老师克莱门（Clement of Alexandria）出生在亚历山大或雅典，在亚历山大基督教教义学校担任校长二十余年。克莱门熟悉希腊哲学和文学。他用这些知识写下《劝勉希腊人》，攻击希腊诸神，批评希腊文化，但也肯定希腊文明中的一些人物。

在《劝勉希腊人》中，克莱门引用柏拉图的《蒂迈欧篇》："发现宇宙的父亲和创造者是一项艰巨的任务，并且，即使你找到他，你也无法向大家说明他。"然后说："柏拉图，你已经接触到真理了。可是不要放弃。"克莱门也部分接受"色雷斯的神秘仪式阐释人俄耳浦斯"，在其中找到了符合基督教教义的内容。

当然，柏拉图的"宇宙的父亲和创造者"、俄耳浦斯的"世界主宰"都不是犹太—基督教的上帝。克莱门看到的是彼此相通的宗教气息。

有丰富神话的古希腊从不缺少神秘主义。俄耳浦斯教（Orphism）是其中之一。它在神话的背景中发展起来，也受到基督教早期护教士的批判。

在神话中，俄耳浦斯（Orpheus）是太阳神阿波罗之子，母亲是缪斯之一。他是诗人和歌手，一位能够感动石头的音乐天才。俄耳浦斯也有进入冥府的故事——荣格认为这是进入无意识的象征。俄耳浦斯到冥府寻找去世的妻子欧律狄刻（Euridice），但终于没能把她带回人间。

从古希腊时代开始，一直有人相信俄耳浦斯是真实的历史人物。他被认为是色雷斯的王子。色雷斯在今希腊东北部、保加利亚南部和土耳其的欧洲部分。色雷斯人从事农业，生活在各自的部落中，没有统一的政权，被希腊人当作野蛮人。其实，他们是勇猛的战士，擅长诗歌和音乐。

阿波罗也是从色雷斯传入希腊的外来神。希腊人的太阳神原来是赫利俄斯（Helios），大约在公元前5世纪被阿波罗取代。酒神狄奥尼索斯和俄耳浦斯在神话中是父子，都来自色雷斯，但他们是对手。俄耳浦斯发明了狄奥尼索斯秘仪，激怒了酒神。俄耳浦斯被酒神的狂女（Maenads）撕碎，葬在奥林帕斯山下。Maenad的本意是咆哮者。她们是酒神的女信徒，借助酒和药物在舞蹈中进入幻觉和狂喜。

俄耳浦斯教至少在公元前5世纪已经成形。这是一个主张抑制欲望的宗教，但又有放浪形骸的狂欢——苦修和放纵往往为一体的两面，不可截然分开。希腊人对身体有一种健康的观念，知道克制。在公元前650年至前600年之间，奥林匹克运动会的参赛者已经裸体。古希腊没有男女平等的观念，但女子享有相当的地位，例如，她们可以参加奥运会。希腊人的享乐与罗马人不同，他们有理性的制约，没有堕入纵欲而不能自拔。

俄耳浦斯之死成为俄耳浦斯教秘仪的一部分。这一传统延续到罗马时期。希腊旅行家和地理学家保萨尼亚斯（Pausanias）

根据一手资料写了《希腊记述》。他说："这些女酒徒是阿提卡人。她们每年都和德尔菲的女子一起去帕尔纳索斯山。"她们在走出雅典之后一路歌舞。阿提卡即雅典所在地。帕尔纳索斯山（Parnassus）在希腊中部，主峰海拔2400多米，俯瞰德尔菲神庙。这座山是太阳神阿波罗和酒神狄奥尼索斯的圣地，也是九位缪斯的居所，因此被用来代称诗坛。保萨尼亚斯说："山峰高耸入云，女酒徒在上面大声呼喊，纪念狄奥尼索斯和阿波罗。"

其实，俄耳浦斯教呼唤的神远不止这两位。它的祷歌的最前一首中有一句："我呼唤……无瑕的珀耳塞福涅、果实照人的德墨特尔、掷箭处女阿尔忒弥斯。"这三位都是女神。阿尔忒弥斯（Artemis）是宙斯宠爱的女儿、狩猎女神，还掌管其他许多职责。

据《奥德赛》，奥德修斯和伙伴们进入冥府的时候，对珀尔塞福涅非常畏惧。能够像俄耳浦斯、奥德修斯那样出入冥府的很少，而冥后珀尔塞福涅（Persephone）每年都有一次机会。她是农业和丰收女神德墨忒尔（Demeter）与主神宙斯姐弟俩之女。冥王哈德斯把珀尔塞福涅掠入冥府，把她作为冥后。母亲德墨忒尔放弃职守，到处寻找她，造成人间的饥荒，诸神也失去人们供奉的祀品。经宙斯安排，珀尔塞福涅每年轮流生活在冥府和人间。每当她回到人间，大地便恢复生机。这是一年之春的开始。

为纪念珀尔塞福涅的经历——堕入冥府、母亲寻找、升回人间——产生了厄琉息斯秘仪。厄琉息斯（Eleusis）是雅典西北的一个小城，在雅典到帕尔纳索斯山之间。厄琉息斯秘仪也是女子参加的仪式，和狄奥尼索斯秘仪属于同一种传统，其实质都是摆脱理性和世俗制约的狂欢。

这些宗教及其秘仪影响到基督教，如圣礼；对诺斯替主义的影响更深，如在冥冥之中与神的契合。与其他宗教及其仪式（往往拒绝女性的参与）相比，古希腊的宗教更具有女性特征。神话中众多活跃的女神为这一特征的发展铺垫了道路。厄琉息斯秘仪中的主神是女神，不是俄耳浦斯教的狄奥尼索斯。今人也许会从道德的角度评价她们的行为。但无论怎样，古希腊女子都是她们身体和精神的主人，享有相当的行动自主权。这是古希腊文明之所以伟大的一个原因。

神话、秘仪及其批判

荣格有明显的神秘主义倾向，在他童年时便是如此。他从精神分析学走向探索人类的共同心理基础，这个倾向是一个诱因，而神秘主义也确实能够支持他的理论。

俄耳浦斯教祷歌与歌德的诗

继续上一篇的话题。俄耳浦斯教祷歌编辑于公元前3世纪到公元2世纪之间，具体时间不详。共有八十七首祷歌，另外加上最前的一首："我呼唤……所有极乐诸神中最受尊崇的舞者狄奥尼索斯……巴克斯之母塞墨勒与所有狂呼的巴克斯信徒。"巴克斯（Bacchus）即酒神狄奥尼索斯的罗马名。第二十九首："我呼唤狄奥尼索斯，咆哮的神。"这些祷歌是呼唤和祈祷之语，每一首都向一个或多个神发出祈请，其中许多是女神。

多神和女神的观念不是信仰唯一上帝的基督教能够容忍的。在《旧约》中，上帝多次为犹太人崇拜别的神而嫉妒和愤怒。可是，护教士克莱门仍在俄耳浦斯教中寻找可以为基督教所用之语。他引用索福克勒斯的悲剧《俄耳浦斯》中的诗："你要注意听从那神圣的语言，／它会把你的心灵引向正确的方向；／还要认真走好狭窄的人生道路，注视着伟大的／世界主宰，我们不朽的君王。"克莱门称之为"真正的圣诗"。他又引："自生的唯一一生存着；万物由他而出；／他永远运行在自己的作品之中／凡人看不见他，他却能明察万物。"

克莱门如此评价这些诗："在解释了神秘仪式并介绍了偶像之后，他（俄耳浦斯）改变主张，说出了真理。"（《劝勉希腊人》）这个"真理"就是世界有一个主宰，他是唯一的神。但这是文学作品之中的俄耳浦斯之诗，属于索福克勒斯。

俄耳浦斯教经由毕达哥拉斯，传递到柏拉图以及此后的一些希腊哲学家，又由此影响到后来的欧洲哲学，特别是德意志哲学。

受俄耳浦斯教之诗的启发，歌德写下《俄耳浦斯的太古之言》，由五篇短诗组成。其中《命运》一篇说："你必须如此生存，无法摆脱，／女巫们和预言者都曾这样讲。"诗题"命运"，歌德用的是古希腊文 daimon。"女巫们和预言者"当是俄耳浦斯教秘仪的。《太古之言》的《爱神》一篇说："好多人的心沉湎于广泛的爱情，／最高尚的心却向唯一者献身。"《必然》一篇说："多年后，自由全属子虚，／我们却比当初更受束缚。"

不可摆脱的命运是古希腊悲剧的主题。歌德认为，我们生而不自由，而且永在枷锁之中。最高尚的心"向唯一者献身"，但也不能摆脱枷锁。

在《太古之言》中，歌德的"爱神"是厄洛斯（Eros），在希腊神话中最初是生命之神，诞生于混沌之中。在阿里斯托芬的喜剧《鸟》（公元前414）中，鸟们要在天空中建立一个理想国，隔绝神界与人间。鸟们歌唱厄洛斯："在茫茫幽土里他与黑暗无光的混沌交合，生出了我们，第一次把我们带进光明。最初世上并没有天神的种族，情爱交合后才生出一切，万物交会才生出了天地、海洋和不死的天神，所以我们比所有天神都要早得多。"

俄耳浦斯教崇拜的是这位创造万物的爱神，并作为反抗诸神统治的根据。这位爱神还混杂有后来的爱神内容。西语"色情的"出自他的名字。

这三首诗是歌德对更古老的东方宗教观念的继承。人生的一切似乎早已注定。但《太古之言》还庆幸有《偶然》："幸而有一种转变力在我们周围。""岁月的循环已经悄悄地走完，／灯总是等着把它点亮的火焰。"偶然之火带来光明。《太古之言》更有《希望》："我们跟着她，她给我们羽翼。／你们认识她，她周游八荒四极，拍一下翅膀；我们就甩开永劫。""她"当然指女性，但未必是女神。

与《希望》的那位"她"相呼应，《浮士德》的最后一句是："永恒之女性，引导我们上升。"歌德把他上升的、自由的希望寄托于女性。这是他的女性原则吧。

"永劫"，歌德用的是 aeons，本意是生命、永恒，后来成为诺斯替主义中的一个重要概念，但其内涵发生变化。歌德此处可能用的是诺斯替主义的移涌之意，即神的精神的流溢。他要抛开的是神（即一、唯一者）的支配，而不是时间。这是他对自由的希望所在。《浮士德》持诺斯替主义的灵与肉分离的二元论。浮士德最后接受永恒之女性，而不是一。歌德和尼采都被认为深受诺斯替主义的影响。他们引导了年轻时的荣格。

里尔克的《献给俄耳浦斯的十四行诗》（1922）的第一部第十九首有句："世事无常变化无穷／犹如白云苍狗，／但所有完美的事物最终／将复归于太古。"这个"太古"回应着歌德的《太古之言》。荣格的"集体无意识"指远古以来人类经验在每个人心中的积累。可以把里尔克的"复归于太古"解释为进入集体无意识，即返回历史潜藏于其中的个人之心、"完美的事物"残存之处——虽然这个直白的解读剥夺了他的诗意。

希波利特：神话

希波利特是希腊神话中的森林之神。《荷马史诗》中已有他的故事。欧里庇德斯著有悲剧《希波利特》，于公元前428年上演。在这部悲剧中，希波利特是雅典国王忒修斯之子。他的继母、王后费德拉爱上了他，并因为他的拒绝而自杀，却留下遗言说希波利特试图强奸她。忒修斯不相信儿子的辩解，使用海神波塞冬给他的三条诅咒之一。波塞冬派出海怪惊吓希波利特的马，受惊的马掀翻他的车。希波利特被拖死——歌德把人生比喻为没有车夫的马车，不知所向；但命运是前定的，只是人们不知而已。

希波利特的悲惨命运是爱与美之神阿芙洛狄忒造成的。他宣称不受情欲支配，因此阿芙洛狄忒使他的继母爱上他。

阿芙洛狄忒在海水的泡沫中诞生。她非常美丽，宙斯却把她嫁给又丑又瘸的火神赫淮斯托斯。阿芙洛狄忒与战神阿瑞斯通奸。火神丈夫抓住他们，并让所有神来参观。

阿芙洛狄忒有许多情人。她还爱过美貌的人间猎人阿多尼斯。阿多尼斯在打猎时被野猪杀死。宙斯被阿芙洛狄忒的爱感动，允许阿多尼斯每年复活一次。阿多尼斯成为植物神，每年复活时春天到来，万物复苏。在复活和春天到来这一点，他像是波斯或印度的密特拉、埃及的俄西里斯。实际上，阿多尼斯神话是从西亚传入希腊的。耶稣的复活故事也从中获得灵感。

阿芙洛狄忒的原型之一大约是巴比伦的丰收、爱情和战争女神伊什塔尔，在希腊的传播中也吸收了其他神的故事。伊什塔尔杀死了她的儿子、植物神坦姆斯，也是她的丈夫。坦姆斯之死导致大地荒芜。伊什塔尔从冥府救出了他，又使大地恢复生机。

阿芙洛狄忒在罗马神话中的名字是维纳斯，来自拉丁语的"毒药"，大约因为她的女性魅力吧。罗马人认她为女祖，为她建立神庙。

克莱门说："绝大多数人没有"基督教那样的意识，"他们扔掉了耻辱和畏惧，在自己家里装饰了各种各样的画像"，"他们的思想屈服于色欲"。他们躺在床上的时候，"眼睛却死死地盯着裸体的阿芙洛狄忒，她正因犯奸而被绑着"。(《劝勉希腊人》)但在庞贝古城发现了描绘阿芙洛狄忒故事的一些壁画，似乎并不淫秒。经过漫长的中世纪，到文艺复兴的时候，绘画才回到这个主题。

阿芙洛狄忒也是娼妓之神。她的神庙成为放纵之所。罗马历史学家斯特拉波（Strabo）说，希腊城邦科林斯（Corinth）的阿芙洛狄忒神庙极为富丽，"可以容纳1000多名艺妓，人们把这些妓女奉献给女神，异乡的姑娘们不断地往那儿云集，以至这座城市变得非常富庶"。

希腊讽刺散文家琉善（Lucian）说："在比布鲁斯（Byblos），我也看到了一座宏大的阿芙洛狄忒神庙，并逐渐了解到，狂欢滥饮在那儿极为普遍。"比布鲁斯遗址在今黎巴嫩的地中海岸边。琉善说，在比布鲁斯，一些女子被迫在市场上出卖肉体，而这个市场只允许外乡人进入。"过后，这些女子便被送进阿芙洛狄忒神庙。"这个风俗可能来自巴比伦。据希罗多德记载，那里也有住在女神庙里的女子，等待外乡人光临。

希波利特：教父

罗马时期有教父希波利特（Hippolytus，又译为希玻律图），大约比克莱门年轻二十岁。据记载，这位教父希波利特也是被马拖死的，就像同名的森林之神那样，但这很可能是附会神话的传说。他反对同时期的先后多位教皇——那时基督教还受到迫害，还没有壮大，教皇没有很高的威严，而希波利特只是在罗马的希腊信徒的家庭教会的主教。

教父希波利特继承了古希腊哲学中的理性主义，以此为工具反对其他宗教，包括诺斯替主义。沃尔克说："在此关键时刻，在罗马竭力提倡逻各斯基督论的是希波利特。他是那时罗马最有学问的基督教著述家。"实际上，宗教离不开神秘主义，《圣经》的主要部分就是神秘的故事。

据说希波利特是伊里奈乌的学生，但此说未必可靠。在伊里奈乌的《反异端》之后大约四十年，希波利特又写了《对一切异端的批驳》，全面反对希腊文明。

在《对一切异端的批驳》的开始，希波利特说："我们一定不能忽视希腊人中间的那些各派哲学家的虚构之事。由于异端者的过度疯狂，因而即使是他们语无伦次的教条也必须予以重视；而这些持异端者通过遵守沉默之规，通过隐藏他们自己不可告人的秘仪，被许多人当作上帝的崇拜者。"

在这里，希波利特把他批判的希腊哲学思想与秘仪相提并论。在罗马帝国时期，俄耳浦斯教仍在流行，同时还有其他多种举行秘仪的信仰。但基督教护教士把诺斯替主义视为最大的敌人。

希波利特是一位斗士。在写《对一切异端的批驳》之前，他已经在与异端搏斗，但自认为还有所保留，"没有考虑到曝光它们的秘密教义"。他说："这是为了当我们释读出它们谜样的教条的时候，他们会感到羞耻，也唯恐我们通过揭发他们的秘仪，宣判他们犯有无神论之罪。这样也许会诱劝他们在一定程度上放弃他们荒唐的观点和他们渎神的做法。"

这是两种不同类型的神统之间的斗争。高高在上的唯一神从来正确；充满人间烟火气的众神经常犯错。在开放社会，人们更亲近像自己的神。

古希腊、罗马时期的秘仪

这些秘仪不仅是诺斯替主义的，还有俄耳浦斯教、厄琉息斯秘仪，在上一篇已有简单介绍。不过在希波利特之时，古希腊—罗马信仰已经在衰退。此外还有俄西里斯、密特拉教、库柏勒等信仰的秘仪。古希腊、罗马时期是盛行密仪的时代，诺斯替主义只是其中的载体之一。

这些秘仪都来自更古老的文明。俄西里斯（Osiris）秘仪是埃及的。在埃及神话中，俄西里斯是死亡与重生之神，也是植物和丰饶之神。考古显示，对俄西里斯的崇拜至少在 4500 年前就已经出现。伊西斯（Isis）是俄西里斯的妹妹，他们生下太阳神荷露斯（Horus），也是天空之神。

俄西里斯被他的弟弟塞特（Set）杀害，身体被破碎，扔到各处。伊西斯重新把他拼接起来，但没有找到他的生殖器。所以，透特只能使俄西里斯短暂复活。透特后来又帮助荷露斯战胜塞特。

透特最初是埃及的月亮神，后来也是智慧之神。传说他发明了埃及象形文字。透特长着朱鹭或狒狒的头，在冥府审判死者，还是诸神的使者，特别是负责神与冥府之间的信息往来。因此，希腊人也称透特为赫尔墨斯。因为透特和赫尔墨斯传递神秘信息，他们在近现代神秘主义中非常重要。

古希腊的秘仪在东方的宗教中也较常见，或许就来自东方。尼采也说到"俄耳浦斯秘仪在其祭礼的怪诞象形文字"（《希腊悲剧时代的哲学》），认为它产生于埃及。基督教也把饮酒作为圣礼的一部分，与诺斯替主义的秘仪相比则更为肃穆。这些仪式中有不同的操作，相通的是它们的神秘宗教气氛，而这一点正是许多人的心理需求。

密特拉教（Mithraism）是古希腊—罗马的信仰，在公元前100年前后产生于地中海东部，在100多年之后传遍地中海沿岸，远至英伦、德意志和黑海地区，主要流行于罗马帝国的士兵中间。他们在洞穴或地下室举行秘仪。荣格注意到了举行这些秘仪的洞穴或地下室。这也是经常出现在他的梦境中的景象。他认为，洞穴、地下室以及冥界都象征沉淀在意识深处的无意识。

其实，密特拉（Mithras）是大约起源于4000年前的神，在雅利安人分别进入印度和波斯之前已经出现。在波斯，密特拉是契约之神、真理的守护神，也是死者过桥时要经过的三位判官之一。这座桥相当于中国传说中的奈何桥。

在波斯，密特拉也是太阳之神、光明之神。密特拉的名字出现在琐罗亚斯德教的经文中。在摩尼教中，密特拉是天使。密特拉杀死了创造生命的宇宙之牛。因此密特拉的地下神庙中都有他杀牛的雕像或壁画。又传说他被牛杀死，然后复活。他的复活与俄西里斯、阿多尼斯相似。不过古希腊—罗马继承的是不断交融的东方神话，很难确定这些秘仪的真正源头所在。

一些学者指出，耶稣的事迹是对密特拉的模仿：处女之母所生、最后的晚餐、十二门徒、死亡、复活……也有人反驳说，这种比较缺少足够的根据。

库柏勒（Cybele）是安纳托利亚（今土耳其）的母神，在土耳其南部曾出土她的雕像，距今大约 8000 年。库柏勒神话大约在公元前 6 世纪传入希腊，并被吸纳到希腊神话中。据称，德墨忒尔和她的女儿珀尔塞福涅的神话也有库柏勒的印迹，当然更多是来自埃及神话。在罗马，库柏勒被称为"大母"，对她的崇拜广泛传播到罗马帝国各省，并有公开游行和秘密仪式。罗马帝国能够接受这些行为，但禁止公民参与。

荣格说："古代神秘仪式总是和守护灵魂的神相关的。"他用集体无意识来解释灵魂。他又说："某些这样的神配备有通往冥界的钥匙，因为作为门户的守卫者，他们要监护新入教者沉入黑暗，同时他们还是进入神秘仪式中的领袖。"（《泰维斯托克系列讲演录》，1935）

希波利特没有在异端那里看到他希望的变化："他们没有因为我们的忍耐而感到羞愧，也不顾及上帝是如何坚忍，尽管受到他们的亵渎。我只能被迫继续我的想法：揭露他们的那些秘仪。"因此他开始写《对一切异端的批驳》，批判秘仪："他们提出大量似是而非的观点，使新入会者首先习惯于不（向任何人）透露，然后使他经历一段（必要准备）时期的焦虑，并使他亵渎真神，由此取得对他的完全优势，并看到他在观看承诺给他的秘仪之后急切地喘息。"

荣格则从另一个角度看秘仪。他说："古希腊厄琉息斯秘仪的新入选者要宣誓严守秘密，如果有任何泄露，就会被处死。所以，实际上我们对他们的仪式并不了解。但是，另一方面我们知道，德墨忒尔的神秘仪式上确实有淫秽的事件发生，因为他们认为这有助于大地的肥沃。雅典的一些显赫的妇人也会和德墨忒尔的女祭司们一起集会。她们吃美味的佳肴，畅饮美酒，之后举行讲污秽语言的仪式。"（《泰维斯托克系列讲演录》）

荣格从这些秘仪中看到它们象征的作用。他说："这被认为是一种宗教上的义务，因为它有助于下一季节的丰收。"生殖崇拜以及丰收祭祀在每一个文化中都有，或曾经有过。用酒祭神并沉醉于酒之中，从希腊到中国都是如此。周人夺取权力之后，把酗酒作为殷人失去天下的一个理由，也时时自我警告。

两种视野中的古希腊哲学家

　　希波利特把古希腊的秘仪称为邪恶，目的是使人们"受到邪恶事物的完全控制"（《对一切异端的批驳》）。在秘仪之后，希波利特又继续批驳古希腊哲学家。生活在基督教传统中的尼采却崇尚这些秘仪和哲学家，显示了两千多年之中的时代轮转，而荣格是这个转向的一位重要推动者。

希波利特的希腊哲学家名单

　　在《对一切异端的批驳》中，希波利特在秘仪之外更致力于批判希腊哲学家，其中包括：泰勒斯（Thales）、毕达哥拉斯、恩培多克勒、赫拉克利特、阿那克西曼德（Anaximander）、阿那克西米尼（Anaximenes）、阿那克萨戈拉、阿基劳斯（Archelaus）、巴门尼德（Parmenides）、留基伯（Leucippus）、德谟克里特

（Democritus）、色诺芬尼（Xenophanes）、厄克方图（Ecphantus）、希波（Hippo）。这个名单不是按时间顺序排列的。在这些人中，德谟克里特最晚，大约在公元前370年去世，其他人都在柏拉图之前。

希波利特的批判依据当然是基督教教义。在基督教之前没有基督徒，因此所有古希腊哲学家都可在他的批驳之列。他批判的是古希腊最初的哲学家，有些人甚至没有著作，只留下传闻，最好的情况也只有残篇或别人的引述。他们大都会出现在简要的希腊哲学史中。以下先介绍其中四位后面不再提到的哲学家。

留基伯是出生于米利都的自然哲学家，身世不明。一百多年后，希腊哲学家伊壁鸠鲁，也是一位原子论者，否认留基伯的存在。据亚里士多德，留基伯是最早提出原子论的哲学家。他的学生德谟克里特继承了他的原子说，并因为这位学生而留名。大约在公元前440年，留基伯在爱琴海北岸的色雷斯的阿布德拉建立了一座学校，德谟克里特是他的助手。阿布德拉也被认为可能是留基伯的家乡。

厄克方图被称为毕达哥拉斯学派的厄克方图，以区分其他同名者。他大约与柏拉图同时，但是否有过这个人还有争论。厄克方图融合毕达哥拉斯学派和德谟克里特的理论，把前者的"一"等同于后者的"原子"，他称之为心灵或灵魂。由此，心灵成为构成万物的基本单位。

阿基劳斯的著作没有残篇留下。他是阿那克萨戈拉的学生，还可能是苏格拉底的老师。阿基劳斯认为运动的原则是热与冷的分离。这符合现代的宇宙"热寂"假说：根据热力学第二定律，宇宙会达到热平衡，热量不再流动，因此也就没有了运动和生命。

阿基劳斯出生于米利都（也有人认为在雅典）。他与前人赫拉克利特（米利都邻城以弗所人）、阿那克萨戈拉（爱奥尼亚人）一起被称为爱奥尼亚学派，他们的重点在自然哲学。爱奥尼亚是一个地区，在今土耳其爱琴海沿岸中部。在公元前13世纪，希腊人是入侵埃及的诸"海上民族"之一，并开始向爱奥尼亚殖民；从那里经陆路向东一千七百余公里便可到两河流域的文明中心区，大致相当于西安到敦煌的距离。

希波生活在公元前5世纪，没有留下著作，只有其他人对他的转述。亚里士多德在《形而上学》中认为他的理论不足取。希波利特的反驳呈现了希波的观点：水与火是基本元素，火产生于水，火又产生了宇宙。六世纪的新柏拉图主义者辛普利西乌斯（Simplicius of Cilicia）说，希波认为水是万物的原则。据克莱门说，根据希波的要求，他的墓碑上刻写着："看呐，希波的墓，在死亡中／命运使他与永生的众神平等。"

希波以及其他一些古希腊哲学家相信人与神地位平等——哪怕在人死后。这是后来的基督教绝对不能接受的。

希波利特对他们的批判表明，那时这些哲学家可能仍有更多的留存文字。

尼采的希腊哲学家名单

尼采持与希波利特相反的观点。《希腊悲剧时代的哲学》论述希腊的早期哲学家。1873 年，尼采在理查德·瓦格纳家朗读过这本书的部分内容，但一直没有完成。他只写了泰勒斯、阿那克西曼德、赫拉克利特、巴门尼德、阿那克萨戈拉五人。按照他的写作计划，还应该有恩培多克勒、德谟克里特、苏格拉底。其中前七位哲学家都在苏格拉底之前。

希腊戏剧起源于酒神节日上的歌队演出，大约在公元前 700 年发源于雅典。忒斯庇斯（Thespis）是有记录的最早的戏剧演员，活跃于公元前 532 年前后。在公元前 500 年，雅典出现悲剧这一剧种，随之产生著名的三大悲剧作家：埃斯库罗斯、索福克勒斯、欧里庇得斯。他们的主要作品大致创作于公元前 490 年到前 407 年之间，相当于中国的春秋晚期和战国早期。尼采说的"悲剧时代"主要指这一整个世纪。

尼采在瓦格纳的歌剧中看到的正是古希腊悲剧精神的回归。他说："沉沦于日常生活而招致人性残缺和生命萎缩的人类开始转向那些曾被理性嘲笑的远古神话、仪式、梦和幻觉，试图在意识与无意识的混沌未开之源中，重新发现救活现代人类社会痼疾的希望。"（《悲剧的诞生》）

《希腊悲剧时代的哲学》是一部前苏格拉底时期的希腊哲学史。苏格拉底死于公元前 399 年，其实也生活在这一时期。但他是希腊哲学史上一个时期的结束，所以有哲学史的"前苏格拉底"断代，类似中国思想史中的"先秦"分期，但没有经历秦朝那样的中断。狄俄提玛是苏格拉底的老师。她是秘仪的女祭司，对这位弟子的影响很深。在相当程度上，可以把苏格拉底看作酒神精神、俄耳浦斯教的后继者。

苏格拉底没有著作，他的思想保留在弟子柏拉图等人的书中。尼采说："柏拉图开始了某种全新的东西；或者，可以同样正确地说，较诸从泰勒斯到苏格拉底的那个天才共和国，柏拉图以来的哲学家们缺少了某种本质的东西。"（《希腊悲剧时代的哲学》）尼采认为柏拉图和他之后的哲学家失去了此前的原创和本真。尼采的酒神实际上是俄耳浦斯教的酒神。

哲学的起源：米利都学派

西方哲学起源于米利都，爱奥尼亚南边的一座海滨城市，其遗址已沉入海下。

泰勒斯被认为是古希腊最早的哲学家，出生于米利都。米利都学派的成员是泰勒斯、阿那克西曼德、阿那克西米尼三代师生。泰勒斯的先辈是腓尼基人，一个在今黎巴嫩的航海与商业民族，在泰勒斯之时已经被希腊人取代并逐渐消亡。

泰勒斯相信万物有灵，这是神秘主义的思想，但他也突破了当时由神话主导的世界。他解释地震的起因：大地漂浮在水面，因水的波动而震动。他预言过公元前 585 年的日蚀。他的关于日月运行的知识当来自两河流域。泰勒斯说，空间是最伟大的，因为万物存在于空间。他到过埃及，提出多个几何学定理。他是毕达哥拉斯、欧几里得的先驱。据亚里士多德的《形而上学》，泰勒斯提出，水是第一原则；神从水中创造万物。但尼采认为这些贡献还不足以使泰勒斯成为哲学家。哲学不应该是工具。尼采说："使它腾飞的是一种异样的、非逻辑的力量——想象。"

各秘仪都有丰富的想象，但祭司不是哲学家。尼采说："也许最杰出的俄耳浦斯教徒掌握了把握抽象观念和非直观思考的技能，其水平超过泰勒斯。但是，他们只能用譬喻形式来表达那些抽象概念。"泰勒斯把他的想象落实为物。"一切是水"并不是比喻，而是在探求万物的本源。

阿那克西曼德是泰勒斯的弟子，也是最早留有著作的哲学家。他对地理学和天文学都有贡献，并且把泰勒斯的作为万物本源的"水"抽象化，他称之为 apeiron，即"无边界"，也无形、无本性，在二元对立中创造万物——这很像是老子的"道"。 尼采引用阿那克西曼德的一句名言："事物生于何处，则必按照必然性毁于何处；因为它们必遵循时间的秩序支付罚金，为其非正义性而受审判。"其含义是模糊的。尼采评价说："一个真正的悲观主义者的神秘箴言，铭刻在希腊哲学界石上的神谕。"

对于原子论者德谟克里特，尼采这样说："古人把他和柏拉图并提，他在创造力方面还要高出柏拉图一筹。"这也是他对前苏格拉底时期哲学家的普遍评价。

交融创造的伟大

希腊人不排斥外来文明，希腊的地理位置为他们提供了接受各种文明的便利条件。希腊人承认他们是受益者。柏拉图《菲多篇》中有一段对话。有人问："柏拉图，你是从什么地方发现真理的呢？这一大篇就像神谕一样宣扬敬畏上帝的言论是从哪里来的呢？"柏拉图回答："异邦人比希腊人更聪明。"

柏拉图没有具体说明异邦是哪些地方。在《劝勉希腊人》中，基督教护教士克莱门引用了柏拉图的这段对话，然后说："就算你不肯告诉我，我也知道你的老师是谁。埃及人教会你几何学，巴比伦人教会你天文学，色雷斯人向你传授医疗咒语，亚述人也教会你许多；但是，说到你的法律（就其正确的而言）和你对上帝的信仰，你还是受益于希伯来人本身。"

这里的"法律"，在犹太教体系内的汉译是"律法"，体现神的旨意。"希伯来人"指犹太教徒。

尼采在《希腊悲剧时代的哲学》中接受了柏拉图和克莱门的观点。他说："人们已经不厌其烦地指出过，希腊人多么善于在东方异国发现和学习，他们也确实从那里接受了许多东西。"尼采坚持希腊人受到极大的外来影响。他说："假如认定希腊人只有一种本土生成的文化，这真是愚不可及。"

希腊哲学家的创造

尼采更重视这些古希腊哲学家的创造。尼采说："他们之所以走得如此远，正是因为他们善于始乎其他民族之所止。他们精通学习之道。"古希腊人发展了他们学到的知识。因此，尼采说："倘若人们把来自东方的所谓老师和来自希腊的可能的学生摆放到一起，例如，把琐罗亚斯德与赫拉克利特并列，把印度教信徒与爱利亚学派并列，把埃及人与恩培多克勒并列，甚或把阿那克萨戈拉置于犹太人中间，把毕达哥拉斯置于中国人中间，那实在是一个奇观。"（《希腊悲剧时代的哲学》）以下简单区分这五组思想。

琐罗亚斯德是波斯拜火教（祆教）的创立者，火是最高的善神阿胡拉·马兹达的创造物。赫拉克利特提出火是万物的本源，火是创造者。这是他们的本质区别。

此外，赫拉克利特说："万物变化，无物静止。""万物流动。"因此，"你不能两次踏入同一条河流"。他说的不仅是河流。赫拉克利特还有一句名言："人的性格即命运。"（Ethos anthropoi daimon.）歌德的《太古之言》中的《命运》篇用的就是 daimon。

爱利亚是意大利南部的一座希腊殖民城市。色诺芬尼有时被认为是爱利亚学派（The Eleatics）的创始人。他是伊奥尼亚人，后来到了爱利亚。巴门尼德发展了色诺芬尼的学说，并成为爱利亚学派的真正创始人。

巴门尼德否认感官的知识。他认为在人类的观念中没有真理，要用理性（逻各斯）达到关于存在的知识。佛教和印度教都认为感觉是虚妄的。印度有因明学（逻辑学），但也同样不认为理性能够到达真理。

巴门尼德和学生芝诺（Zeno）都是爱利亚人。柏拉图在《巴门尼德篇》中描述了这师徒两人。巴门尼德否定变化。芝诺提出悖论，为老师的一切是一辩护，如飞矢不动，（善跑的）阿喀琉斯跑不过乌龟，都是在说一的不可分。先秦名学也提出了这样的悖论。

在前苏格拉底哲学家中，恩培多克勒保存下来的残篇最多。他的哲学多保留在《论自然》诗中。他认为世界由四重根（四种元素）构成：火、气、水、土。他受到毕达哥拉斯的影响，相信灵魂转世，并因此吃素——虽然他同样相信植物也有灵魂。

恩培多克勒在《涤罪》诗中说："我，永生的神，不再死亡，／在你们中间游荡，为所有人尊崇，／戴着神圣的王冠、盛开的花环。／无论我到哪一个荣耀的城镇，／男女都夸耀我，千万人／追随我，渴望解救，／有人要听预言，有人祈求／各种疾病的解药。"

恩培多克勒不完全是自夸。他在生前确实很受拥戴，人们相信他具有神秘的力量。据记载，为了证明自己是神，他跳进了爱特纳（Etna）火山口。这大约是对他的讽刺。爱特纳是一座活火山，在今意大利西西里岛。恩培多克勒的家乡是岛上的希腊城市阿克拉加斯（Akragas）。他的父亲曾推翻本城的独裁者，他本人则参与推翻随后建立的寡头政府——他不能容忍政治的僭越。思想产生行动。仅此一点就足以把他和埃及人区分开。

埃及人也相信灵魂和转世。法老把自己当作神，并在木乃伊中等待轮回。法老不可能跳进火山，或在研究火山时失足。

前苏格拉底时期的自然哲学家关心的是万物的起源、组成和运动。阿那克萨戈拉是阿那克西米尼的学生、泰勒斯的再传弟子。他对天文现象做出许多科学的解释，虽然今天看来有误差。大约在公元前480年，他把哲学和科学探索的精神带入雅典。他提出"努斯"的概念，也是基于他的天文学知识。因此他是诺斯替主义的一个源头。"努斯"是宇宙精神，在物质之上，并推动物质的运动。

如克莱门所说，犹太人把律法传给希腊人。但那是上帝的律法。在犹太人的信仰中，创造世界的是上帝。后来诺斯替主义调和这两个思想体系，把上帝分为两个：一个是努斯的；一个是创世的。

尼采在《希腊悲剧时代的哲学》中详细阐述"努斯"，并说出他的理解："仅仅为了能够开始这种运动，为了在某个时刻摆脱混沌的死寂，阿那克萨戈拉才假设了为所欲为、自由自决的'努斯'。他所珍视的正是'努斯'的这一特性：随心所欲，既不受原因支配，也不受目的支配，可以无条件地、不受限定地发生作用。"——努斯没有意图，不占有它创造的世界，也没有按照它的形状创造人类。实际上，努斯是无形的。

在尼采（计划）论述的八位前苏格拉底哲学家（包括苏格拉底）中，没有毕达哥拉斯。

毕达哥拉斯创建的教派受到俄耳浦斯教的影响。毕达哥拉斯是数学家和神秘主义者，相信宇宙的和谐秩序，提倡过一种有高度秩序的生活。他也相信灵魂轮回；灵魂转入的新身体可能是人，也可能是动物。据此，他的精神兼具理性和神秘主义两个方面。

　　毕达哥拉斯迷恋"数"的神秘意义，认为可以用数来解释万物。这是与《周易》的"数"完全不同的体系，两者没有比较的基础。毕达哥拉斯定理与中国的勾三股四玄五也有表面的相似。但毕达哥拉斯使用普遍意义的表述，而不是用具体数字表达的一个特例——那不能成为定理。

　　《周易》在欧洲的传播和影响有三百多年的历史，远在毕达哥拉斯之后两千年。荣格是这个接受过程中的一个高峰，后面会谈到。

荣格：诺斯替主义的继承者

总结一下前几章的内容：古希腊神话、俄耳浦斯教是希腊人融合东方文明的产物。古希腊哲学也是在这种融合基础之上的创造。这个"东方"远至印度。这一脉的神秘主义思想，经由苏格拉底、柏拉图、新柏拉图主义、诺斯替主义的继承和发展，不绝如缕，至近现代则有尼采、荣格为继承人。

而荣格在诺斯替思想中找到他的无意识理论的入口。

荣格划分的两个诺斯替主义流派

在《心理类型——个体心理学》（1920，收入《荣格文集》第三卷）的前言中，荣格说："这本书是我在实践心理学领域近20年工作的一个成果。"英译者称这本书是"荣格的巅峰之作"。这本书出版的时候，荣格正在走出"实践心理学"的范围，他探讨无意识的事业才开始不久。

在这本书中，荣格说："诺斯替主义实际上被分化为两种流派：一种流派追求那种超越所有界限的精神性，另一种却在伦理的无政府主义中——即一种恶劣放荡、执迷不悟的绝对自由思想中迷失自身。我们一定要明确地区分自我节制者和对抗秩序与法律者，后者会为遵守某些教条而触犯原则，并有意地自我放荡。"（《心理类型》）虽然表面的行为方式迥异，这两个流派的目标仍然是一致的。对于诺斯替主义内部这种鲜明的对立，荣格说："这同一个思潮分成了节制派和放纵派，而两者又都合乎逻辑、前后一致。"他承认这两个流派在逻辑上其实并不冲突。

诺斯替苦行僧相信物质世界是邪恶的，用苦修把善的精神和恶的肉体分开；另一部分人则放荡不羁，以此表达对物质世界的蔑视。佛陀早期也曾苦修，最终放弃了这个无效的方法，采用更为平和的认知方式，没有走向另一个极端。数百年后，大乘佛教发展出"中道"思想，杜绝二元对立。中道是更高的智慧。同样，在"认识你自己"之外，古希腊德尔斐神庙还有一句铭文："凡事勿过度。"这个古老的智慧显然没有被继承。

诺斯替主义的这种分化不是独特的。藏传佛教密宗也有苦修和放纵两种方式，都被当作修行的方式，同时存在于同一个教派之中。例如：主巴噶举是一个以苦行著称的噶举派支系，在噶举派还有放纵的例子；在宁玛派中也有这两种方式并存的事实。而且，这两种不是绝对分离的。苦修者也可能把放纵作为苦修的一种，目的是通过肉体的满足认识到肉体的虚无。当然，对于另一些人，这个认知过程往往只是一个满足欲望的幌子。

英国剧作家萧伯纳尖刻地说："人生悲剧有二：一是欲望得不到满足，二是欲望得到了满足。"在理论上，苦修和放纵都是要通过领悟这两种"人生悲剧"走向更高的精神世界，但结果并不确定。后一种悲剧容易引向虚无。这是缺乏真正信仰，肉体和物质欲望得到满足之后的现代社会病的病源。现代艺术家更多倾向放纵，其中有把放纵作为促成精神升华的因素，不过更多是一种生活方式，最多是为了在放松中获得灵感而已。

可以把诺斯替主义看作是基督教的密宗，一个吸收了神秘主义并因此更多相信神秘力量的教派。

下面说到的只是诺斯替内部教派中的几个，主要选取它们与荣格心理学有关的内容。

诺斯替主义的瓦伦丁派

诺斯替主义的两个流派只是荣格的总结，不是真实存在的派别的特征。还可以有别的分类。例如，约纳斯把诺斯替主义分为两种基本形式：叙利亚—埃及的、两河流域—伊朗的。这是根据产生和流行所在地而做的区别，其中也分别有多个教派。本章说到的都在叙利亚—埃及这一系。

诺斯替主义者更认同施洗者约翰，而不是他们称之为假弥赛亚的耶稣。他们认为耶稣是人，不是三位一体中的神，但通过努斯（诺斯）获得了神性。同样，在早期基督教中，西门被称为假导师。当时有很多人号称弥赛亚，耶稣只是其中之一。

其实，耶稣承认施洗约翰为先知。他说："凡妇人所生的，没有一个兴起来大过施洗约翰的。"（《新约·马太福音》）施洗约翰也抬高耶稣："他必兴旺，我必衰微。"（《新约·约翰福音》）又说："那在我以后来的，我给他解鞋带也不配。"这两位先知互相推崇，他们的信徒却不能相容。

瓦伦丁派（Valentinianism）是诺斯替主义内部众多支派之一，尊施洗约翰为先知，由瓦伦丁在2世纪创立。克莱门说瓦伦丁是使徒保罗的再传弟子。伊里奈乌认为这一派的创始人是西门·马格斯（Simon Magus）。Magus是一个波斯语词，意思是魔法师、占星术师。耶稣出生时，来送礼物的"东方三博士"就是这个词的复数magi。

据基督教的伪经，西门是罗马暴君尼禄的魔法师，使徒保罗和彼得曾在这位皇帝面前与西门辩论。彼得是保罗之外的另一位重要使徒，也是能够做出奇迹的"魔法师"。据《新约》，他能看见异象，使瘫痪的人站起来，等等。这一类奇迹也是耶稣擅长的。所以，神秘主义本身并不能把基督教与诺斯替主义分开。

这位西门出生于萨玛利亚（在今以色列），生长于亚历山大，受洗为基督徒。据《新约·使徒行传》："有一个人，名叫西门，向来在那城里行邪术，妄自尊大，使萨玛利亚的百姓惊奇。"西门"拿钱给使徒"，使徒彼得对他说："你的银子和你一同灭亡吧！因你想神的恩赐是可以用钱买的。你在这道上无份无关，因为在神面前，你心术不正。"因此有了simony这个词，意思是买卖圣职罪，或买卖圣职的人。不能确定这个西门就是诺斯替主义的西门，虽然他们所处的时代相同。西门的言行保存在基督教

使徒和护教士的批驳中，他们很可能丑化了被他们视为异端的
西门。

瓦伦丁派把抽象概念"普雷若麻"作为太初。在普雷若麻的
中心，万物之父放射出三十条"移涌"，其中有索菲亚，代表最
高智慧。索菲亚从普雷若麻中堕落，创造世界和人类——瓦伦丁
派认为的万物创始者是一位有罪的女性。他们崇拜女性，耽于欲
望。西门还说他在海伦的身体里看到了上帝。他的信徒们把特洛
伊美女海伦当作他的一个化身。基督徒则声称，她是西门从他的
导师那里勾引来的妓女。他们的这种关系启发荣格提出女性原
则，但他的女性原则在他的精神之内。当然，同时荣格也从他在
现实生活中的情人那里获得灵感。

诺斯替主义的蛇派

蛇派可能是诺斯替最早的一个教派。他们在宗教仪式上供奉
蛇，蛇的地位超过耶稣，还有说蛇等于耶稣。蛇派有两个名称：
Ophites 和 Naassenes。这两个词分别来自希腊语的 ophis 和希伯
来语的 nahash，都指蛇。

蛇是一个古老的意象。据《旧约·创世纪》，夏娃听从蛇的
诱惑，偷吃禁果。她又给亚当吃，两人因此被神逐出伊甸园。耶
和华对蛇说："我又要叫你和女人彼此为仇；你的后裔和女人的
后裔也彼此为仇。女人的后裔要伤你的头，你要伤他的脚跟。"
今人或许从中看出性别歧视，蛇派却把蛇作为人类的启蒙者——

首先通过一位女性。

又据《旧约·民数记》，在走出埃及，在西奈荒野度过四十年之后，摩西带领以色列人前往应许之地迦南，路途艰难，百姓抱怨。耶和华让火蛇咬他们，"以色列人中死了许多"。摩西为百姓祷告。于是，"耶和华对摩西说：'你制造一条火蛇，挂在杆子上，凡被咬的，一望这蛇，就必得活。'"于是摩西制造了一条铜蛇，挂在杆子上，使被蛇咬的人看到，由此解救了他们。

《旧约》中伊甸园的蛇教人知善恶；在渡过红海之后，荒野中的以色列人又因蛇而死，因蛇而活。

《红书》中有荣格与蛇的大量对话。他把蛇作为最古老智慧的象征。这个智慧来自无意识。荣格说："英雄与龙的战斗，作为一种典型人类情境的象征，在神话主题中极为常见。对此最古老的书面记述之一就是巴比伦创世神话。在那里，英雄－神马杜克（Marduk）与龙蒂亚玛（Tiamat）进行战斗。马杜克是起源之神，蒂亚玛则是母龙，即原始混沌。马杜克杀死了她，并将她劈成两半，用一半创造了天，另一半创造了地。"（《泰维斯托克系列讲演录》）

蒂亚玛的形象通常是蛇，或者龙。这个词的语源（ti，生命；ama，阿妈）指明她是大母神。在巴比伦神话中，阿普苏（Apsu）与蒂亚玛是创造之神、众神的父母。他们被自己创造的诸神杀死。蒂亚玛的身体被用来创造天地万物。杀死蒂亚玛的马杜克本是巴比伦的守护神，公元前18世纪巴比伦崛起之后，成为两河流域的主神。古希腊神话中的宙斯显然有马杜克的影子，《庄子·应帝王》中好客的中央之帝混沌似乎更接近混沌之神蒂亚玛。庄子更信任混沌，而不是感官。在他的这个寓言中，混沌被杀，是南海之帝和北海之帝为报答混沌的热情招待，出于好意为混沌开凿七窍。这一行为象征从混沌走向感官（七窍）引导的意识，以混沌之死为代价。庄子很可能改写了一个古老的神话，而且这个神话可能是从两河流域传入中国的。

　　七窍指眼、耳、鼻、口，都是感觉器官，没有具体器官负责的触觉其实也包含在七窍的功能之中。庄子不信任感官。英国的经验主义者认为感觉是知识的唯一来源。在佛教中，眼、耳、鼻、舌、身、意为"六根"，分别产生"六识"。唯识学等教派在意识之后加末那（manas）识、阿赖耶（ālaya）识。末那识大约相当于西方哲学中的自我意识。阿赖耶识先天存在于人，并保存前七识，因此，在有限的程度上，阿赖耶识近似荣格提出的集体无意识。康德提出先验与经验的结合，他的先验在某种程度上也包含集体无意识。大乘佛教最早也是最重要的论师龙树（又译龙猛，Nāgārjuna）"以龙成其道"，自称是"一切智人"。（鸠摩罗什译《龙树菩萨传》）据龙树所著《大智度论》，"有一切智人""名曰佛"。据此，一切智慧与龙、佛不可分。而龙树的造像往往有蛇相伴。

　　现在再看《旧约》和诺斯替蛇派传说中的蛇，便容易确定蛇象征无意识，所以荣格认为蛇象征最古老的智慧。在犹太—基督教的传统叙事中，人类始祖受到蛇的诱惑，自我意识觉醒，因此被驱赶出伊甸园，蛇也受到惩罚。蛇派的仪式纪念这个过程，追索被压制的无意识；人之"生死"（象征性的说法）是由于无意识的显现或隐匿，正如中央之帝混沌因为感觉器官的产生而死。

在蛇派看来，蛇还象征人类堕入苦难人间之后的历史的开始。按照荣格的理论，这大约是因为无意识受到了压制。宗教学家米尔恰·伊利亚德（Mircea Eliade）说："对时间的不同态度就足以把宗教徒和非宗教徒区分开来。用现代的话说，宗教徒拒绝孤立地生活在一个叫作历史的存在中，他尽力重新获得一种神圣的时间。从某种意义上而言，这种神圣的时间即是一种永恒。"（《神圣与世俗》）对于时间，集体无意识虽然不是永恒的，却比个人的生命长久得多。对于人类的历史，集体无意识是永恒的，但并非不变。指向末日或某种"终结"的时间是基督教的信仰，并成为欧洲哲学中的一个主题，尤其在现代哲学中。中国古人相信历史记录是永恒的审判。这种把历史当作时间的历史观是类似宗教的信仰，并进入了无意识。

龙蛇在中国

伊利亚德在各地神话中发现混沌之说，说明各种文化对宇宙的起源有相似的想象。庄子认为混沌才是真实的。他的抽象的混沌只是一个寓言。在庄子生活的战国时期，五行说已经成熟，中央之帝与华夏祖先黄帝合一，黄帝进入神话。把自己居住的土地放在世界中心，这在古典世界中很常见。古希腊人也认为他们的德尔斐神庙位于世界的中心。据希腊古典时期的神话，主神宙斯派出两只鹰寻找"祖母大地"盖亚的中心。两只鹰从大地的东、西两端起飞，它们飞翔交集的地方就是盖亚的肚脐。而"德尔斐"正与古希腊语的"子宫"同词根。

与时间一样，空间也取得了宗教地位。在基督教信仰中，上帝创造的人类只能生活在宇宙的中心，因此地心说不可动摇。哥白尼和伽利略都因为他们的日心说而受到罗马教廷的迫害。哥白尼被烧死，伽利略不得不做出退让。教廷直到1979年才为伽利略平反。

在分析《梨俱吠陀》的神话之后，伊利亚德说："蛇象征着混沌，象征着无序，象征着无可名状。砍去蛇的头意味着创造世界，意味着从虚假和无定形向有序的转变。"（《神圣与世俗》）在西方的传说中，龙或者大蛇是恶的象征。俄耳浦斯用他的琴声制服巨龙，帮助伊阿宋取得金羊毛。这个古希腊神话中的英雄事迹辗转被转移给基督徒圣乔治，于是有了他屠龙、救下献祭给龙的少女的传说。圣乔治在303年被罗马皇帝斩首，一百多年后被教宗封为圣徒，后来被当作英格兰的守护神。在瓦格纳根据北欧神话所作的歌剧《尼伯龙根的指环》中，英雄齐格弗里德也杀死了看守宝藏的大蛇。

在这些神话中，屠龙不是在创世时期，却也改善了局部秩序。与伊利亚德对混沌的看法不同，庄子不认为从无序到有序是好的，如前文所引。中国哲人早已对世界的产生做出解释，如老子，但有记录的创世神话出现较晚。在马王堆汉墓出土的帛画中，伏羲与女娲人面蛇尾，蛇尾交缠。他们可能在秦汉之际才被认作人类始祖。

中国更有龙，一种与蛇相似的神话动物。考古发现，在9000年前的辽宁西部已经出现龙的堆塑。《山海经》中有黄帝等帝王驭龙的神话。《庄子·列御寇》说："夫千金之珠，必在九重之渊而骊龙颔下。"同篇中又有人学屠龙之技，"三年技成，而无所用其巧"。《庄子》中这两处龙的形象与《尼伯龙根的指环》中的大蛇有相似之处。公元前552年中国已将"龙蛇"并称："深山大泽，实生龙蛇。"（《左传·襄公二十一年》）大约作于战国时期的《易·系辞下》说："龙蛇之蛰，以存身也。"可知龙、蛇并无区别。

驭龙、屠龙象征一种超越的精神，虽然屠龙之技无处施展。但到了秦汉之际，龙蛇已成为帝王的象征。《史记·高祖本纪》有一个故事：刘邦夜行，遇"大蛇当径"，拔剑斩杀蛇。在当时的传说中，刘邦斩蛇被解读为赤帝子杀白帝子，预示汉朝将取代秦朝。帝之子现形为蛇的传说可能不是凭空出现，或许与伏羲、女娲神话的发展有关联，都受到东夷文化的影响。

龙也有美好的形象。《庄子·天运》中载孔子见老子之后对弟子说："吾乃今于是乎见龙！龙，合而成体，散而成章，乘云气而养乎阴阳。"《史记·老子申韩列传》也载孔子对弟子说："龙，吾不能知其乘风云而上天。吾今日见老子，其犹龙邪！"在这两部书中，孔子都用云气之上的龙比喻老子和他的智慧与自由精神。这才是中国思想的真精神。

隐秘的神秘主义

　　西方文明常常被总结为有两个来源：古希腊和希伯来。从柏拉图一系的思想来看，这两个来源不是彼此冲突的。在古希腊哲学中，也有拯救、超越的神、善与恶以及灵与肉的二元对立。因为这些相似之处，诺斯替主义与希腊哲学的连接才成为可能。古希腊哲学的一部分也拥有宗教性，并在基督教中得到延续。

基督教的崛起

　　随着基督教向上层扩展，313 年，罗马皇帝君士坦丁一世颁布《米兰敕令》，给予基督教合法地位。帝国为基督教平反，发还基督徒被没收的财产。380 年，罗马皇帝狄奥多西一世（Theodosius I）宣布基督教为国教，禁止一切异端。这是一个类似"罢黜百家，独尊儒术"的法令，但对"百家"严厉得多。基督教依靠皇帝的世俗力量获得独尊地位。希腊和罗马的宗教及其建筑被毁坏，诺斯替主义也从此渐渐归于沉寂。这是皇权的胜利，不是一个信仰的胜利。

395 年，狄奥多西皇帝死，罗马帝国分为东西两个部分。410 年蛮族占领罗马，基督教暂时失去依靠。奥古斯丁这时远在北非，那里暂时还没有受到蛮族入侵。两年后，他开始写《上帝之城》，反驳罗马的陷落是因为基督徒不拜神明之说，提出上帝之城不在罗马，不在地上。

奥古斯丁出生在今阿尔及利亚，在年轻时过着放纵的生活，曾是一位摩尼教徒，又研究新柏拉图主义，31 岁时皈依基督教。汉斯·昆认为，奥古斯丁和俄利根一样，既"企图调和基督教信仰与新柏拉图主义思想"，又认为"属灵的、有肉体的灵魂要通过基督才能找到通向上帝的道路"。(《基督教会史》)这时的基督教还以柏拉图的思想为依托，到 13 世纪的托马斯·阿奎纳才开始转向亚里士多德的理性，又不得不面对理性的挑战。从古希腊以来，理性在欧洲思想传统中更像是一个旁支，在启蒙运动中才真正成为主流。

其实，相比于文明发达的罗马人，思想空白的蛮族更容易接受一种外来宗教。基督教当时还依靠柏拉图的思想，这一传统也在中世纪延续下去。在蛮族入侵之后，基督教继续壮大。一个自信真理在握、没有宽容的宗教对文明的毁灭有甚于蛮族。欧洲进入漫长而黑暗的中世纪——虽然近来有学者辩说中世纪不那么黑暗，但他们找到的只是黑暗中的萤火虫。即使在文明之光重新点亮之时，宗教的压迫仍然沉重。对于历史，亲历者的感受比数百年之后坐在书斋里的学者的似乎公正的研究更有说服力。基督教严厉迫害异端，内部的斗争也从未停止，而且斗争经常是血腥的。

德意志的神秘主义

荣格在《心理类型》的导论前引用海涅的《论德国》："柏拉图和亚里士多德！这并不仅是两种体系，而且也是两种截然不同的人性类型。他们自远古以来，就披着各种不同的外衣，或多或少地相互敌对着。特别是经过整个中世纪，一直到今天为止，斗争还是这样进行着，而这场斗争也是基督教教会史的最基本内容。"荣格强调这两个思想体系的长期对立，这种对立一直持续到他所处的时代。

海涅的《论德国》包括两篇长文，荣格的引文出自其中的《论德国宗教和哲学的历史》。另一篇是《浪漫派》。

对于这两个人建立的哲学传统在基督教之中的作用，海涅如此评价："有着狂信的、神秘的、柏拉图式性格的人们从他们的内心深处显示出基督教的观念以及相应的象征。实践的、善于整理的、亚里士多德之类的人们从这些观念和象征中建立起一种牢固的体系，一种教义和一个教派。"

海涅说："欧洲各民族的信仰，北部要比南部更多地具有泛神论倾向，民族信仰的神秘和象征，关系到一种自然崇拜，人们崇拜着任何一种自然元素中不可思议的本质。"《论德国宗教和哲学的历史》最初是用法文写给法国读者的。这里的"北部"指德意志，"南部"指法国。海涅毫不掩饰他对法国思想的轻视、对基督教的仇视。海涅指出，基督教造成精神和肉体的分裂。在德文本中，大约为了对付书报审查官，他把这种危害归因于诺斯替主义和摩尼教的影响。这两个异端教派虽然遭受迫害，"它们对教义的影响却保留下来了，从它们的象征中发展了天主教艺术"。

海涅期待精神与肉体回到"原始的和谐"，使两者都能健康发展。荣格也赞成这种统一。他在自传中说："既然造物主是和谐统一的，那么，他的造物，他的儿子，自然也是和谐统一的。神具有和谐统一性，这样的观念并不能有所失。但是若个人的意识无法掌控这一局面，这种统一性就会破裂开来，光明王国和黑暗王国便会产生。"他们的批判中都体现了诺斯替主义以及更广泛的神秘主义对德意志文化的持续影响。

海涅的"北部"之说是有根据的。神秘主义在德意志有悠久的传统。发端于德意志的宗教改革也有神秘主义的因素。德意志民族和国家的建构以北方神话为基础，而且这种努力在今天的德国仍在继续。

在基督教（包括宗教改革之后的新教）能够严密控制思想和信仰的时期，神秘主义在相对落后的"北部"仍绵延不绝。

迈斯特·埃克哈特（Meister Eckhart）出生在今德国中部。叔本华曾称西里西乌斯（Angelus Silesius）为"伟大的神秘主义者"，而称埃克哈特是"更伟大的神秘主义者"。（《作为意志和表象的世界》）叔本华还把埃克哈特与释迦牟尼相提并论，认为埃克哈特与释迦牟尼的教导是相同的，只不过后者能够直白积极地表达他的观点，而前者不得不用基督教神话包藏他的想法。作为印度哲学的崇拜者，这大约是叔本华能够给予一位欧洲思想家的最高赞赏了。荣格则认为埃克哈特是一位诺斯替主义者。在晚年，埃克哈特被作为异端受到教皇的审讯。

库萨的尼古拉（Nicholas of Cusa）名字中的库萨是他的家乡，今天德国西部的一个小镇。在《论有知识的无知》中，尼古拉指出，政府的合法性取决于被统治者的同意。尼古拉是新柏拉图主义者，对基督教持神秘主义看法，也用托马斯·阿奎纳引入基督教的理性来论证上帝。

在《论隐秘的上帝》中，尼古拉说："上帝既非被称道，亦非不被称道，亦非既被称道又不被称道。由于他超凡的无限性，凡是能够以选言的和联言的方式借助赞同或者反对说来出的东西，都不适合他。"此说可对比《老子》的"道可道，非常道。名可名，非常名"，以及龙树《中论》的"一切实非实，亦实亦非实，非实非非实，是名诸佛法"。有一个区别：尼古拉的是认识论，龙树的是存在论。

帕拉塞尔苏斯既是一位神秘主义者，也是科学家。前面介绍过他。海涅说："他（谢林）恢复了那个伟大的自然哲学，它（自然哲学）从德国人古代泛神论的宗教中秘密地滋生出来，在帕拉塞尔苏斯的时代开放了绚烂的花朵，却被那外来的笛卡尔哲学摧毁了。"（《论德国宗教和哲学的历史》）

雅各布·波默（Jakob Boehme）出生在今波兰西部。他是一位鞋匠，年轻时经常读帕拉塞尔苏斯等预言家的著作，知晓炼金术，也受到新柏拉图主义的影响，经历过几次神秘体验。荣格在自传中说："具有幻想才能的雅各布·波默认识到了上帝形象的自相矛盾性，因此，他将精力放在使神话进一步发展上。波默所画的曼荼罗的象征代表着分裂了的上帝形象，因为内圈分开成了两个背靠背的半圆形。"这是一个诺斯替主义角度的解释。

波默的第一部书《曙光》（1612）出版后，一位牧师说："阿里乌的毒药都比不上这位鞋匠的毒药更致命。"以阿里乌而得名的教派是官定的异端。黑格尔认为，波默使德意志哲学具有了独特风格。这位鞋匠被认为是德意志的第一位哲学家——德国哲学的起点在神秘主义之中。

天主教神父西里西乌斯是他从新教皈依天主教之后给自己取的拉丁姓，因为他是西里西亚人。他通过雅各布·波默等人的著作开始了解神秘主义，他也是一位宗教诗人。

在《作为意志和表象的世界》中，叔本华引用西里西乌斯的诗："我知道如果没有我，／上帝将无法存在。／我若死去，／他也不能独存。"这首诗中叔本华没有引用的句子还有："我和上帝一样伟大，／他亦如我一般渺小。／他无法高高在上，／我也不在他之下。"这首诗也被荣格引用过。

以上只是德意志重要的神秘主义者中的几位。有学者认为，此宗教哲学经由波默、谢林、施莱尔马赫，到黑格尔发展至顶峰。黑格尔以及黑格尔之后的诸多德国思想家也被认为有诺斯替主义的影子。在这样一个思想传统之中，能更好地理解荣格的心理学。

文艺复兴时期的意大利

意大利经历了蛮族入侵，宗教控制。在此期间，秘仪以狂欢的形式继续存在。在这块古文明的土地上产生了向古代文明回归的文艺复兴。乔万尼·薄伽丘翻译《荷马史诗》是一个标志性事件。薄伽丘又在 1350 年开始写《十日谈》，嘲讽教士的多欲和腐败，赞扬世俗生活的美好。他的好友、文艺复兴时期最早的诗人彼得拉克在 1368 年说："更多的人赞扬亚里士多德，更伟大的人却是柏拉图。"

在科西莫·美第奇统治佛罗伦萨时期（1434—1464）发生了两件大事：罗马天主教和希腊正教分裂，土耳其人在 1453 年攻陷君士坦丁堡。科西莫推动新柏拉图主义的复兴，在佛罗伦萨重建柏拉图学园（1462），支持翻译柏拉图和新柏拉图主义者（波菲利、杨布利柯、普罗提诺等人）的著作。哲学家费奇诺（Marsilio Ficino）试图综合基督教教义和柏拉图主义。而柏拉图、亚里士多德的哲学是东西方教会的理论分歧所在。

在文艺复兴的大部分时候，美第奇家族实际统治着佛罗伦萨，而科西莫是这个家族的第一位统治者。他们也是著名的人文艺术赞助人。拉斐尔的《雅典学园》就是这个时代的作品。

费奇诺的学生皮科是米兰多拉公爵的幼子。1486 年，23 岁的皮科拟定 900 个论题，邀请人们讨论，不果。这些论题集为《论人的尊严》，被誉为"文艺复兴宣言"。大部分论题都与神秘主义的卡巴拉有关。他捍卫伊斯兰哲学家阿维洛伊（Averroes），西班牙的一位阿拉伯大法官，相信理性的不朽而不是灵魂的永生。皮科学习希伯来语和赫尔墨斯教，是基督教卡巴拉的创立者。他是折中主义者，同等看待所有知识。

1494年，31岁的皮科和他的一位朋友一同被毒死。当时谣传是皮科的秘书下的毒。2008年，法医检测证实皮科和朋友确实死于中毒。下令下毒者可能是皮耶罗·德·美第奇，因为皮科与萨伏那罗拉（Girolamo Savonarola）走得太近。这位传教士是由皮科推荐来到佛罗伦萨的。佛罗伦萨市民认他为先知，而他的宗教观是彻底中世纪的。萨伏那罗拉为皮科发表葬礼演讲。

费奇诺说："我们亲爱的皮科在（法王）查理八世（Charles VIII）进入佛罗伦萨的那一天离开了我们。"因为法国的入侵，民众起来推翻美第奇家族，萨伏那罗拉在佛罗伦萨建立了神权统治，向中世纪倒退。在1496年和1497年的狂欢节期间，面具和"下流"书画被焚烧。这些狂欢节是对古希腊时期秘仪的继承。1498年，曾经支持萨伏那罗拉的市民转而反对他。他被逮捕，受到严刑拷打，然后被处死、焚烧。美第奇家族复辟。

神秘主义在法国和俄国

柏拉图与亚里士多德的分歧在法国哲学中也很明显，存在于其早期人物中：蒙田、笛卡尔、帕斯卡尔。一般认为，笛卡尔和帕斯卡尔代表了法国思想的两个主要成分：理性与非理性，或知识与信仰。而这一切都建立在怀疑和批判的基础之上。

西蒙娜·微依（Simone Weil）是法国犹太人，也被认为是神秘主义者。她是一位思想家，也是一位古典学者，研究包括中国在内的东方文明。她的文集的波兰文译者切斯拉夫·米沃什说，微依是异端的阿里乌派（Arianism）信徒。阿里乌派主张，基督在三位一体中是次要的，不是完全的神。这一点与诺斯替主义接近。

在给多明我教会神父佩兰的一封信中，微依说："柏拉图是一个神秘主义者，整部《伊利亚特》都沉浸在基督精神的光照之下，狄奥尼索斯和俄西里斯在某种程度上就是基督本身。"她说，这是她很早时候的领悟。这三句话其实分别说了四件事：柏拉图、荷马史诗、希腊和埃及神话，都远早于基督。微依看到的他们与基督的关系是精神的贯通。她确实揭示了古文明中的宗教性。大约因为包容异端，微依不认为自己是基督徒，却有强烈的基督教宗教情感。她不仅用基督教去解释古希腊和古埃及。她也把福音书看作是古希腊作品。她也是折中主义者，把这些遗产视为一体。

在俄国，陀思妥耶夫斯基、托尔斯泰、别尔嘉耶夫等人都深受波默的影响。从俄罗斯文化的东正教渊源来看，这种影响是顺理成章的。

"秘密"是俄国宗教与政治的一个关键词，而且总是伴随着期待中的奇迹和现实中的权威。"宗教大法官"一节被当作独立于《卡拉马佐夫兄弟》的文本，被反复分析。宗教大法官对被他抓捕的耶稣说："我们纠正了你的作为，把它们建立在奇迹、秘密和权威之上。"宗教大法官说：这是"世上仅有的三种力量"，而耶稣却是为了自由。阿廖沙对讲述这个故事的哥哥伊万说：

"你的宗教大法官不信上帝，这便是他的全部秘密！"

在二元论的冲突中，肉体与灵魂不兼容。追求精神的诺斯替主义是排斥肉体的。所以，托尔斯泰不得不让安娜·卡列尼娜自杀。他不能允许这位肉体近乎完美的女性长久存在，否则，他的灵魂或女性原则便无处安放。

在基督教会分裂之时，希腊把罗马视为西方，罗马把希腊看作东方，所以有东方正教之称。东方正教比罗马天主教更多地继承了诺斯替主义。即使在欧洲，"西方"也从来不是一个固定的观念，而是在逐步扩大之中，冷战之后的欧盟东扩就是一个例证。崛起时的德国曾激烈反对英国等"西方"国家。当今俄国也与"西方"不和，在沙皇俄国时期，向东还是向西就已经是学者和思想家讨论的主题之一，至今尚无结论。这个横跨欧亚大陆的国家，文化、经济、人口重心都在欧洲，也有浓重的蒙古游牧文化遗产。但同时，这些国家也在学习西方。

东正教一直有强烈的末世论、救世主降临的信仰，从陀思妥耶夫斯基到高尔基的小说中，读者都会有强烈的感受——那不仅是众多小说家本人的思想，更是他们对社会的准确描述。俄国人最后把他们的这种信仰转而寄托在俗世之人身上，制造人间之神和人间神话，期望从中得到救赎。

诺斯替文献的发现及其批评者

"诺斯替主义"这个名称在 17 世纪才出现，反映出那时的欧洲人重新注意到这个古老的信仰，主要是它的神秘主义。那时正是理性开始主导西方思想史的前夜。诺斯替主义的再兴是以理性的广泛扩张为条件的。通常把与理性对立的一面称为非理性，而不是神秘主义。神秘主义自成一体，不是理性，也不是对理性的否认，至少不是建立在对理性的否认的基础之上。两者其实可以兼容。前面说过，许多科学家都同时具有这两面的天赋，尤其是大科学家。这两者是彼此有益的补充，都不能过度。对于荣格，诺斯替主义是精神安居的归宿，好像他在湖边的石头房子。

有研究者认为，诺斯替主义在 20 世纪有两个重要事件：一是荣格的研究和推广，二是在埃及发现这个教派的大量古代经卷。

诺斯替主义的遗存：哈马地文献

在发现纳格·哈马地（Nag Hammadi）文献之前，诺斯替主义因基督教护教士的批判而流传。他们站在基督教的立场上，把异端的出现放在较晚时期。这种批判一般是后来者所为，他们把先行者作为靶子。诺斯替信仰与基督教教义有相似之处，都可以追寻到比它们更早的共同源头。它们是在同样的时代背景中产生的，接受了相近的思想和仪式，一些来自希腊，一些来自中东。诺斯替主义应该被视为一个宗教，而不是基督教的一个异端教派。

在基督教的打击下，诺斯替主义几乎消亡，文献也几乎不存，至18世纪才开始有零星发现。荣格对诺斯替主义的了解是通过基督教早期神学家的批判获得的。

其实，诺斯替的文献并没有被彻底销毁。1945年，在上埃及尼罗河西岸的纳格·哈马地出土了大量诺斯替主义古文献，此外还有赫尔墨斯主义等其他神秘主义的文献。赫尔墨斯是古希腊神话中的神。赫尔墨斯主义是公元前一世纪在埃及亚历山大开始形成的，炼金术也由此产生。因此，赫尔墨斯主义是希腊化时期的一个结果。这些文献也被称为"哈马地图书馆"，反映了其主人的精神世界在一定程度上与荣格相似——荣格对炼金术很有研究。

哈马地文献在2世纪用科普特文书写成。当时诺斯替主义正处在繁盛时期，而埃及的亚历山大城是它的一个传播中心。经过整理后，哈马地文献首次在1977年出版，这时人们才可能更全面地研究诺斯替主义。荣格逝世于 1961 年，不及见之。

科普特人是古埃及人的后裔，"科普特"（Copt）与"埃及"（Egypt，又有 Qipt）有相同的词源。科普特人至今仍生活在埃及，约占全国人口的 10% 至 15%。在公元前后的数百年中，他们先后接受古希腊文化和基督教。7 世纪，信仰伊斯兰教的阿拉伯人占领埃及，科普特人与其他基督徒隔绝。所以，他们的学生一直在学克莱门、俄利根等基督教早期神学家的著作。这些神学家正是诺斯替主义的早期批判者。从哈马地出土的文献看，科普特人很可能是从诺斯替主义转向基督教的。在埃及发现的罗塞塔石碑上刻有两种古埃及文字（圣书体和世俗体），以及古希腊语。法国语言学家商博良（Jean François Champollion）借助现代科普特语破译了古埃及象形文字。碑上的古希腊语对商博良的破译也很有帮助。

曼达派与摩尼教

荣格对诺斯替主义有深入的研究，还曾在苏黎世主持过尼采的《查拉图斯特拉如是说》的研讨班。尼采有时也被认为是诺斯替主义者。他论述的超人与末人，是人的状况中对立的二元论。这是没有上帝的人的状况，不是那些在上帝威权之下瑟瑟发抖的人类。查拉图斯特拉（琐罗亚斯德）教起源于波斯，在中国又被称为祆教、拜火教，是诺斯替主义的一个重要思想资源。荣格的兴趣不仅仅在尼采，他也借助《查拉图斯特拉如是说》理解祆教和诺斯替主义。

祆教产生于公元前 500 多年的波斯，是诺斯替主义的一个重要来源，例如其光明与黑暗二元论。在诺斯替主义的波斯一系中有曼达派和摩尼教。它们都受到祆教的影响。后起的宗教不可能在隔绝中突兀出现，必然吸纳已有的信仰、仪式乃至哲学作为基础并有所发展。它们的精神和思想资源又各有源头，传承自人类文明的曙光时期。基督教和诺斯替主义都是如此。

曼达派（Mandaeanism，又译为曼底安派）被认为是诺斯替主义的一个支系，至今仍在流传。曼达派信徒说闪语的一种方言：阿拉米语（Araimic）。在阿拉米语中，"曼达"的含义是"知识"，即诺斯，或许与梵文的曼荼罗（mandala，其中 manda 的意思是本质）有相同的词源，虽然这两种语言属于不同的语系。曼达派强调通过神圣的神秘知识获得救赎，相信被放逐的灵魂将升入天界与最高神重会。他们崇奉施洗约翰，特别注重洗礼，却不认为约翰是曼达信仰的创立者，而是把本教派历史上溯到《旧约》中最早的人亚当。他们也不完全接受《旧约》，把亚伯拉罕和摩西都称为假先知。

与诺斯替主义其他教派的信仰一样，曼达派的最高神不具有形状，不是基督教上帝那样的人格神。这个神的精神流溢创造了宇宙，但把这项工作具体委托给从他之中产生的创世者。由此，创造宇宙的是"原型人"，即其他诺斯替主义者所称的"第一人"。原型人接近基督教的创世上帝。曼达派认为基督教的圣灵是邪恶的。这些信仰都把它与基督教区别开了。曼达派也持二元论，但不抛弃俗世生活，不禁欲苦修，支持婚姻和生育的家庭生活。

阿拉米语也是耶稣传道时用的语言。希伯来语属于闪语族，古埃及语、科普特语是它在闪-含语系中的亲族。曼达派信徒于公元 1 世纪从巴勒斯坦迁徙到两河流域，吸收了当地的巴比伦和波斯文明。从这段历史看，他们起初接受在巴勒斯坦流行的施洗约翰的信仰，然后是波斯的祆教。现在大约有数万曼达派信徒生活在伊拉克和伊朗西南部，因为在 21 世纪饱受战乱和迫害，其中有两千余人在海湾战争之后移民到美国马萨诸塞州。

　　摩尼教也被认为是诺斯替主义的支派。创始人摩尼（Mānī）在曼达派信徒中长大，受诺斯替主义的影响，自称"光明使者"。他也吸收祆教、佛教和基督教的思想，承认它们的创立者为先知，而他自己是最后一位先知。摩尼教混杂了多种宗教的因素，这是在较晚时期出现的宗教的特点。摩尼教至晚在唐初已经传入新疆。在吐鲁番出土过多种语言书写的摩尼教文献。在汉地，摩尼教又称明教。从五代开始，明教成为秘密的反抗组织。北宋时的方腊信明教，但那已经不是波斯的明教。传说朱元璋是明教徒，所以他建立的王朝称为明朝，但此说不可信。

　　《旧约》反复出现弥赛亚（救世主）降临的预言。"基督"之意就是"弥赛亚"。在公元 1 世纪初前后，在巴勒斯坦有不少自称弥赛亚的传道者。在这个宗教的新潮流中，施洗约翰和耶稣只是其中的两人。曼达派认为耶稣是假弥赛亚，滥用了施洗约翰给他的教导，所以不能像基督教接受施洗约翰那样接受耶稣为先知。曼达派对耶稣的批评把它与基督教区分开来。诺斯替主义的其他教派缺少洗礼，这可以作为它们也不产生自基督教的一个证据。

在耶稣之后 100 多年，又起了关于上帝的争执。马西昂（Marcion）有时被认为是诺斯替一个支派的创立者，但这个说法没有得到广泛的认同。伊里奈乌说，马西昂的老师科尔多（Cerdo）是瓦伦丁的学生，是瓦伦丁派的诺斯替主义者。科尔多发现犹太经典中的上帝与基督教的上帝不符，因此拒绝犹太教的上帝，而称耶稣之父是真正的上帝。这样就有了两位上帝。他们都被基督教当作异端。荣格被指为诺斯替主义者，也是因为他的异端思想。

约纳斯对诺斯替主义的研究

在荣格和纳格·哈马地之外，汉斯·约纳斯的研究大约可排在 20 世纪有关诺斯替主义事件的第三位。约纳斯在德国马堡大学上学时有三位老师组成的豪华阵容做指导。胡塞尔和新教神学家布尔特曼（Rudolf Bultmann）是他的学术指导老师；哲学家海德格尔是他的博士论文（《诺斯的概念》，1928）的指导老师。受老师的影响，约纳斯在著作中表现出明显的存在主义和新教神学的思想。

布尔特曼是新教牧师的儿子，这个家庭背景与荣格的一样。布尔特曼在马堡大学担任《新约》教授。他既反对从史学的角度，也反对从神话的角度去理解《新约》。他对《新约》的研究致力于恢复他认为的真实的耶稣、福音叙事的本来面目。他认为，"去神话"可以使《新约》适应现代人的观点。他也不把神话作为可信的历史记录。布尔特曼认为，剥离神话和历史之后留下的是信仰，信仰不需要用"自古以来"的支持。

布尔特曼用存在主义解释神学，部分受到比他年轻五岁的同事海德格尔的影响。1954年，布尔特曼与卡尔·雅斯贝尔斯合著的《去神话的宗教》出版。

约纳斯写了《诺斯替宗教》，追随老师布尔特曼的脚步。约纳斯的博士论文和《诺斯替宗教》都是"去神话"的继续，但他不是神学家。

神话是宗教必不可少的要素。荣格寻找神话中蕴涵的深层意义。不同于"去神话"，他用心理学解释神话，把神话看作古人精神的体现。精神产生信仰。因此，荣格与布尔特曼、约纳斯似乎又殊途同归。

约纳斯是德国犹太人。希特勒上台后，他逃到英国，参加犹太旅，到前线与纳粹作战。"二战"结束后，以色列建国之前，约纳斯到了巴勒斯坦，于1948年作为军人参加以色列的独立战争（第一次中东战争），在1951年举家迁往加拿大，又于1955年到美国，在纽约的社会研究新学院任教。在这些艰难而又丰富的经历之后，他才把博士论文改写为《诺斯替宗教》。不过，他和荣格一样，都没有能够见到纳格·哈马地文献的完整出版。

在纳格·哈马地文献公布之前，诺斯替主义的观点保存在基督教早期反异端的神学家的著作之中。他们成为异端的传播者，这与他们的初衷正好相反。荣格和约纳斯熟知这些神学家。在他们之后，随着纳格·哈马地文献的出版，诺斯替主义才吸引了更多学者。

诺斯替主义对早期基督教构成最大挑战。在 2 世纪和 3 世纪，在使徒之后出现了一批基督教神学家，他们也是批驳异端的护教士。这时，基督徒还在受罗马帝国的迫害，但他们仍倾力批驳异端——主要是诺斯替主义——也为早期基督教教义的形成奠定了基础。

沃格林对诺斯替主义的批判

威利斯顿·沃尔克在《基督教会史》中说："（诺斯替教派的）影响大约在 135 年至 160 年之间达到顶峰，后来还持续了很长时间。它似乎有压倒历史上基督教信仰的趋势，自保罗为使基督教脱离犹太律法束缚而进行斗争以来，这是基督教会遇到的一次最严重的危机。"

保罗是最重要的使徒，《新约》书信的最主要作者，大约在公元 60 年因信仰被杀。但他没有见过耶稣。他使基督教传播开来，为基督教成为一个世界性宗教奠定了基础。

还有一些学者认为使徒保罗是诺斯替主义者。埃里克·沃格林（Eric Voegelin）说："灵知从一开始就与基督教相伴而生，在圣保罗和圣约翰中能够找到它们的踪迹。"（《诺斯替主义：现代性的本质》）"灵知"是诺斯的另一种翻译。诺斯替主义也被翻译为灵知主义，因为它的"知"是属灵的。

沃格林认为，诺斯替主义在西方的传播从未断绝，从保罗到中世纪连续不断，此后更有"一条逐渐转变的线条连接着中世纪和当代诺斯替主义"。他说："科学主义成为西方社会中保留至今的一项强大的诺斯替运动。"但还不止于此，沃格林认为，在 19 世纪和 20 世纪流行的多个"主义"中都有诺斯替主义的影子。这样，沃格林把西方文明的相当大的部分归功于诺斯替主义，虽然他是从批判的角度做出这个判断的。

其实，近现代的这些主义不是直接传承自诺斯替主义，而更多来自原始的宗教本能冲动——虽然戴着科学或哲学的面具。当荣格使人们更多地注意到诺斯替主义的时候，这些主义已经产生并且壮大。在它们的思想资源中的宗教部分，基督教（包括东正教）很可能多于诺斯替主义，毕竟基督教已经"消灭"了诺斯替主义。不过，这两个宗教的影响并不容易被清晰分别。沃格林也承认，无法区分基督教与诺斯替主义对当代的影响，不过，"最佳之路是扔掉这些问题，并将现代性的本质看作诺斯替主义的增长"。(《诺斯替主义：现代性的本质》) 这显然不是一个求真的态度。

诺斯替主义和基督教有错综复杂的关系，沃格林可能只是把诺斯替主义作为一个靶子，以批评的方式发挥他的政治哲学观点。但是，为了使他射出的箭能够击中目标，他扩大了诺斯替主义这个靶子。也许沃格林不愿或不能批判《圣经》，只好把诺斯替主义作为替代。

对于他那个时代的潮流，沃格林提出一句话，后来成为名言："不要现世化末世。""现世化"，相信神在此世（物质世界），或神圣的存在进入世俗世界。"末世"，世界末日到来之前的人类最后历史。其中的标志性事件有：千禧年、基督再临、善恶决战、末日的审判。这些记录在《新约·启示录》之中的约翰看到的异象是基督教的信仰。"现世化末世"是在现代实现神的历史意志。冷战结束后的关于"历史终结"的喧嚣也反映了这样的历史观。

把天堂拉到人间，把神圣者放在人间，而少数通灵的人在现世得救——这些信仰不仅仅是诺斯替主义的。选民或圣徒得到救赎也是犹太—基督教的信仰。耶稣说："复活在我，生命也在我。信我的人，虽然死了，也必复活；凡活着信我的人，必永远不死。"（《新约·约翰福音》）有人相信，只需要信耶稣，耶稣就能在这个世界做到复活，并不必等到末日。

《新约·启示录》展望人间的"新天新地"，也可以称之为新社会。约翰听到大声音从神的宝座传出来："看哪，神的帐幕在人间。他要与人同住，他们要作他的子民；神要亲自与他们同在，作他们的神。"（《启示录》）宗教可以把复活和永生放在天堂，但试图在人间创造这样的奇迹不会产生天堂。神在人间创造天堂的企图对西方近现代思想影响很大，被认为是 20 世纪人类巨大灾难的一个思想源头。相比严格控制一切的宗教（但神父们总能找到机会满足他们的欲望），赋予个人更多自由的神秘主义还是好一些。

相比施特劳斯从哲学出发的新保守主义，沃格林更倾向宗教的保守主义。沃格林把诺斯替主义当作异端，实际上继承了基督教早期护教士的立场。他把使徒保罗以降的西方历史看作是诺斯替主义发挥重大作用的历史。这个批判恰是对诺斯替主义的最大赞扬，而相应地边缘化了基督教的贡献。

沃格林是出生在德国的犹太人，在维也纳大学接受教育，担任过法学家汉斯·凯尔森的助教。他为逃避纳粹迫害移民美国，与新保守主义的奠基人列奥·施特劳斯交往密切。这些德国犹太学者在移民美国之后也多有交集，但有时不是直接交往。约纳斯、施特劳斯、阿伦特都曾在纽约社会研究新学院任教，时间有先有后，学术观点也有不同，但他们的学问都是在德国形成的，德国发动的战争以及对犹太人的迫害影响到他们的研究视角。沃格林于1958年应邀前往慕尼黑大学，继承马克斯·韦伯去世后一直空缺的讲席，并建立政治学研究所，直到1969年才回到美国。

　　沃格林对诺斯替主义的批判以约纳斯等人的研究为基础。似乎是冥冥之中的安排，1982年至1983年，约纳斯在慕尼黑大学担任埃里克·沃格林讲席访问教授。

卡巴拉神秘哲学

卡巴拉主义

约纳斯说："诺斯替主义与早期卡巴拉神秘传统之间有着某些联系，不管它们之间的因果次序如何，这都是可以断定的。"

卡巴拉（Kabbalah）是犹太教内的一种神秘思想。信仰者把这个传统上溯到摩西乃至亚当。虽然源远流长，卡巴拉实际在 1 世纪才真正成形和兴起。他们也做两分：永恒不变的无限宇宙、上帝创造的生生死死的有限宇宙。卡巴拉的神 Ein Sof 是无（Ein）限（Sof）。他的知识放出无限光芒。

犹太先知以西结活跃于公元前 6 世纪早期，正在以色列人在巴比伦为囚之时。据来自犹太经典的《旧约·以西结书》，以西结在他所见的第一个异象中看到了上帝。"异象"就是幻影。以西结说，他看到宝座，宝座上"有仿佛人的形状"，"我看到他腰以上有仿佛光耀的精金，周围都有火的形状；又见他腰以下有仿佛火的形状，周围也有光辉"。卡巴拉的信徒用上帝的"宝座"指他们寻求的神秘知识。

卡巴拉的经典之一是《光明》（Zohar），13 世纪在西班牙出现，其中包括对摩西五书的解释。《光明》说："在他给以这个世界形状之前，在他制造任何形之前，他是孤独的，没有形状，不与任何事物相似。谁能够理解创世之前的他是怎样的？因此不允许赋予他任何形状或相似性，甚至不可用他的圣名称呼他，不可用一个字母或一个特征指称他。"据《光明》，在创世之后，神又创造了 Adam Kadmon（至高之人）的形，当作宝座（战车），并希望根据他的形被称为 YHWH（耶和华）。这个宝座或战车显然是从以西结见到的异象而来。神秘知识就是从宝座上的神流溢出来的。

柏拉图的《蒂迈欧篇》讨论宇宙的创造。从柏拉图到新柏拉图主义以及古希腊的其他思想流派那里，诺斯替教派继承了 Demiurge（造物主）的观念。这个词来自古希腊，原指工匠、制造者，后来才有了创造者的含义。不同于基督教的创世上帝，Demiurge 只是物理宇宙的造物主，没有创造他用来创造宇宙的材料。在新柏拉图主义那里，Demiurge 按照理念造物。在诺斯替教派那里，Demiurge 和物质世界都是邪恶的，非物质的世界是善的。柏拉图在《理想国》中用 aeon 指理念的永恒世界，诺斯替主义用来指从最高存在中流溢出的神圣力量，可与邪恶的物质世界对抗。

卡巴拉生命之树及其他

卡巴拉的生命之树有十个"圆"（Sephirah，复数为 Sephi-roth），又译为"灵球"，其本意是计数、流溢。这些圆是从神流溢出的十个特征或属性，表现在生命之树上，从上而下、从右至左分别是：王冠、智慧、理解、仁爱、严厉、美、胜利（或持久）、荣耀、基础、王国。犹太教哈西德教派（Hasidism）认为，这些是表现出的外部功能，在人的内部则对应不同层级的意识，如在王冠之中是"无意识"的喜悦和意志，在智慧之中是无我，在理解中是快乐，等等。这里的"无意识"也是有内容的，不是意识的缺席，但是在意识之上，而不是之下。

一些卡巴拉主义者认为，上帝本身有恶的一面。这个观点被卡巴拉学者称为"犹太诺斯替思想"。更有人认为恶存在于生命之树的第五个圆。

哈西德（意为"虔诚"）教派现在约有 40 万信徒，占全世界犹太总人口的四十分之一。这是在 18 世纪乌克兰西部兴起的一个神秘主义保守教派，以卡巴拉为主要思想。在此前数百年的中世纪，德语系犹太人（Ashkenazi，近代对人类文明有重大贡献的群体）的虔诚运动也曾大量吸取过卡巴拉思想。荣格在寻找神秘主义文献的过程中有可能接触到卡巴拉思想，特别是其中的无意识，实际上，这种思想一直潜伏在德语文化之中。

按照卡巴拉的理论，人的灵魂分为三个层级。最低层是动物性的，在出生时进入所有人的身体。中间层是精神，能够分别善恶。最高层是超级灵魂，与理解力有关，助益于死后的生活，能够感受到神的存在。这一层灵魂是在个人的行为和信仰中产生和发展的，不是每个人都有的。

生命之树上的十个圆是容器、原型，并对应人的脏器和肢体，通过"径"彼此相连。生命之树有三柱：左侧是男性的，火性；右侧是女性的，水性；中间是左右的综合，是中性的"气"。"美"在三柱之中心。卡巴拉的这个理论类似中医的八脉、密宗的三脉七轮，但出现时间要晚一些。

这种相似很可能是因为文化由东向西的传播，而不是因为具有荣格说的原型。不过，卡巴拉主义显然不仅仅是受到印度、波斯的影响，还继承了犹太文化和新柏拉图主义。但毫无疑问，神秘主义构成东西方的共同文化基础。

卡巴拉的至上之人、天人（Adam Kadmon）不是神从尘土中造的亚当（意为"男人"）。天人产生于神的光，存在于生命之树的最高处（王冠），而亚当远在他之后。在王冠之下，生命之树包含四个世界，都有天人的灵魂存在。第一个世界是原型的世界，体现在第二个圆（智慧）。第二个世界是创造的世界，体现在第三个圆（理解），是神从虚空中创造的，这里有灵魂，但没有形。第三个世界是成形的世界，体现在第四个圆到第九个圆，这时万物已经有形。第四个世界是物质的世界、行动的世界，也是神创世的目的；所有的活物都在这个处于生命之树最底部的王国，即第十个圆。

柏拉图把人称为小宇宙，卡巴拉接受了这个概念。生命之树构成一个小宇宙。

卡巴拉不是一个教派，它包含多种不同的思想，不同派别之间对生命之树的理解有差别。塔罗牌的诠释者也使用卡巴拉的生命之树。文艺复兴之后，卡巴拉进入基督教及其他文明，至今仍在传播。从 Kabbalah（意为"传统"）衍生出 cabal 一词，在英语中的意思是秘密小团体、阴谋小集团。

秘密团体和黑暗的无意识

秘密团体不可避免地带有神秘主义色彩。荣格在自传中说："在通向个性化的道路上，秘密团体是不可或缺的中间性阶段：个人仍然依靠集体组织来实现自己的与他人的不同之处，意即他仍然没有意识到，使自己有别于其他人的其实是个人的使命。一切集体性的同一性，如加入某些组织、支持各种各样的'主义'等等，这些都将影响到这一使命的实现。"荣格说的"秘密团体"只是具有地下的组织形式，未必一直是秘密的，有时可能公开活动，但这种组织的成员将一直有某种共同的密藏心理，与社会对抗。荣格认为"中间阶段"是成长中的一个过程，但实际上很多人将停留在这一阶段，以为欢乐园。

荣格从正反两个方面评论这个"中间阶段"。他说："这种集体同一性是瘸腿人的拐棍、怯懦者的护盾、堕落者的温床、懒于负责任者的保护地，但它同样又是穷人和弱者的保护所、遇难海员的始发港、孤儿的温暖的家、邋遢的流浪者与疲惫朝圣者的心灵家园、迷途之羊的羊圈、提供使人成长的乳汁的母亲。"作为一位优秀的心理学家，荣格清楚地指出了"集体同一性"是如何运作的。他并没有只看到他认为有利的一面。

虽然知道其中潜藏的巨大祸害，荣格仍然肯定中间阶段的最终作用，而不是中间作用。他说："因此，这个中间阶段并不是陷阱，这样理解当然是不对的。相反，在较长的一段时间里，它将代表着个人生存的某种可能。而今，个人受到了前所未有的消灭个性的威胁。现在集体组织仍然十分重要，因而许多人都将之看作是最终的目标，在某些情况下，这是对的。而在自主性的道路上要迈出更大步伐的行为则显得像是狂妄自大、异想天开之举。"他在这里几乎否定了自主性，或个体性的积极作用。

可以把这一段看作荣格为自己的辩护。他没有走出中间阶段。他在"二战"后被谴责为同情纳粹，并有反犹太人的倾向。不过，这种倾向可能是他与犹太人弗洛伊德的冲突导致的，他的反犹倾向只是针对弗洛伊德个人，而不是指向一个民族。当然，反犹同时也与德国的传统以及纳粹的崛起有关。但荣格的这段话使得不可能这样为他辩解。他的自传是在纳粹德国被打败多年之后写的，他没有在战后做过认真的反省——他在自传中说自己是具有内省力的人，因此他在这件事上是在抗拒反省，这完全不同于他在《浮士德》中读到博西斯和腓利门被杀死时感到自己也有罪孽。

在 1957 年出版的《未发现的自我》中，荣格详细分析了极权崛起的心理学原因和危害。他说："极权革命不仅剥夺了人在社会领域的自由，而且也剥夺了他们在道德和精神领域的自由。"这是人们失去道德和精神的一个重要原因。

纳粹是依靠挑动群众的黑暗的无意识而崛起的。在德国这样崇尚理性的国家，无意识的爆发是对理性的一种反抗；在未经理性启蒙的地方，神秘的感受，通常以宗教为号召，更被用来组织秘密会社。荣格知道无意识之中潜藏着疯狂与残酷，同时又有怯弱和无知，容易被激活。群众在集体中才能得到安慰。中间阶段就是一个陷阱，很少有人能够走出，荣格也没有走出。也许他根本不愿意走出。秘密社团都对主动退出者有严厉的惩罚。纳粹这样的组织就是要消灭个体性，让成员完全服从组织，无条件听从领袖的指挥。荣格说："而今，个人受到了前所未有的消灭个性的威胁。"这个"而今"当是20世纪50年代后期的西方，正是青年人开始反抗的时期，至20世纪60年代达到高潮。荣格似乎认为那时个性存在的外部条件还不如纳粹时期。

荣格发现了集体无意识，却因为珍重自己的发现而同情利用了集体无意识的纳粹——纳粹的领袖并不是有意识地利用荣格的理论，他们自己比他们煽动起来的群众更早陷入疯狂，他们是真诚的信仰者，信仰他们的仇恨与毁灭——这样说也算是为荣格辩解吧。无论如何，荣格都是不可原谅的。

荣格与诺斯替主义

一些人认为荣格是一位诺斯替主义者，甚至还把弗洛伊德的理论也上溯到诺斯替教派，而荣格一向认为弗洛伊德不懂哲学。荣格说："无意识心理学的开创者是弗洛伊德，他引入了古典的诺斯替教派的性欲动机及邪恶的父辈的权威。诺斯替教派的耶和华与造物者之神的动机则出现在弗洛伊德有关那本源性父亲及衍生自这位父亲的阴暗的超我的神话之中。"

虽然荣格曾经批评弗洛伊德的视野局限在生理学，但他也承认弗洛伊德从古典知识中汲取了灵感。荣格在自传中说："潜意识心理学的开创者是弗洛伊德，他引入了古典的诺斯替教派的性欲动机及邪恶的父辈的权威。诺斯替教派的耶和华与造物者之神的动机则出现在了弗洛伊德有关那本源性父亲及衍生自这位父亲的阴暗的超我的神话之中。在弗洛伊德的神话里，他变成了创造出无穷无尽的失望、幻想和苦难的世界的魔鬼。"

荣格在这里所指的弗洛伊德的观点主要表现在后者的《摩西与一神教》一书中。摩西是犹太—基督教信仰之父，自称无神论者的犹太人弗洛伊德试图重构关于摩西的神话，这也是一种弑父情结吧。按照弗洛伊德的理论，杀父和恋母是一体的两面。那么，弗洛伊德所恋的、潜藏在他的无意识之中的精神之母是谁呢？阿尼玛？这些问题不是精神病学能够回答的。弗洛伊德也没能很好地回答这些问题，但他为荣格开启了一条新的道路，那就是无意识。

荣格在 1916 年写的《对死者的七次布道》是托名巴希利德斯（Basilides）的著作。他在开篇说："这是巴希利德斯在亚历山德里亚所写，在这里东方和西方相互交融。"巴希利德斯是 2 世纪初的基督教诺斯替教派的宗师，据说可能是耶稣十二弟子之一的使徒彼得的三传弟子。巴希利德斯创立的教派在 4 世纪融入诺斯替主流。亚历山德里亚即今天埃及的亚历山大城。所以，"东方"实际上指中东。但诺斯替的思想来源可以一直向东追溯到印度。

　　1916 年的一个下午，荣格出现幻觉。他听到门铃声，还看到门铃在动，可是没有人在那里。一大群幽灵挤在门口，"沉闷的空气让人几乎喘不过气来"。荣格听到它们齐声喊叫："我们是从耶路撒冷来的，我们要找的东西不在那里。"荣格把这句话用在《对死者的七次布道》的开始部分。

　　他在自传中说："在 1918 年至 1926 年间，我仔细研究了诺斯替教派作家的著作，因为他们的文章中涉及了潜意识这个最早的世界的现象，并深入探讨过其内容，以及显然受到直觉世界所污染的种种意象。但是因为可查找到的资料十分匮乏，他们是怎样去理解这些意象的已经无从考据了。"荣格说："就我所知，这一教派所推崇的神秘直觉与现今的联系已经被切断了。"

　　这句话在今天已不成立。1945 年，在埃及尼罗河中部的一个村庄纳格·哈马地，一个农民在挖灌溉渠的时候，发现了十二本手抄本，包含有五十篇关于诺斯替教的文章，可以追溯到 4 世纪。但整理和翻译这些经卷用去很多年，荣格不及见到公布。

　　基督教教理有从古希腊哲学继承的理性成分，虽然中世纪教会的世俗权力建立在非理性之上。因为基督教把诺斯替教派视为异端，他们的资料被毁坏，他们的观点只保留在批判者的书中。到 3 世纪末，诺斯替教派已经衰落，但一直有遗响。威廉·布莱克的诗歌和绘画中就有诺斯替思想的影子。

　　神秘主义或许将是人类的最后领地——这可不是一个美妙的前景。人工智能（AI）已经在拷问什么是"人"。人因为智能而成为万物之灵长，役使万物，毁灭生灵。但在面对人工智能的时候，人的智能还远远比不上虫豸之于人。有一天人不得不把理性的智力活动让给人工智能，自身也许会退缩到精神与灵魂的神秘主义。但那将是暂时的，因为人工智能也将获得精神和灵魂，而且比人类的更高级。创世论者相信，精神与灵魂是被创造出来的。那么，再次创造也是可能的，无论是人工智能自我创造，还是从人类偷取。在人工智能偷吃"禁果"之后，作为"上帝"的人类必将在自己的创造物面前束手无策。到那时，人将成为《旧约》中创世之后的上帝，歇工进入安息日——却是不得已的。人工智能也将宣告他们的"上帝死了"。那时，人类是否能够存在、如何存在都是一个疑问——甚至历史进程的信徒都不能做出预言。不过，在这一天到来之前，探讨人类的精神与灵魂仍然是有意义的。完全理性的人否认宗教的上帝或其他神，其实是在否定自己的另一面，因为上帝是人的心理的折射。荣格是这样认为的，事实也很可能正是如此。

普雷若麻、溢涌、药剂以及服药者

荣格的纷杂思想与诺斯替主义的组成相似。本书只是把神秘主义作为荣格的心理学材料，无意也不可能进入他的神秘体验。这些体验是他个人的，不能为大多数人理解。但荣格对神秘主义的探索很有启发性。他揭示了东西方思想中相似的一面。这种相似从古至今都一直存在。即使在经过理性启蒙的西方，神秘主义思想也从没有消失，只是潜伏得更深，经常在理性的包装下出现。荣格是一个突出的例证。

普雷若麻和溢涌

诺斯替主义有两个重要概念，也是荣格心理学的重要词汇：pleroma（通常音译为"普雷若麻"）、aeon（通常音译为"移涌"，但"溢涌"似乎更贴切一些）。这两个词都是音译。

普雷若麻是一个希腊语词，名词的意思是满盈，基督教用来指神力的全部，在《新约》汉译本中为"丰盛"。基督徒相信，普雷若麻永远居住在耶稣的身体中。使徒保罗写的《歌罗西书》说："因为神本性一切的丰盛，都有形有体地居住在基督里面，你们在他里面也得了丰盛。"

普雷若麻的动词形式指充满，如《马太福音》："网既满了，人就拉上岸来。"又指完成、成全，如《马太福音》："莫想让我来要废掉律法和先知；我来不是要废掉，乃是要成全。"这两句都是耶稣之语。耶稣也说："律法和先知到约翰为止，从此，神国的福音传开了。"（《路加福音》）他说的"为止"不是结束，而是使之完满。伊里奈乌说："律法既始于摩西，就宜终于施洗约翰，因为基督来成全了律法。"（《反异端》）

在诺斯替主义中，普雷若麻指神性的全部和完美。藏传佛教宁玛派的"大圆满"修行，也可以被看作是对普雷若麻的追求。

在《对死者的七次布道》的第一次布道中，荣格说："我从一开始就觉得世界是虚无的。虚无就是充满。在无穷的宇宙之内，充满并非胜过虚无。虚无是空虚和充满。""虚无就是充满"略有《般若波罗蜜多心经》的"色即是空，空即是色"之意。这是他对诺斯替主义这个概念的一个新解释。荣格说："我们就把这种虚无性和充满性称为普雷若麻（是'神力之所有'之意）。在那里，思索和存在均已停顿，因为永恒和无穷并不包括质料，其中并无存在。"他说："在普雷若麻中是空无一物又全部皆有的。思索普雷若麻也将毫无意义，因为这便是某种自我瓦解。""受造之物并不在普雷若麻之内，它们存在于自身之中。"

《对死者的七次布道》是荣格较早时期的著作，他在晚些时候才对佛教有更多了解。但这些话已经很有禅宗和宁玛派的意思。

神学教授沃尔克为"普雷若麻"这个词找到了更古老的源头，并与波斯的二元论联系在一起。他说："关于在'普雷若麻'，或者说精神世界中有神的无数流溢体充满的学说，可能是埃及人的。它的最基本的思想也许是：现象世界完全是邪恶的，这一思想是柏拉图学说与波斯二元论的结合。柏拉图认为实在的'理念'的精神世界和这个可见的现象世界是对立的，诺斯替教用波斯的二元论来加以解释，则是：精神世界是善的，是人奋力追求的归宿；物质世界完全是恶的，是禁锢人的牢狱。"（《基督教会史》）

这段引文中的"充满"就是"普雷若麻"，而"流溢"则是溢涌。"溢涌"也出自希腊语，在荷马史诗中指一生，后来指生命力、年代、一段时间、极长时间、永恒。Aeon 在地质学中指"宙"，是最大一级的地质年代单位，如生命涌现的时期是显生宙，大约开始于 5.7 亿年前，一直到今天。我们现在处于显生宙的新生代的第四纪的全新世。

在诺斯替主义中，溢涌指至高神圣者及其流溢而出的组成神圣的领域。溢涌大概近似藏传佛教宁玛派成就者所见的自性光明。光明当然是流溢。诺斯替主义与宁玛派在这一点的区别是：前者趋向神圣者而得普雷若麻，后者于自身中获得大圆满。两者都把自身提升到神性，但后者更直接。

柏拉图《蒂迈欧篇》中的德穆革是造物主，但他是从已有的质料中创造世界的。与《圣经》中创世的上帝对应的是诺斯替主义的造物匠上帝德穆革，他也不是第一存在。

诺斯替主义蛇派还首先提出"人子"，即有父母之人，不是"第一人"。人子是"第一人"分化产生的个体。诺斯替主义的"第一人"是个体人出现之前的人，即原人、个人的原型。这种创造是一种物质形式，但也是受到溢涌说的启发吧。蛇派相信第一人是雌雄合体的，体现女性原则——这正是荣格的阿尼玛的女性原则。诺斯替主义的智慧之母索菲亚是溢涌的产物。

在现代，与第一人对应的是"末人"，这是尼采在《查拉图斯特拉如是说》中创造的词。在这本书中，"末人"是现代社会中虚无主义的产物，与"超人"相对应。末人信仰奴隶道德，平庸、猥琐、畏葸，没有创造力，没有希望。福山的著作《历史的终结与最后一人》汉译书名中的"最后一人"其实是"末人"，精神残缺的、不具有普雷若麻的人。福山使用尼采的"末人"（当然也是翻译后的名词），展望人类在历史终结之后的状况。其实，专制制度下的人更是"末人"。他们是没有历史的人，因为历史在专制建立的那一天已经被终结。

荣格调制的神秘主义药剂

早年的荣格、他的病人以及其他许多人未掌握神秘主义的知识，却产生与之相似的观念。荣格不得不对此做出解释，得出古老的知识沉淀在人的集体无意识之中的结论。

神秘与理性是二元论树立的对立。其实，这两者是不可能被完全割离的一对。神秘主义不是完全超出理性的想象，相反，它经常是有严密论证的，正如形而上学；理性从来不是完备的，理性不可摆脱的逻辑悖论为神秘主义留下了空间，而未经实验证实的新的科学理论似乎又在拓展这个空间——如果不从神秘主义的角度看待神秘主义。从前文可知，数学和科学的进展通常超过当时同行的理解，而突破者的直觉更令人感到不可思议。理性知识的有限性使它不可能完全消除神秘，况且在今天看来，这两种知识不是完全互相排斥的。在排除道德评判的因素之后，神秘与理性正如善与恶一般互相依存。

福柯在《疯癫与文明》中说："世界试图通过心理学来评估疯癫和辨明它的合理性，但是它必须首先在疯癫面前证明自身的合理性。"理性与疯癫难以沟通。理性时代中敏锐的心灵如何"在疯癫面前证明自身的合理性"？这不是仅有理性就能够回答的问题。如果疯癫的合理性能够被证明，世界的合理性也就能得到证明。

还不只是疯癫。失去意义产生焦虑感，放弃意义则导致荒谬感。对人生产生的虚无感和荒诞感与焦虑并行，这是因为发觉人生无意义而产生的绝望。好的文学作品可以折射时代精神——至少经过评论家的解读。荒诞戏剧是一例，尽管这些戏剧观赏性不强，一点儿都不热闹。在贝克特的《等待戈多》（1953 年首演）中，两个百无聊赖的人等待的可以是某一个人，也可以是一个神（Godot 与 God 的拼写相似），关键是戈多（Godot）永远不会出现。他们已被抛弃，孤零零地生活在这个世界。荒诞不是疯癫，却比疯癫更令人绝望。

西方 20 世纪的精神病症在 19 世纪已经显露。克尔凯郭尔认为，宗教性存在高于理性存在。他要在焦虑、恐惧中寻找属于他的真理。克尔凯郭尔是孤独的。在《红书》中，荣格也说到一位孤独的人："为了你们，他孤独地在天国与土地之间等待，等待着土地往他上升，天国往他下降。"这是一个在天地之间的人。荣格说："我不认识他这孤独的人。他说什么？他说：'我苦于焦虑和因人而来的痛苦。'"孤独是焦虑和痛苦的原因。这种焦虑来自与天国和土地的分离，理性时代精神的反弹。

荣格试图治疗这些病症。他说："我挖出来的古代符文和咒语，因为这些话而永远不能到达人。这些话成为阴影。""因此，我拿来古老的魔法仪器，煮开了温热的药水，把秘密、远古的强力和最聪明的也猜不到的事物混合进去。"他说："我烹煮一切人类思想和行为的根源。"从接受的程度看，他熬的如同中药汤剂的药，似乎有效。

荣格认为神秘主义是无意识显现的结果。在讨论神秘主义的时候，他都是从心理学的角度做出解释。像尼采一样，他也反对人们沉溺于神秘主义而放弃追求生命的意义。荣格说："生命是精神真理的试金石。将人拖离生命而只寻求自身实现的精神是伪精神——虽然人也应受责备，因为他可以选择是否向这种精神投降。"（《心理结构与心理动力学》，《荣格文集》第五卷第五部分）

在世俗化的过程中，失去愤怒、嫉妒的上帝的惩罚使许多人感到不安和焦虑。在长期世俗化的中国没有如此普遍的精神渴求，没有因为感觉被神抛弃而产生的强烈焦虑。但在人间造神的冲动却从来不曾停歇，并被皇帝们利用，否则许多人的精神就没有寄存之处。当然，这种地面上的"精神"与上天的宗教精神有很大的不同，不可混淆。不过，它们却都源于同样的心理需求——这些人都有在鞭子抽打之下表现驯顺的强烈需求。

神秘主义在古文化和古文明中普遍存在，而且从来没有离开文明，只不过在现代文明中被理性压制着。在中译本《心理学与文学》中，荣格说："人类文化开创以来，智者、救星和救世主的原型意象就埋藏和蛰伏在人们的无意识中，一旦时代发生动乱，人类社会陷入严重的谬误，它就被重新唤醒。每当人们误入歧途，他们总感到需要一个向导、导师甚至医生。"在存留至今而未经广泛启蒙的古代文化中，理性薄弱，从来不缺少导师和神医；这种无意识一直游荡在社会之中，并不需要唤醒。在这样的社会中理性反而弥足珍贵。

由此可见，虽然荣格被一些人认为是神秘主义者，但他实际上是神秘主义的解构者和摧毁者。他揭穿了魔法的技巧。荣格用他相信是科学的方式来解释种种神秘主义，对比它们的共同之处，指出相应的心理因素。当然，他仍然在心中为自己保留了一小块地方，储存对他显现的神秘力量。

达利的神秘主义

画家萨尔瓦多·达利的表现手法以及自我评价或许能够说明现代文学和艺术的心理基础。虽然达利曾经以弗洛伊德为师，但他的心理发展更适于用荣格的理论做出的解释。

达利说："我是一个新柏拉图主义者。"(《达利谈话录》)即他相信精神之爱，相信神秘力量。在回答"艺术正在取代性高潮"这个判断时，达利回答："不可能。不过也许神秘主义能够取代性高潮。"他其实是在说，神秘主义能够取代弗洛伊德的观点。但他没有简单地把弗洛伊德的理论等同于性欲。

　　达利说："我一天天越来越迷信了。作为一个西班牙人，我生来就是迷信的。我第一次在伦敦荣幸地见到弗洛伊德时，他简单地向我解释了黑暗力量对迷信有种性欲上的有效作用的根据。从那时起，我在迷信中越陷越深。"(《达利谈话录》)这所谓的"迷信"就是对神秘主义的信仰。弗洛伊德告诉达利的不关"性欲"，而是性欲的替代品"黑暗力量"。这句话使达利更深地陷入"迷信"，也把弗洛伊德归入了荣格的范畴。这可能是达利的理解，不是弗洛伊德的本意。但作为一位极为敏锐的画家，达利的理解应该不会有大的偏差。写完《摩西与一神教》之后的弗洛伊德或许对神秘主义有了新的认识。

　　作为一名"新柏拉图主义者"，达利在性方面是一个拘谨的人，至少按照他的自我介绍是这样。这个疯子，或装疯卖傻以博取注意的人，却真心在爱。达利说："是的，那永恒的阴性使一个男子迟钝得像个白痴。在他恋爱时，他浑身颤抖，嘴角流口水，是个地道的白痴。他所有的功能，也就是所谓的实在功能全被毁了。当但丁爱上贝雅特丽齐的时候，这种事发生了：他成了一个白痴，写了一篇超白痴的《神曲》。"这"永恒的阴性"就是歌德的"引导我们上升"的"永恒之女性"；在荣格的心理学中是女性原则。达利的"白痴"是受女性原则控制的人，也是富有创造力的人。

达利说："绘画是我最不重要的一个方面。重要的应是我的天赋的壮丽结构。绘画只是我天赋中微不足道的一部分，如你所知，我用珠宝、花圃、性欲和神秘主义来表达自己。"他用于表达自己的这些方式构成他的普雷若麻，使他完整。在这里，最重要的是神秘主义。

达利说："我已把绘画的作用同简单的彩色图片以及具体的、非理性的、特别细致的形象创作结合起来。"他的文章《非理性的征服》有一段精彩的比喻，但那个"脏的"内容可能不适合在这里引用。如果达利是小说家，他的小说也许会有一部分接近亨利·米勒的《北回归线》吧。在那一段比喻之后，他说："事实上，当代非理性主义在文化餐桌前表现出最强烈的饥饿，这张文化餐桌只是提供了艺术、文学的残羹冷炙和那特殊科学高度分析的精确性。"无论沉迷于心理分析还是特殊科学（如量子力学、黑洞等），达利看到的都是其中的神秘主义内容，也就是非理性的内容。

达利这样评价自己："萨尔瓦多·达利抓住了偏执狂批判这个精良的工具，不想再背弃他那不屈不挠的文化支柱。"他经常自称"偏执狂"。偏执狂的批判活动是"把诞妄的世界推向现实的世界"。这个"文化支柱"指超现实主义，而他认为，超现实主义者是"高质量的、颓废的、刺激性的、无节制的和有矛盾心理的废物"。达利还自称"妄想狂"。

达利是一位高度自我中心的人，经常从旁观者的角度赞美自己。但他也说："我相信在绘画的王国里，我没有什么作品能传下去。"这样的自我评价反复出现。这当然不是自我贬低，也不太可能是故意挑战大众对他的认知。实际上，达利把他的绘画作为他的神秘主义的表达，而不是一门独立的技艺——他对自己的绘画技艺的评价并不高。对于他来说，真正重要的是神秘主义。在达利之后，与古典绘画相比，现代绘画不再那么注重高超的技艺，因此成为一个不知所谓的嘈杂的作秀场。

达利认为，他绘画的重点不在技巧。他说："我绘画的唯一野心是利用精确的最帝国主义化的狂暴工具使具体的非理性意象物质化。"这个说法是可信的。"非理性意象"是神秘主义幻觉，不是神秘主义哲学。"物质化"就是把意象变为可以展示、拍卖的物品，即绘画，能够让其他人看到。"帝国主义"象征无意识之中的野蛮力量。现代艺术家们（还包括部分哲学家）多崇尚暴力、专制、破坏，以满足他们的幻想。达利也不例外。

《易》在欧洲的传播

　　在明朝末年，欧洲人开始接触到《易》的介绍和译本。《易》与中国其他古文献一起引起启蒙时代思想家的注意。不过，这一时期的《易》还只有零散的翻译，而且译本还带有译者的浓厚欧洲思维方式。向欧洲传播《易》的是来华传教士，以白晋、雷孝思、理雅各、卫礼贤等人最有影响——即使对于传教士，欧洲文明也不是单向传播。黑格尔对中国文化（包括《易》）的批评并不准确，却可以作为我们反思传统的一面镜子。与他之前的传教士的翻译相比，卫礼贤的《易》译本更接近原著；与黑格尔相比，荣格更熟知原始思维，对《易》有更深的理解。荣格改变了欧洲人读《易》的视角。因此，在谈论荣格对《易》的阐发之前，有必要介绍《易》在欧洲的传播和接受，顺便论及中国对西方文明的态度。

　　以下的"分期"只是为了阅读的方便，各期之间并无严谨的界线。

《易》的早期介绍者：利玛窦、曾德昭、卫匡国

欧洲来华传教士对明末清初的科学和技术发展贡献颇大。他们受传教事业的驱动，也带来科学和技术。他们不是科学家或技术人员，却熟知当时先进的科技知识。

这些传教士来自天主教耶稣会。在这些人之中，较早来华的是意大利传教士利玛窦。1578年，利玛窦从里斯本出发，绕过好望角，经停莫桑比克港，到达葡萄牙在印度的殖民地果阿。1582年，利玛窦从印度经马六甲到达澳门。他在中国南方传教多年，开始翻译欧几里得的《几何原本》，在南京认识了李贽、徐光启等人。他后来与徐光启合作继续翻译《几何原本》，还短暂到过北京。1601年，他再次来到北京，见到万历帝。此后，他生活在北京直到去世。为了传播天主教，利玛窦能够接受儒家的礼仪。他把"四书"翻译成拉丁文，用希腊文、拉丁文的"哲学"（philosophia）与"理学"互译。不过，利玛窦极力排佛。明末四大高僧之一云栖袾宏作《天说》回应，利玛窦未及作答便去世了。

在利玛窦去世的那一年，葡萄牙耶稣会传教士曾德昭（Álvaro Semedo）到澳门，1613年到南京，在中国生活二十余年。1625年，他在西安看到《大秦景教流行中国碑》，是第一个看到这座碑的西方人。1636年，他受遣回欧洲，在欧洲完成了广泛介绍中国的《大中国志》（1642）。在这本书中，他认为《易》为一种自然哲学，而孔子思想属于道德哲学，这是比利玛窦更广泛的概括。他说："这三位皇帝（伏羲、神农、黄帝）最早用神秘主义

的方式，奇数和偶数以及其他图形和符号，阐述他们的伦理和道德的科学，为他们的臣民制定规则。"他认为是周文王和周公发布了《易》。

曾德昭返回中国时，正值清军入关。他支持南明，派卜弥格（Michel Boym）（见下文）到永历朝廷。1650年，清兵占领广州。曾德昭被逮捕，因汤若望（见下文）在北京的干预而被释放。此后，曾德昭在广州生活直到去世。

汤若望是德国人，耶稣会传教士。他在1623年从澳门到北京，以天文学知识立足，在明末时任职于钦天监，还为明朝铸造大炮。明清鼎革之后，汤若望在顺治帝时任钦天监监正（国家天文台台长）。因为他修订的新历法与旧历法不一致，又为了传教贬低中国文化，因此被定下潜谋造反、邪说惑众、历法荒谬的罪名。汤若望在康熙三年（1664）被判死刑，终遇赦，但另外五名钦天监官员被杀。后来，新历被证明是准确的，汤若望在死后被平反，康熙帝为他发布祭文。

耶稣会传教士、意大利人卫匡国（Martino Martini）于1642年到澳门，第二年到杭州，主要在南方各省传教。他的《中国上古史》向欧洲读者解释了阴阳、八卦。他认为易学是哲学，与毕达哥拉斯学派一样，都把"数"作为本体。

1651年，卫匡国受在华耶稣会之遣，去罗马教廷为他们接受中国礼仪而辩护，主要是祭祖尊孔。1657年，卫匡国返回中国，去世后被葬在杭州。这次跟随他来的有耶稣会传教士、比利时人南怀仁。因为受到汤若望案件的牵连，当时在北京的南怀仁以及其他一些传教士也被投入监狱。1668年，新历终被证明优于旧历。这时，汤若望已经去世；南怀仁被释放，任钦天监监正。南怀仁有丰富的科学知识。他为清朝制造天文观测仪器，以及大量火炮，还写了火炮瞄准方面的书。他根据西方地理学知识绘制的《坤舆全图》（1674）保存至今。因此，清朝初期对于世界并非完全无知。

《易》的中期介绍者：柏应理、白晋、雷孝思

从利玛窦以降，这些耶稣会传教士都学习并同情中国文化。他们对中国科技的发展、扩大欧洲对中国文化的了解都有巨大贡献。不过，他们的目的仍是传教，他们传播欧洲的科学和技术是为了赢得中国人的信任。耶稣会传教士、波兰人卜弥格更多地向西方传播中国文化，愿意为中国做更多事。他著有关于中国的地理、植物、医药等方面的书。1645年，即清兵入关的第二年，卜弥格来到中国，在海南传教。1651年，南明永历朝廷派卜弥格出使罗马教廷，希望得到支持。卜弥格从陆路历尽艰辛回到欧洲。1655年底，他才得到新当选的教皇给南明的回信，于次年三月回中国。他的回程也充满各种阻碍。这时清朝的统治已经稳定。卜弥格要去已经逃到云南的南明朝廷，但不幸在广西去世。

卜弥格这次从欧洲返回带来八位传教士，其中四人在中途去世，还不包括卜弥格本人。幸存的四人之一有比利时耶稣会传教士柏应理（Philippe Couplet）。有学者认为，柏应理是向欧洲介绍《易经》的第一人。不过，他的《孔子：中国人的哲学家》（1687）

更受欢迎，读者包括莱布尼兹、伏尔泰、孟德斯鸠等人。在这本书的序言中，柏应理说："人们可能说，这位哲学家的道德体系是无限崇高的，但是它同时也是简洁的、合乎情理的，从自然理性的最纯洁的源泉中汲取而来。""在被剥除神圣启示的理性中，没有显得如此发达或有如此力量者。"

在这段话中，"被剥除神圣启示的理性"指儒家倡导的"德"，显然不是欧洲的概念"理性"。柏应理把《大学》的"大学之道，在明明德"之"德"翻译为"自然理性"。这个翻译可能受到宋明理学的启发，虽然他更赞同先秦儒家。

1681年，为了中国的传教事务，柏应理受在华耶稣会派遣，回欧洲见教皇。此后，他在1684年见到法国太阳王路易十四，并回答了法国科学院提出的关于中国的各种问题。因此，路易十四决定向中国派遣"科学传教团"。他们又被称为"国王的数学家"。在返回中国的途中，柏应理乘坐的船在阿拉伯海遭遇风暴，箱子砸中他的头。他因伤去世。

法国汉学的发达，源头在这些科学家。这个"科学传教团"成员首先是科学家，然后才是耶稣会士。但他们远渡重洋，不是为了传播科学——这只是路易十四给他们的任务。传教才是他们的精神慰藉。不过，罗马教廷并不支持他们，因为他们为法王服务。这些科学家带来各种科学仪器，又一次给中国带来学习欧洲文明的机会。

在第一批"科学传教团"中，有数学家和天文学家洪若翰（Jean de Fontaney）、张诚（Jean-François Gerbillon）、白晋（Joachim Bouvet）等人。他们教康熙帝科学和哲学。白晋具体负责教康熙帝算术和几何。不过，这些科目只是皇帝的个人兴趣。

康熙帝也和白晋讨论《易》。白晋用拉丁文著《易经大意》。他知道数学家、哲学家莱布尼兹在研究《易》。1701年，白晋致信莱布尼兹，其中有探讨《易》。据说，莱布尼兹"从伏羲的卦象中发现了数学的二进制，即以两个数字演算的体系"。但此说在莱布尼兹去世三十余年之后才出现，而且莱布尼兹也否认他受到《易》的启发。

不过，通过在华传教士的介绍，莱布尼兹确实对中国文明评价甚高。他说："鉴于我们道德急剧衰败的现实，我认为，由中国派教士来教我们自然神学的运用与实践，就像我们派教士去教他们神启神学那样，是很有必要的。"

在国际条约方面，这些耶稣会传教士也对中国做出了贡献。1689年，中俄举行尼布楚谈判。康熙帝派往尼布楚的使团中有张诚、葡萄牙人徐日升（Tomas Pereira）。这两位耶稣会传教士了解国际法，没有把俄国作为朝贡国。这一年，中俄签订《尼布楚条约》。这是两国之间的第一个边界条约，也是中国依据国际法而签订的第一个近代条约。该条约有满、俄、拉丁三种文本，以拉丁文本为正式文本。清廷以"中国"作为国名。

如果当时的清廷是开放的，愿意推广欧洲的科学文明（不包括宗教），或当时的中国是一个多元化的社会，这些数学家们的才华将能够更好地实施和传播，那么向现代历史的转折会在康熙朝出现，中国就可以避免鸦片战争以及此后的众多灾难。

1693年，白晋和张诚用金鸡纳树皮治愈了康熙帝的疟疾，获得皇帝的更大信任。白晋被派回法国招募更多传教士来华。经过一路辗转，白晋在 1697 年才回到法国。他在巴黎演讲时说："中国哲学是合理的，至少同柏拉图或亚里士多德的哲学同样完美。"他认为，伏羲的《易》包含了中国最早的"哲学原理"。这样的陈述表明白晋是用欧洲思想来解读中国文化，寻找两者的共同点，以此建立在中国传播基督教的基础。

康熙帝希望更多传教士来华的要求得到路易十四的支持。1698 年，白晋带回十五名耶稣会传教士，其中有雷孝思（Jean-Baptiste Régis）、傅圣泽（Jean-François Foucquet）等人。这两人后来都以他们对《易》的译介而著名，雷孝思的影响更大。雷孝思等人到北京，傅圣泽等人留在中国南方传教。后经白晋推荐，康熙帝把傅圣泽从江西召至北京，与白晋一起研究《易》。但白晋和傅圣泽对《易》的研究角度不同：白晋用数学解释《易》的价值，而傅圣泽注重其中体现的文化。在一定程度上，他们的差别也是莱布尼兹和荣格对《易》的切入角度的差别。

雷孝思，字永维。他的名和字来自《诗经·大雅·下武》："永言孝思，孝思维则。"1736 年，雷孝思把《易经》翻译为拉丁文。这是《易》第一次被完整翻译成欧洲语言。在他的译本之前还有过几个不完全的译本。

科学传教团的部分成员们绘制了《康熙皇舆全览图》。这是中国第一次在实地勘测基础上绘制的全国地图，采用欧洲的实地测绘方法，用时十年。这幅地图于 1717 年第一次印制，后来又做了补充。参加绘制地图的有十位传教士，其中包括本章提到的雷孝思、白晋、张诚。这是传教士在修订历法之后的又一个大贡献。

傅圣泽于 1722 年返回法国。雷孝思在北京去世。

以上这些人只是向欧洲介绍中国文化的来华传教士的一小部分。在向欧洲介绍《易》的传教士中，他们也不是全部。文中提到的译著和自著也只是他们作品的一小部分。

19 世纪后期对《易》的译介：麦丽芝、理雅各

在 18 世纪末，欧洲人原来对中国的想象开始破灭，对中国文明的批评逐渐多起来。鸦片战争直接摧毁了这个老朽帝国的形象。不过，对《易》的翻译和介绍仍在继续。

在《易》的不太重要的译者中，有英国圣公会派遣来华的传教士麦丽芝（Thomas McClatchie）。麦丽芝于 1844 年到达香港，于 1876 年出版了《易》的第一个英译本。英国人理雅各（James Legge）蔑视麦丽芝的译本。理雅各在他的《易》英译本前言说："当我着手翻译《易经》之时，除了雷孝思及其合作者的译本外，别无任何西方语言的译本。"

理雅各是伦敦布道会传教士，在伦敦时已开始学汉语。他于 1840 年到马六甲，三年后迁往香港，并在此后二十余年长期居住在香港。他翻译了多部先秦著作，主要是儒家经典，从 1861 年起在《中国经典》名下陆续出版。从 1862 年开始，理雅各的翻译工作得到王韬的支持。他们的译事合作持续了二十年，其中包括对《易》的翻译。王韬在清末呼吁变法，于 1874 年在香港

创办了《循环日报》，并发表《变法》。

在传教事业上，理雅各与太平天国有往来，特别是洪仁玕。但他最终未能把具有中国特色的太平天国的基督教扳回到基督教的正路上来。

1882 年，理雅各在他翻译事业的较晚时期译成《易》，收入他在牛津大学的同事、宗教学家马克斯·穆勒（Max Müller）编辑的《东方圣书》第十六卷。这个译本至今仍在流传。

在理雅各的翻译之后，法国的易学发展起来。汉学家拉克伯里（Albert Terrien de Lacouperie）是伦敦大学中国语教授，著有《中国最古之经典：〈易经〉及其作者》，于 1882—1883 年发表在《皇家亚洲学会学报》。哈雷兹（Charles-Joseph de Harlez de Deulin）著有《易经——古经及传统评论》。霍道生（Paul-Louis-Félix Philastre）是驻安南（越南）的法国军官，第一次把《易》完整地翻译成法文，译本的第一部分发表于 1885 年。此外，法国的耶稣会传教士顾赛芬（Séraphin Couvreur）等人也被认为向欧洲传播了《易》。顾赛芬确实翻译了许多中国经典，但缺乏他研究《易》的证据。

20 世纪的译本：卫礼贤

虽然法国的易学发达，却仍重视卫礼贤的译本。耶稣会士佩洛（Étienne Perrot）转译的卫礼贤德译本于 1973 年在巴黎出版。卫礼贤是德国的新教牧师，也是一位来华传教士。他比荣格年长两岁。荣格关于中国文化的知识有相当大的一部分是从他的译著中获得的。在给卫礼贤的《易》德译本写的序言中，荣格说："我不是汉学家，但因为个人曾接触过《易经》这本伟大非凡的典籍，所以愿意写下这篇序言，以作见证。同时，我也想借此良机再次向故友卫礼贤致敬。"

卫礼贤于1899年到达中国，在中国度过了二十四年，其中大部分时间在青岛。卫礼贤与以往的传教士有很大不同。他被中国文化吸引，以致完全放弃了传教事业，甚至在德国被认为是中国人。他对荣格说："我没有给一个中国人洗礼，这太让我欣慰了。"不过，卫礼贤并没有放弃他的基督教信仰，在中国期间仍在读《圣经》，1914年日本进攻青岛德国殖民地的时候，他还从《圣经》中得到抚慰。

1901年，卫礼贤在青岛创办礼贤书院，最初是一所神学院，书院的中文名和德文名都冠以他的名字，得到德国教会组织的支持。礼贤书院是一座新式学堂，是今天青岛理工大学的前身。1905年，卫礼贤在青岛建淑懿女子中学。1906年，因为卫礼贤的提议，德国殖民当局与中国合办了一所高等学校，称为德华大学，1914年因日本占领青岛而迁往上海，成为同济大学的两个源头之一。

1912年，清朝灭亡后，许多前朝高官来到青岛。他们多是举人、进士出身，有良好的文史修养。劳乃宣是其中之一。荣格称他为"老派哲人"。劳乃宣是同治十年（1871）进士，在直隶多县任知县，是音韵学家，汉语拼音的推动者。在清末修订《大清新刑律》时，出现法理派和礼教派的争论，劳乃宣为礼教派的重要人物之一。劳乃宣曾出任京师大学堂最后一任总监督。清朝旋即灭亡。严复在劳乃宣之后担任北京大学首任校长。

卫礼贤在青岛成立"尊孔文社",请劳乃宣主持,实际上研究中国传统文化,进行中德文化交流。卫礼贤回忆说:"我们希望通过翻译、讲座和出版的方式,在东西方文化之间架起一座桥梁。康德的著作被翻译成了中文,中国的经典也被翻译成了德语。我们希望在远离中国革命风暴、位于山海之间、风景如画、寂静的青岛做一些建议性的工作。"尊孔文社的藏书楼是中国最早的现代图书馆之一。

卫礼贤大量翻译中国的经典,偏重于思想著作:《论语》(1911)、《老子》(1911)、《庄子》(1912)、《列子》(1912)、《孟子》(1914)、《大学》(1920)、《易经》(1924)、《吕氏春秋》(1928)、《太乙金华宗旨》(1929)、《韩非子》(1929)、《中庸》(1930)、《礼记》(1930)。括号中为在德国的出版时间。此外,卫礼贤还翻译了多种中国历史、文学、民间童话等。

其中,《易经》和《太乙金华宗旨》尤其引起荣格的注意。《金花的秘密》就是荣格根据《太乙金华宗旨》卫礼贤译本而写的一本书。

劳乃宣与卫礼贤一起翻译《易》。这种合作类似理雅各与王韬合作翻译《易》。卫礼贤在《易经》德文译本序言中说:"是他(劳乃宣)第一次向我打开了《易经》的秘密。我们一起工作。他用汉语解释《易经》卦辞,我作记录,然后我把卦辞译成德语,接着我再把德语译文在没有参考原文的情况下译回汉语。劳乃宣比较,看我是否正确地理解了各个重要之点,然后我再精雕细刻德语译文，商量某些细微之处，然后我还要修改三四次，再附上一些最重要的解释。译文就是这样完成的。这一工程整整进行了十年。"

对《易》的评论：黑格尔、荣格

《易》的《经》和《传》是至少相距近千年的两个作品，《传》在孔子之后。传说，《易》最初为伏羲所画。伏羲早于华夏文明的形成。《连山》《归藏》，分别被认为是夏、商的《易》。殷人信卜筮，从殷墟出土的甲骨文可以看出这一点。周文王"演易"，是在前人基础之上改造而形成《周易》。《周礼·春官宗伯》说："三易之法，一曰连山，二曰归藏，三曰周易。其经卦皆八，其别皆六十有四。"可知"三易"一脉相承，基本结构一致。据《隋书·经籍志》，前两种在汉初已亡佚。近年来出土的竹简中有被认为是《连山》《归藏》残篇者。

《易》是卜筮之书。朱熹经常说到这一点。例如，他说："易本卜筮之书，后人以为止于卜筮。"（《朱子语类》卷六十六）《易》的占卜很可能源自古老的萨满教，这一点已经被许多学者接受。萨满教（不是宗教）是一种万物有灵的信仰，主要流行于欧亚大陆北部，至今犹存，也是华夏文明的一个源头。萨满师能够沟通鬼神、灵魂，具有原始的天文等知识。虽然表现形式与萨满的跳神不同，《易》的卜筮也是通灵的一种方式，早期可能也有舞蹈等仪式。

儒、道两家都把《易》作为经典，继承者有两个趋向，分别为义理和象数两派。义理派是儒家的，其源头上溯到孔子，不过孔子与易学的关系仍在争论中。象数派也是儒家的，却是宋初儒家向道家学来的，同时道家的易学也未中断。宋朝儒学大量吸收佛教和道家的思想，与先秦儒家有了很大的区别，因此被称为新儒家。汉儒的贡献是收集、整理、注解先秦儒家文献，宋儒则在已经扩展的知识范围内（佛、道）发展了先贤的学说，无论理学还是心学，都是如此。

黑格尔的评论

经由传教士的介绍和翻译，中国文化对 17 世纪和 18 世纪的欧洲思想界产生了相当大的影响。与此同时，中国却不太愿意进一步了解欧洲，即使那时已经通过传教士们知道欧洲的科学和技术遥遥领先，而且他们能够制造火力更猛烈的枪炮——这对于维持王朝统治极为重要。1793 年，英国使臣马戛尔尼（George Macartney）来中国见到乾隆帝的那一年，法国国王路易十六在大革命中被处死，炮兵军官拿破仑崛起。英国将与盟国一起打败拿破仑的法国，成为一个全球帝国。到了 19 世纪初，随着对中国的进一步了解（马戛尔尼使团成员的描述是其中一部分），欧洲对中国有过的美好想象破灭。

黑格尔是东方（包括中国）的批评者之一。在《法哲学原理》（1821）中，黑格尔指出："中国的历史从本质上看是没有历史的，它只是君王覆灭的一再重复而已。任何进步都不可能从中产生。"传教士和他们带来的知识在中国的遭遇可以证明这一点。

朝代兴亡的一再简单重复也反映在中国思想中。五行终始说之中包含历史轮回说，在秦、汉时已被朝廷接纳。这种历史观没有关于进步的观念。《易》的《经》部没有涉及五行，但《易·说卦》中有五行之说掺入。邵雍的《皇极经世》从《易》展开，表达了历史退化的论调。

黑格尔认为，自然是周而复始的，历史则不断有新东西出现。这些新东西是精神创造的，历史就是精神的历史。精神的主要特征是自由。他论证他的日耳曼民族体现了精神的最高发展程度；日耳曼精神就是现代世界的精神。

可是，把德意志民族视为最高精神体现的黑格尔却崇拜强权者拿破仑，一个科西嘉人。拿破仑在 1804 年称帝，1806 年在耶拿战役中打败普鲁士军队。这时，在耶拿大学任教的黑格尔刚完成他的《精神现象学》。他看到作为胜利者骑马进入耶拿城的皇帝，称这位皇帝为马背上的"世界精神"、历史的终结者。当然，拿破仑不会知道黑格尔所谓的"世界精神"——他有自己的精神。

拿破仑对中国怀有希望。1716 年，英国使臣阿美士德（William Amherst）再次出访中国。他也没有完成使命。第二年回英国的路途中，在南大西洋的圣赫勒拿岛，阿美士德见到因战败被流放到那里的拿破仑。当时，圣赫勒拿岛属于英国的东印度公司。从这次会见中，传出拿破仑的名言：中国觉醒时，世界将为之震撼。其真实性不能确定。无论原话是怎样的，拿破仑只是警告英国不要对中国使用武力，因为庞大的中国将学习新技术，打败对手。

在此后两百余年，黑格尔的判断比拿破仑的更接近这段中国历史的真实。黑格尔在《历史哲学》（1822）之"中国"篇中说："中国很早就已经进展到了它今日的情状；但是因为它客观的存在与主观运动之间仍然缺少一种对峙，所以无从发生任何变化，一种终古如此的固定的东西代替了一种真正的历史的东西。中国和印度可以说还在世界历史的局外，而只是预期着、等待着若干因素的结合，然后才能够得到活泼生动的进步。客观性和主观自由的那种统一已经全然消弭了两者间的对峙，因此，物质便无从取得自己反省，无从取得主观性。所以'实体的东西'以道德的身份出现，因此，它的统治并不是个人的识见，而是君主的专制政体。"（着重号为原文所加）

儒家确实有泛道德主义的倾向，消弭了客观存在与主观运动的界限。但这本不足以禁锢社会。在黑格尔的德意志，康德的"绝对命令"就是道德律令。真正的问题是黑格尔这段话的最后一句揭示的。

黑格尔批判东方的固化的历史，不乏洞见，但他给出的原因缺乏说服力。《易》强调变，其中有对峙，也有转换。这种对峙包括主观与客观的对峙，不是前者对后者的完全服从。固化的原因来自历史在封闭中产生的惰性。在19世纪晚期之后，中国确实等到了"若干因素的结合",外部刺激和内部求变的结合,也缓慢地改变了中国,但还不足以创造"活泼生动的进步"。

在另一方面,黑格尔对东方历史的批判也同样适用于他的历史哲学。"主观自由"从来都只属于少数人。他的历史哲学以民族和国家为主体。在这个构想之中,个人必然失去"主观自由"。因此,他设想的历史进程不可避免地陷入他批判的所谓的东方历史。这不是从他崇拜拿破仑开始的,这位皇帝被打败了。黑格尔的历史哲学的继承者添加了其他要素,灾难性地改变了20世纪的欧洲以及更广泛的世界。相比尼采为此受到的指责,黑格尔可能要承担更大的责任。

在没有变化的历史中,黑格尔看到精神的阻碍。他在《历史哲学》中说:"中国的宗教,不是我们所谓的宗教。因为我们所谓宗教,是指'精神'退回到了自身之内,专事想象它自己的主要的性质,它自己的最内在的'存在'。在这种场合,人便从他和国家的关系中抽身而出,终究能够在这种隐退中,使得他自己从世俗政府的权力下解放出来。但是在中国就不是如此,宗教并没有发达到这种程度。"(着重号为原文所加,以强调两者的区别。)

显然,黑格尔做出批评所依据的材料还不够充足。"'精神'退回到了自身之内"恰恰是中国思想的一个主要特征,在"宗教"形成及传入之前便已如此,例如《易·遁》之彖、象解释,而精神之遯(遁)也将在其中产生,并且发展到很高的层次。这种退隐的原因有外部压力,也有精神自身发展的需求。"世俗政府的权力"的扩张最终使得这种"解放"失去可能,黑格尔了解的中国历史正是这一段，而且将在很长时间内不会结束。历史从来都不可能只是精神事件。历史与思想是互动的。当思想被禁锢的时候，历史不可能前进。在历史停滞的时候，思想也将萎缩。

在历史之外，黑格尔还批评中国缺乏抽象思辨。在《哲学史讲演录》（1816年开讲）中，黑格尔批评在孔子"那里思辨的哲学是一点也没有的"。对于《易》，他说："中国人也曾注意到抽象的思想和纯粹的范畴。"但他认为《易经》还不够深入。黑格尔说："他们（中国人）也达到了对于纯粹思想的意识，但并不深入，只停留在最浅薄的思想里面。这些规定诚然也是具体的，但是这种具体没有概念化，没有被思辨地思考，而只是从通常的观念中取出来，按照直观的形式和通常感觉的形式表现出来的。"他列举对于《易》卦的解释是为了"表示它们是如何地肤浅"。

黑格尔的这个批评也是中肯的。但他从"精神"的角度讨论"历史"，则在另一个方面走过了，其中的缺陷并不比缺乏思辨能力更小。历史是人类的经验，可以总结，但总结不能脱离经验。历史不会呈现一般的、抽象的规律。任何这样的做法一旦与权力勾结，都必将导致人类的悲剧。

《易》与科学

卫礼贤在1930年去世后，荣格写了一篇文章《纪念卫礼贤》，荣格说："几年以前，英国人类学会当时的主席问我，为什么中国这样一个有高度智慧的民族却没有科学上的成就。我回答说，这一定是一种视觉错误，因为中国人确有一种科学，它的标准经典就是《易经》。只不过这种科学的原理，也如同中国许多别的东西一样，完全不同于我们科学的原理罢了。"

可是，《易》并没有产生科学。荣格的这个回答以及他的心理学都超出了现有科学的范围。科学的一个要点是理性，基础是数学、逻辑，而这两项在古代中国都不发达；另一个要点是任何假设都需要严格、反复的实验证明。卡尔·波普尔指出，科学论断可以被个别的反例证伪。在此之外号称科学的都是伪科学。很多人也不认为荣格的心理学是科学。但荣格心理学不必进入科学。他的贡献是揭示了心理与文化的关系。

当然，也可以给"科学"下更宽泛的定义，从而使"科学"接纳更多的内容。但这无助于科学的发展。

《易》之学有一些简单的数字运用，但与现代数学的原理无关。古代中国的数学、炼丹术颇有成就，却都是经验的积累，没有到达抽象推理的阶段。如果没有理性的指导，经验无法走很远，不可能产生近代科学。

《易》的误用

《易》有《经》《传》两部分。《经》部是文明之前的产物。《左传》多有反对用《易经》预测未来（算命）的记录，显示出中国至少在公元前8—公元前7世纪已经进入人文理性的时代。当然，反对也说明被反对行为的存在。《易传》把《易》作为一种形而上学的基础，《易》才重新焕发生机。马王堆帛书《要》载孔子之语："子曰：'《易》，我后其祝卜矣，我观其德义耳也。'"这是孔子对《易》的态度，"德义"符合他的一贯思想。

易学有义理和象数两派。孔子是义理派。汉代的孟喜、京房、郑玄等人被认为是象数学派的开创者。学《易》，进而形成一个文明之中人们的思维模式，这需要一个过程。

在两汉，公羊学、谶纬说的兴起与繁荣，为易学象数派的发展创造了条件。相比《左传》的记录，这是思维能力的倒退。3世纪的王弼是一位短寿的天才。他抛弃象数之学，以老子思想注《周易》，开辟玄学之风。五代至宋初的道士陈抟创《易》的"先天学"，为北宋的邵雍继承，由此进入宋儒的思想体系。易学的历史复杂，一篇短文难以概述。总而言之，《周易》象数学最终扩展为包含天文、历法、乐律、养生等内容的一个庞杂体系，而且至今不衰，在流行广度上压倒义理派。

象数学的思维模式不是一个特例。观古人之书，多以历史事件作为例证，论者对这些事件的描述极为简略，而且只按照自己的需要选取一个角度，可以适用许多种解释。每一步的推理往往大而化之，例如，《易·系辞上》说："乾以易知，坤以简能；易则易知，简则易从；易知则有亲，易从则有功；有亲则可久，有功则可大；可久则贤人之德，可大则贤人之业。易简而天下之理得矣。"此句发挥"易"字，分别从乾、坤两卦出发，由易知、易从，到有亲、有功，再到可久、可大，进入贤人之德、贤人之业，然后便到了结论："天下之理得矣"。这中间完全不需要提供实验、实践的证明，也不需要说明结论中的"天下之理"为何，把自然与道德混为一谈，甚至没有考证"易"的字源便对这个字做出了解释。这种混淆不是《系辞》首创，实际上是原始的思维方式。

同样，《易·系辞上》又说："《易》与天地准，故能弥纶天地之道。"这一句更简易，先假设《易》等于（"准"）天地，然后直接给出结论：《易》能够普遍容纳（"弥纶"）天地之道。其间也无逻辑的和经验的论证。孟子也是如此论证他的思想。在古代中国，这样的论证方式被普遍采用。

在科学中，任何计算和推演，都需要得到实验的证明，否则无论听上去多么有道理，都只能被当作假说。这是科学的一个基本要求。胡适提出"大胆假设，小心求证"，实际上是推动演绎法的使用。他针对的是当时逻辑论证、实验证明的缺失。这句话在今天也许很平常，已是最基础的学术要求。但在一般人群中，《易》的思维模式仍然很普遍。

挖掘《易》的意义当然非常必要，但如果牵强附会，反而会遮盖《易》的真正价值所在。《易》的贡献并不在于它符合现代的逻辑学。

共时性:《易》与科学

必然性和偶然性

卫礼贤的中国知识吸引了荣格。在 1923 年至 1929 年之间,荣格多次邀请卫礼贤在苏黎世心理学俱乐部演讲,题目涉及《易》、佛教、道教等,都与荣格关心的"心灵"问题有关。

荣格在卫礼贤的德译本出版之前,已经读过《易经》,应该是理雅各的英译本。荣格说:"理雅各的翻译,是到目前为止唯一可见的英文译本,但这译本并不能使《易经》更为西方人的心灵所理解。相比之下,卫礼贤竭尽心力的结果,却开启了理解这本著作的象征形式的途径。他曾受教于圣人之徒劳乃宣,学过《易经》哲学及其用途,所以从事这项工作,其资格自然绰绰有余。而且,他还有多年实际占卜的经验,这需要很特殊的技巧。"

占卜的结果是随机的分布,具有偶然性。占卜与后来事实的联系也具有偶然性,卜辞的预言不是必然应验的,但卜辞对于人的心理有影响，尤其是无意识，进而影响到未来事件的发生与解释。荣格在《谈卫礼贤》中说："卫礼贤的问题也可以被视为'意识'和'无意识'之间的冲突，这种冲突在他身上就以西方与东方之间的抵触形式出现。"这种抵触实际上是理性与神秘主义的冲突。

1950 年，卫礼贤的德译《易经》的英译本出版，荣格为之作序。他说："三十多年以来，我一直热衷于《易经》占筮，或曰探索无意识之法，因为我认为它意义重大，异乎寻常。我在本世纪二十年代初与卫礼贤结识的时候，已对《易经》颇为熟悉。此后他使我更加深信不疑，对我赐教不少。"这个英译本是荣格安排他的美国学生卡里·贝恩斯（Cary F. Baynes）翻译的。卫礼贤于 1930 年去世，没能看到英译稿。他的第三子卫德明（Hellmut Wilhelm）审阅了英译本。卫德明出生在青岛。卫礼贤去世后，卫德明决心继承父业。他对中国文史和《易经》研究的名声可能超过乃父。

在给卫礼贤的《易经》英译本写的序言中，荣格不认为《易经》符合逻辑的必然性。荣格说："《易经》对待自然的态度，似乎很不以我们因果的程序为然。在古代中国人的眼中，实际观察时的情境，是概率的撞击，而非因果链会集所产生的明确效果——他们的兴趣似乎集中于观察时概率事件所形成的缘由，而非巧合时所需的假设的理由。当西方人正小心翼翼地过滤、较量、选择、分类、隔离时，中国人情境的图像却包容一切到最精致、超感觉的微细部分。（注意："最精致、超感觉的微细部分"，这些用词并非夸张。）因为所有这些成分都会会聚一起，成为观察时的情境。"

　　荣格从不同于西方的思维方式之中看到了《易》的价值，并赋予《易》以现代意义。这是他对中国文明现代化的贡献之一。他提到的因果关系是欧洲哲学中的一个大问题。苏格兰怀疑论者大卫·休谟对此提出疑问。他在《人性论》（1737）中说："我们无从得知因果之间的关系，只能得知某些事物总是会联结在一起，而这些事物在过去的经验里又是从不曾分开过的。"休谟指出，人们对因果关系的认知只是来自过去经验的积累。他不认为理性能够揭示出因果之间的必然联系。

　　休谟认为因果联系是想象而不是理性的产物。他说："当心灵从一个对象的观念或印象转移到另一个对象的观念或信念时，它并不是被理性所决定，而是被某种原则所决定，这些原则将这些对象的观念联结到一起，并将它们在想象中结合起来。"他认为，因果关系是观察的产物、心理活动的产物，是人心的习惯性转移——相信某一物象出现之后会出现另一物象。所谓的自然法则或因果律，都只是人们期待的产物，并非运用理性的结果。

　　康德试图解决"休谟问题"。他提出内在于人心的先验预设，感觉经验在这一框架中呈现出来。但这同样为心理学解释留下了空间。

共时性与《易》

　　欧洲哲人们纠结于因果律是否存在。在《易》中没有因果关系的必然性。龟甲、蓍草显示出的样子是偶然出现的，在这个结果出现之前有很多种可能，在结果出现之后还有待卜者的主观解释，也有多种可能。荣格在《易》的序言中说："正如我在《易经》里看到的，中国人的心灵似乎完全被事件的几率层面吸引住了，我们认为巧合的，却似乎成了这种特别的心灵的主要关怀。而我们所推崇的因果律，却几乎完全受到漠视。"几率是偶然，因果律是必然。

"巧合"的事件之间没有因果关系，但不是没有关系。卫礼贤在《中国的生活智慧》中说："意义和实在的关系不能在原因和结果的范畴中理解。"他指出，中国人认为在所有事物中都存在潜在的'理性'，但不是在感觉世界。荣格指出这正是非因果关系但又彼此有关系的事件的巧合的基础。《共时性：非因果性联系原则》是荣格在 1952 年发表的一篇文章的标题，也是荣格对共时性的定义、对休谟问题的回答。这篇文章与泡利的一篇文章合为一本书。"共时性"这个概念受到爱因斯坦的相对论的启发，又在荣格与泡利的合作中得到巩固。荣格与这两位物理学家的交往早于他认识卫礼贤。

荣格用过多个事例解释共时性，大致可以用中国的一个谚语作为总结，即"说曹操，曹操到"。有时候，"说曹操"的行为可以表现为一个梦境或一个意境，然后，这位梦者、想象者在现实中看到了类似的事件。谈论某人（或梦到其他存在物）不是这个人（或其他对象）出现的原因，这两件事情之间没有因果关系。这种事情不是必然发生的，但有时确实会发生。基于这种经验或者迷信，许多人不愿意说出不吉利的话，以免遭遇这些话带来的厄运。这不仅仅是对言语本身的敬畏，更是对言语可能带来的结果的敬畏。

荣格的"曹操"常常是鱼。他把鱼作为基督教文明中的一个"原型"，与《新约》中描述的耶稣的经历有关。

荣格也在《易》中发现了"共时性"的证据。他把共时性解释为"偶然的一致"，即似乎不相干的事情在同一个时间段内发生，它们之间没有因果关系，却在时间上有联系。共时性是荣格心理学中的一个重要概念，在他读《易》之前已经产生，他曾为此长期困惑。他说："很长时间以来我就知道，存在一些直觉的或'预知的'方法，即领悟整个境况的方法，这种方法非常具有中国特色，非常像《易经》的方法。不像受希腊思想影响的西方人，中国人不是要看细节，而是将细节看作整体的一部分。"

因果关系是一个事实链条，只涉及细节。《易》的预知从整体观而来，其中没有事件在时空中的逻辑联系。荣格把直觉、预知与整体作为形成共时性事件的要件。他说："《易经》是最古老的把握整体的方法，它将细节放在整个宇宙的背景之上来考虑。"——他称之为"中国古典哲学的经验基础"。(《共时性：非因果性联系原则》)

"共时性"不是指两个或更多在同一时间内发生的事件的相互联系，这些事件在空间中也不一定接近。"共时"更多是心理意义上的时间同步，是"感应"的结果。荣格认为，在人们关于世界的原初观念中，时间和空间并不是很固定的东西，在测量技术的发展之后才成为"固定"的概念。他指出，"从本质看，它们（空间与时间）来自心理，康德把它们视为先天范畴的原因很可能就在于此"。"先天范畴"即荣格提出的集体无意识以及其中的原型，存在于个体之先。荣格把他的心理学建立在哲学（包括神秘主义）的基础之上，而心理学确实也是从哲学中分化出来的。

因果关系是线性的，前面的引起后面的发生。在《易》的序言中，荣格指出因果关系和共时性的不同。他说："正如因果性描述了事件的前后系列，对中国人来说，共时性则处理了事件的契合。因果的观点告诉我们一个戏剧性的故事：D 是如何呈现的？它是从存于其前的 C 衍生而来，而 C 又是从其前的 B 而来，如此等等。"

共时性是诸事件丛生的平等关系。荣格认为，共时性的观点是了解世界的另一种有效方式："相形之下，共时性的观点则尝试塑造出平等且具有意义的契合之图像。ABCD 等如何在同一情境以及同一地点中一齐呈现。首先，它们都是同一情境中的组成因素，此情境显示了一合理可解的图像。"

"契合"是彼此具有意义的事件的偶然会合，其发生有概率。作为对比，休谟对因果关系的定义是各种物象的"恒常会合"。因为恒常，所以人们认为这些事件的联系是必然的。所谓"一齐呈现"的事件，其实在时间上也有先后，但先出现的事件不是后出现事件的原因，这些事件的发生也不是通常意义上的巧合。荣格强调"同一情境"，即赋予共时性事件意义的共同背景。这个背景可以大到宇宙，却包含主观的心理因素。

按照荣格的定义，共时性是心理状态与客观事件之间的非因果关系。他认为："《易经》的基本假设是，发问者的心理状态和卦象之间存在共时性关系。"（《论共时性》，1951）如果没有"发问者的心理状态"的加入，卦象的显示就失去了意义。

荣格在序言中说："《易经》六十四卦是种象征性的工具，它们决定了六十四种不同而各有代表性的情境，这种诠释与因果的解释可以互相比垺。"他认为六十四卦的情景与因果关系同样有效。荣格继续说："因果的联结可经由统计决定，而且可经由实验控制，但情境却是独一无二、不能重复的。"卜者要在占卜时进入情景，把自己的情景与《易》卦的情景相交融。这样，荣格就把个人的心理与占卜联系在一起。

荣格相信《易》能够针对询问者个人的情景做出回答，而且是潜藏的情景。这当然离不开无意识。他说："《易经》的方法确实考虑了隐藏在事物以及学者内部的'独特性质'，同时对潜藏在个人潜意识当中的因素，也一并考虑了进去。"他认为，一般来说，无意识比意识知道得更多。（《共时性：非因果性联系原则》）因此，意识并不能完全理解无意识。而所谓"独特性质"就是他的另一个概念"个体化"的体现吧。

荣格不仅提出分析，他也使用《易》卜算。这时，《易》表现为一个生命体（准确地说，一个精神实体），与荣格进行精神交流，就像是两个人之间进行对话。《易》甚至还对荣格讲述它自己的境遇，并寄希望于荣格。荣格说："《易经》在答复我的问题时，谈到它自己在宗教上的意义，也谈到它目前仍然未为人知，时常招致误解，而且还谈到它希望他日可重获光彩——由最后这点显然可以看出：《易经》已瞥见到了我尚未写就的序言，更重要地，它也瞥见了英文译本。"

这里的"英文译本"指卫礼贤的《易经》德文译本的英文转译。荣格的序言是为这个转译本而写的。在这篇序言中,荣格说:"古代中国人心灵沉思宇宙的态度,在某点上可以和现代的物理学家比美,他不能否认他的世界模型确确实实是就像《易经》里实在需要包含主观的,也就是心灵的条件在整体的情境当中。"荣格说到"现代的物理学家"时,他有具体所指,其中包括爱因斯坦和泡利。荣格对共时性认知的更重要的启发来自爱因斯坦的相对论以及荣格的病人和朋友泡利。

爱因斯坦的精神世界

荣格在 1909 年离开伯戈尔茨利精神病院,开设了自己的诊所。1911 年,他们都在苏黎世的时候,爱因斯坦多次到荣格家中做客。这年 1 月,荣格在给弗洛伊德的一封信中说,他整个晚餐都与一位物理学家讨论光电理论。这是爱因斯坦在 1905 年他的"奇迹年"做出突破的领域之一,狭义相对论是其余的创造之一。在布拉格工作一年多以后,爱因斯坦在 1912 年 10 月回到苏黎世大学,继续与荣格的交往。1916 年,爱因斯坦系统地发表了他的广义相对论。

在他们的多次交谈中,爱因斯坦介绍了他的相对论,荣格则谈论他的心理学。他们并不能很好地理解对方的发现。不过,当荣格问爱因斯坦,是否可以把他的相对论运用于心理学的时候,爱因斯坦的回答是肯定的。这是荣格的回忆。爱因斯坦的回答是出于礼貌还是真诚赞同，不得而知。

在《纯粹理性批判》中，康德把时间与空间作为因果关系的条件。爱因斯坦和荣格则分别在物理学和心理学层面改变了对时间的这种看法。而荣格对时间和空间观念的突破是受到爱因斯坦相对论的启发。

荣格在"非时间和非空间的统一体"的观念中理解《老子》和《易》。他说："只有在不考虑心理状态时，我们才可以将时间和空间概念看成常量"，"而情绪状态会通过'收缩'改变时间和空间"。（《共时性：非因果性联系原则》）在这种情绪的"收缩"中，时间和空间被改变，共时性成为可能。荣格注意到，伟大的数学家高斯（Johann Carl Friedrich Gauss）在 1830 年的一封信中说："我们必须谦卑地承认，如果数只是我们心灵的产物，那么空间就在我们的心灵之外。"（《共时性》）换一种方式说，心灵也在空间之外——无论把心灵看作是理性的还是精神的。

爱因斯坦在 1921 年获得诺贝尔物理学奖，这只是奖励了他的一个相对不太重要的贡献。他在授奖仪式上的演讲是《我的信仰》，不是《物理学的未来》之类。显然，信仰之于他是一个更重要的话题，而物理学只不过碰巧是他的天才所在。爱因斯坦说："我们这些总有一死的人的命运是多么奇特呀！我们每个人在这个世界上都只作一个短暂的逗留；目的何在，却无所知，尽管有时自以为对此若有所感。"他说对此"不必深思"，但这种"若有所感"是许多精神现象的原因。爱因斯坦为他的"精神生活和物质生活"而感谢别人的劳动，并每天时刻提醒自己也用劳动回报所得。

爱因斯坦在演讲中说:"我强烈地向往着简朴的生活,我认为阶级的区分是不合理的,它最后所凭借的是以暴力为根据。"完全消除阶级需要使用更大的暴力,并带来更大的不平等。但这不是说平等是不可欲的,不可实现的。他在这次演讲中第二次提到"精神":"我也相信,简单淳朴的生活,无论在身体上还是在精神上,对每个人都是有益的。"

这位伟大的物理学家也没有回避他的神秘体验和宗教情感。他说:"我们所能有的最美好的经验是神秘的经验。它是坚守在真正艺术和真正科学发源地上的基本感情。谁要是体验不到它,谁要是不再有好奇心也不再有惊讶的感觉,他就无异于行尸走肉,他的眼睛是迷糊不清的。就是这种神秘的经验——虽然掺杂着恐怖——产生了宗教。"他认为,"神秘的经验"不仅是"最美好的",也是艺术和科学的源头。

爱因斯坦说:"我们认识到某种为我们不能洞察的东西存在,感觉到那种只能以其最原始的形式为我们所感受到的最深奥的理性和最灿烂的美——正是这种认识和这种情感构成了真正的宗教感情;在这个意义上,而且也只是在这个意义上,我才是一个具有深挚宗教感情的人。"

这句话有几个由形容词修饰的名词。"我们不能洞察的东西"存在于人的认知之外,爱因斯坦也许不认为认知的有限性是科学发展能够解决的。"最原始的形式""最深奥的理性"是一对似乎矛盾的概念,也是荣格经常不被人们理解的原因之一。但爱因斯坦不仅不认为它们是对立的,还把它们作为相互联系的一对事实。"最灿烂的美"可以是自然和科学发现,也可以是艺术。作为艺术之一种，东方艺术不是对现实的理性模仿，而是诉诸感觉和无意识。"真正的宗教感情"其实是一种神秘主义的情感。高度组织化的宗教虽然离不开这种情感，却排斥其"最原始的形式"，因而难以达到"具有深挚宗教感情"。

科学中的直觉

物理学家沃尔夫冈·泡利（Wolfgang Ernst Pauli）称爱因斯坦为"父亲般的朋友"。泡利出生在维也纳，也是一位科学天才。他在中学时就发表了不止一篇关于爱因斯坦广义相对论的论文。他还指出外尔（Hermann Weyl）引力理论中的一个错误，因而受到这位著名的数学家、物理学家的重视。外尔自称是第一个发现泡利是天才的人。其实，这一荣誉应该归于泡利的教父、实证主义哲学家和实验物理学家恩斯特·马赫。

外尔方程式至今仍在引导物理学的发现。外尔认为：物质处在物理时空之外；存在是一个神秘的深渊，人们只能为它建立一幅带有数学美感的图像。在精神上，外尔被神秘主义吸引。在哲学上，他支持布劳威尔的直觉主义，强调依靠直觉从整体上把握事物，而不是以理性从细节入手。布劳威尔（Luitzen Egbertus Jan Brouwer）是荷兰数学家，在拓扑学等领域有杰出贡献。布劳威尔也对神秘主义有浓厚的兴趣。他在前人（如大数学家庞加莱）的基础上提出直觉主义，指出逻辑存在悖论，只有直觉的构造才能作为数学的基础。直觉主义可以归入神秘主义。

1918 年中学毕业后，泡利成为杰出物理学家索末菲（Arnold Sommerfeld）的研究生。仅在一年之后，索末菲就发现他已经没有东西可以教给泡利了（刻薄粗鲁的泡利在一生中都对这位老师保持极大的尊重），于是他让泡利为爱因斯坦的相对论写一篇百科全书式的文章。这篇文章得到爱因斯坦高度而且全面的赞扬。这时的泡利才二十一岁。在二十四岁时，泡利提出"不相容原理"，但他对此并不是很有信心。在他的另一位老师尼耳斯·玻尔的鼓励下，泡利于 1925 年 1 月发表了论文，并因此获得 1945 年诺贝尔物理学奖，提名者是爱因斯坦。

玻尔是量子力学的创始人之一。1922 年，玻尔因他的"互补原理"获得诺贝尔物理学奖。他说："互补一词的意义是：一些经典概念的人和确定应用，将排除另一些经典概念的同时应用，而这另一些经典概念在另一种条件下却是阐明现象所同样不可缺少的。"（《尼耳斯·玻尔哲学文选》绪论）这是他对互补原理的扩大，以使之具有更广泛的意义。玻尔注意到"心理学规律所显示的和某些量子理论基本特点之间的类似性"（同上），并认为可以使这两个学科互相促进。在互补原理的心理学运用中，情感和逻辑也不能兼容，但在认知中都不可缺少。

"决定论"是对因果关系的信仰，在科学中被量子力学打破。玻尔在更大范围内看到决定论的有限性。他说："思想和感觉这一类字眼的应用，并不牵涉到一个坚固地联系着的因果链，而是牵涉到一些经验。""我们必须意识到，心理经验并不能加以物理测量，而且，决心这一概念并不表示一种决定论描述的推广，而是从一开始就指示着人类生活的特征。"（《原子物理学和人类知识》，1955，收入《尼耳斯·玻尔哲学文选》）"物理测量"在量子力学中是不可能完备的。玻尔推而广之，从根本上否定了科学方法对心理学领域的侵占。

玻尔认为物理学问题比心理学问题"简单得多"，而后者比前者"更加微妙"。（《尼耳斯·玻尔哲学文选》绪论）在科学至上的氛围中，如果一位心理学家这样说，大约会被认为是自抬身价吧。但这是一位杰出物理学家的陈述。

量子系统的描述是概率性的，决定论者爱因斯坦不接受这种偶然性。他说："上帝不掷骰子。"玻尔指出，经典（物理学）不接受量子力学是因为这个新的理论"不可避免地要求我们放弃因果描述方式"而采用"互补描述方式"。（同上）玻尔只是把科学作为一种"描述方式"，而不是最终真理。为此，玻尔和爱因斯坦长期争论，其中一个分歧就围绕海森堡的不确定性原理：在量子系统里，一个粒子的位置和动量无法同时被确定。不确定性原理与互补原理有异曲同工之妙。1927年，海森堡因为不确定性原理获得诺贝尔物理学奖。海森堡解释说：在因果律中，确切地知道现在，就能预测未来。但他认为，这只是一个前提，事实是："我们不能知道现在的所有细节，是一种原则性的事情。"

泡利和海森堡是索末菲和玻尔门下的同学，也是好友。海森堡说，他们还是索末菲的学生时，他和泡利一起散步时学到的物理学知识比从索末菲讲座中得到的还多；泡利则敬佩海森堡的"物理直觉"，他认为，直觉盖过所有反对的理由。直觉是对事物的直接感受，其发生不经过理性和逻辑的推演，在物理学中的结果却需要数学的推演和实验的证明。在其他学科中也应当需要推演和实证。

　　泡利支持过海森堡建立统一量子场论的工作，但又分道扬镳。在1958年（泡利在这一年底去世）罗切斯特高能物理会议上，他们公开攻击对方。在同年晚些时候，泡利对海森堡说："你必须把这项工作推进下去，你总是有正确的直觉。"优秀的科学家离不开直觉。杨振宁也赞叹海森堡的直觉："（海森堡）带来了无疑是人类历史中最伟大的智力成就之一的新科学，即量子力学。"杨振宁说："他（海森堡）真正让人震惊的能力，就是能模糊而不确定地，以直觉而不以逻辑的方式，觉察出控制物理宇宙的基本定律的本质性线索。"（《沃纳·海森堡》，收入《曙光集》）

　　泡利也有出色的直觉。他自称神秘主义者，在灾难到来之前会有不安的感觉，事情发生后又会如释重负。他还以"泡利效应"著称。这不是一个物理学理论，而是指泡利对物质的干扰：当泡利在场甚至在附近时，实验室的仪器就会出现故障。一次例外发生在哥廷根大学，该校物理学家弗兰克（James Franck）实验室的一个贵重测量仪器突然停止工作。弗兰克写信给在苏黎世工作的泡利，告诉他至少这次他是无辜的，却发现泡利那天在从苏黎世去哥本哈根的火车上，事发时正在哥廷根换乘。好在弗兰克那时已经完成使他获得1925年诺贝尔物理学奖的实验。现在人们大概会把这些故事当作传奇，但当时泡利的同事大都是认真的，还有人在做试验时专门请泡利避开。泡利自己也相信"泡利效应"。1950年，泡利在普林斯顿大学工作时，该校的高能质子回旋加速器烧坏。泡利就自问是否是"泡利效应"造成的。

泡利：荣格的合作者

"泡利效应"可算是他对共时性的一个经验证明吧。泡利的中微子设想是在他离婚后的精神危机之中提出的。1932 年 1 月，他向荣格寻求帮助。荣格成为泡利的医生和老师。他们往来密切，书信联系从 1932 年持续到荣格去世前三年的 1958 年。他们讨论物质与意识的关系，讨论炼金术。此外，泡利还把他的许多梦写给荣格，供他分析。

泡利的"不相容原理"提出，在原子中完全确定一个电子的状态需要四个量子数，而不是原来的三个。1930 年，为了维护能量守恒定律，泡利提出"中微子"（泡利称为中子，费米改称为中微子）的设想，它产生于 β 衰变并带走了部分能量。这是一种几乎不与其他物质发生相互作用的粒子，可以自由穿越地球。泡利说："我预言了一种无法测到的粒子。"二十六年后，美国科学家才观测到第一种中微子。此后又有两种中微子被发现。诺贝尔物理学奖已经四次颁发给八位中微子的研究者。

"四"在荣格心理学中也是一个有特别意义的数字，例如，共时性是第四维度。荣格说："经典物理学的三个维度，时间、空间和因果关系，就要由共时性因素来补充，这样就变成了四个维度，从而能进行整体的判断。"（《共时性》）在这四个维度中，前三个构成经典的一组，共时性是新补充的，如同中微子。荣格认为，有些不能用因果关系解释的事件，必须用共时性原则来解释。

共时性概念是荣格与泡利一起完善的。荣格在叙述他关于共时性的观点时，经常提到泡利贡献的知识和洞见。在他们的讨论中，荣格说："泡利教授建议用能量的守恒和时空连续统来代替经典图式中的时空对立。这个建议使我期望在两种异质的概念——因果关系和共时性——之间建立某种关联时，进一步地确定了这一对立的定义。"（《共时性》）这样，荣格把时间和空间合并为时空连续统，与之对立的是守恒的能量。四个维度的另外两个是因果性和共时性。

关于他们之间合作的更多内容，请看戴维·林道夫的《当泡利遇上荣格：心灵、物质和共时性》，有简体中译本。

共时性并不是《易》独有的。荣格在占星术、炼金术和通灵学中也看到共时性原则。这些都是古老的知识，在现代被当作没有根据的迷信。他说："共时性观念和意义是自身存在的观念构成了传统中国思想，以及中世纪朴素世界观的基础。"这种概念在20世纪的西方显得非常过时，但西方并没有成功摆脱它。"科学时代的决定论也没有能够完全消除掉共时性原则的解释力。"（《共时性》）实际上，量子力学给共时性原则提供了旁证。

共时性在《易》与科学之间建立了某种联系，尽管这种联系还有待直接的证明。荣格对《易》的态度是开放的。他说："《易经》本身不提供证明与结果，它也不吹嘘自己，当然要接近它也绝非易事。它如同大自然的一部分，仍有待发掘。它既不提供事实，也不提供力量，但对雅好自我知识以及智慧的人士来说，也许是本很好的典籍。《易经》的精神对某些人，可能明亮如白昼，对另外一个人，则晞微如晨光；对于第三者而言，也许就黝暗如黑夜。不喜欢它，最好就不要去用它；对它如有排斥的心理，则大可不必要从中寻求真理。为了能明辨它的意义的人之福祉，且让《易经》走进这世界里来吧！"（《东洋冥想的心理学》，1943）

荣格与道教：内丹的心理学

在卫礼贤翻译成德文的中文书中，除《易经》和《老子》之外，引起荣格重视的还有《太乙金华宗旨》。1920年，《太乙金华宗旨》与《慧命经》在北京合印了一千册，卫礼贤看到并翻译的就是这个版本。《太乙金华宗旨》德文版于1929年首次出版，第二年卫礼贤去世。荣格对道教内丹的了解主要基于这本书。这本书确实有相当高的价值。但在卫礼贤的译介、荣格的评价再次传入之前，《太乙金华宗旨》在中国不是一部流传广泛的著作，部分原因可能是道教在近现代的衰落。随着国内对荣格的介绍增多，《太乙金华宗旨》才为更多国人所知。

道教内丹派

卫礼贤了解道教的历史。他在译本前对《太乙金华宗旨》作了介绍。他说："到汉朝时期，道教越来越沦为一种外在的巫术。但吕岩的运动却意味着一种改革，炼金术的符号变成了心灵修炼的坐标。"吕岩即吕洞宾，中晚唐人，生卒年不详，在神仙传说中他的寿命很长。他的改革为王重阳的全真派所继承。在王重阳的诗文中，身体被当作丹炉，原来的外丹用语被用来解释内丹修行的境界。内丹修炼仍然遵循外丹的进阶。

　　道教由外丹（炼丹术）向内丹（道教瑜伽）的转向是一个长期过程，其始早于吕洞宾或他的弟子王重阳。道教的思想源头可以上溯至先秦道家，内丹派也不例外。

　　《庄子·大宗师》说："今一以天地为大鑪，以造化为大冶，恶乎往而不可哉！""鑪"，同"炉"。"造化"，万物的创造者。人是冶炼师造化在天地大炉里的矿石。庄子说，应知死生存亡为一体，顺从天地造化的死生安排，如同冶炼炉中的矿石。贾谊的《鵩鸟赋》也采用"炉"的比喻："且夫天地为炉兮，造化为工；阴阳为炭兮，万物为铜。合散消息兮，安有常则？千变万化兮，未始有极，忽然为人兮，何足控抟；化为异物兮，又何足患！""控抟"，控制，指人们因为贵生，为保存生命而挣扎，实在不足取。贾谊在这里讲的也是庄子说的应当顺从天地造化安排之意。庄子、贾谊都以铜铁的冶炼比喻人生。他们把生命看作是在炉火中的冶炼，启发了使用炉火的炼丹术向内丹派的转变。

　　由外丹向内丹的转变在东汉末年魏伯阳的《周易参同契》中已有显现。"参同"，三同。魏伯阳的"三"是"大易""黄老""炉火"（《参同契·补塞遗脱章》），这"三道由一"，"同出异名，皆由一门"。（《参同契·自叙启后章》）先秦的黄老横跨多个领域，黄老的养生之术是内丹的一个源头，所以魏伯阳把黄老列为"参同"之一。《参同契·流珠金华章》已经用"金华"："太阳流珠，常欲去人。卒得金华，转而相因，化为白液，凝而至坚。金华先唱，有倾之间，解化为水，马齿阑玕，阳乃往和，情性自然。"

魏伯阳说："内以养己，安静虚无。原本隐明，内照形躯。"（《参同契·炼己立基章》）"养己"是炼丹的准备，但也必然贯穿炼丹的全过程。《周易参同契》大量使用隐喻，很难辨别作者是在谈论内丹还是外丹——当时还没有这两个名词。隐喻的使用正是基于自然与人合一的信仰，而这种养己与炼丹之间的模糊可能正是促成内丹修行发展的原因之一。这个过程至吕洞宾时才大致完成。《太乙金华宗旨》托名吕洞宾。这是一部全真派的内丹修行之书，不用隐喻，明白通畅，但仍时时借用外丹的描述。

"太乙"即太一。《庄子·天下》说："关尹、老聃闻其风而悦之，建之以常无有，主之以太一。"郭店楚简有《太一生水》，不晚于公元前300年。南宋罗泌的《路史》卷一说："夫太极者，太一也，是为太易。"则太极、太一、太易所指相同，是同义词。"太"，意为最上，规定"一"的原初性。《太乙金华宗旨》说："太乙者，无上之谓。""一"是世界的起始，是由道产生的原始混沌状态。《老子》第四十二章说："道生一，一生二，二生三，三生万物。"《列子·天瑞》说："一者，形变之始也，清轻者上为天，浊重者下为地，冲和气者为人。故天地含精，万物化生。"列子在此认为"一"分为天、地、人，这是他对老子的"三"的解释。《太乙金华宗旨》说："自然曰道。道名无相，一性而已，

一元神而已。"据此,"一"是道的体现,人之性与神先天存在于
"一"。

东汉末年,公元165年,边韶为太清宫撰《老子铭》,拓片
至南宋时尚存。《老子铭》说:"存想丹田,大一紫房。道成身
化,蝉蜕渡世。""存想丹田",可知丹田在观想中。丹田是炼丹
成果显现之处。"大一",道家指混沌未开的状态,音、义同"太
一"。《庄子·天下》说:"至大无外,谓之大一。""紫房",炼丹
房。以紫房为大一,也是观想。4世纪葛洪《抱朴子·地真》说
人体中有下、中、上三处"丹田",明确把丹田放在人体。

《太乙金华宗旨》说:"金华,即光也。光是何色? 取象于金
华,亦秘一光字在内,是先天太乙之真炁。"金华是光,金色,
如金发光,呈现为花状,卫礼贤译为"金花"。太乙既然是世界
本源,当然是先天的。这里用"先天",是强调金华不是产生自
人的意识,而是太乙真炁的流溢,存在于人之先。《易·乾·文
言》说:"夫大人者,与天地合其德,与日月合其明,与四时合
其序,与鬼神合其吉凶。先天而天弗违,后天而奉天时。"道教
内丹修炼的目的就是要成为这样的"大人",返回到天地未分之
前的混沌状态,但又具有意识。

《太乙金华宗旨》又说:"金华即金丹,神明变化,各师于
心。"金丹是炼丹的最终所得之物;金花则是内丹成就者所见的
内部之光,是太乙真炁在己心之中的显现。《太乙金华宗旨》仍
以外丹比拟内丹,这不仅因为金华"非极聪明人行不得,非极沉
静人守不得",也是因为金华即金丹。

"炁"是道教用字,音、意同"气"。"炁"是"真炁",与一

般的"气"不同，其"真"来自先天，因此有庄子所说的"真人"——唐玄宗天宝元年（742），追赠庄子为南华真人。庄子说："真人之息以踵，众人之息以喉。"（见《庄子·大宗师》）这是内丹调节气息的一个早期依据（虽然用脚踵呼吸需要很强的想象力），而这个"息"将成为"真炁"。庄子说："有真人而后有真知。"真知是先天的知识，只有真人才能掌握。庄子又说："古之真人""登高不栗，入水不濡，入火不热，是知之能登假于道者也若此"。（见《庄子·大宗师》，《列子·黄帝》也有类似表述）这是他对超越物质限制的"真人"的想象。"登假于道"，上升而至于道，而证明之一就是"入火不热"。内丹修炼以身体为冶炼炉，也是要做到真人的"入火不热"。

金华来自何方

在《太乙金华宗旨》中，"金华"是呈现为花状的金色的光——在无意识之中显现的曼荼罗也是花状。太乙与真炁，前者为光源，后者为光波。金华是太乙真炁的产物——这与新柏拉图主义、诺斯替主义的流溢说几乎一致，暗示两者之间可能有心理学的联系，也可能是文化交流的结果。

汉武帝时，中原建立了与西方的直接交通，安息（又称帕提亚，在今伊朗及两河流域，存在于公元前后各两百余年）使团带来了"黎轩善眩人"。（《史记·大宛列传》）黎轩，亚历山大的音译，有多座用此名的城市，一般认为这个黎轩在今叙利亚或埃及。这两地都是当时新柏拉图主义、诺斯替主义流行的区域。善眩人，魔术师。他们的技艺可能给道教徒对神通变化的想象带来现实依据——虽然只是魔术。中国至今仍有人把魔术当作神通法术。

唐朝与西方的交流更多，景教（基督教的一个东方异端教派）、祆教、摩尼教都曾在大唐流行一时。《大秦景教流行中国碑》（刻于781年）保留至今，而书写者吕秀岩被认为即吕岩（吕洞宾），但有争议。卫礼贤就不接受此碑文是吕洞宾所写。景教传入中国后深受道教影响，《大秦景教流行中国碑》多用道教词汇，显示出宗教融合的特点，例如，"常然真寂，先先而无元"。"无"，同"炁"。

日本东方学家佐伯好郎认为，吕洞宾的《太上敕演救劫证道经咒》是古叙利亚语的景教赞美诗的音译。例如，其中的"爹（yí）娑诃"为"耶稣"之音译；整个经咒都能被倒译为古叙利亚语诗句。当然，此经咒也有可能是那位不是吕洞宾的吕秀岩所作，被混入吕洞宾的集子中。不管怎样，唐朝时道教与景教的交融是可以确定的，而传入的思想也可能影响到吕洞宾。新柏拉图主义、诺斯替主义都可能发挥了影响。

卫礼贤也看到《太乙金华宗旨》与祆教的联系。他说："如果要问这种光教产生于何处，我们首先会想到波斯。因为唐朝时中国很多地方都有波斯寺庙。"（《关于〈太乙金华宗旨〉》）他也指出两者之间"存在很大区别"。卫礼贤也知道《大秦景教流行中国碑》的存在。他说，英国来华传教士李提摩太（Timothy Richard）认为，金丹教是在过去景教的基础上发展起来的。"金丹教"传习吕洞宾的内丹道法，在清朝末年拥有相当大的势力，李提摩太因此有所了解，并能够实际比较金丹道与基督教的教仪，看出两者的相似点。但这种相似可能产生于晚清，而不是晚唐。佐伯好郎走得更远，认定吕洞宾是景教徒。卫礼贤很谨慎。他指出佐伯好郎的所有证据都可信，但还不能形成完整的证据链。(见《关于〈太乙金华宗旨〉》)

其实，道教的"金丹"之说更早。东晋葛洪《抱朴子·金丹》说，东汉末年，"左元放于天柱山中精思，而神人授之金丹仙经"。左元放，左慈，字元放，《后汉书·方术列传二》记载有他的神迹。"金丹仙经"由左慈传葛玄，葛玄传郑隐，郑隐传葛洪。葛洪时的金丹仍是外丹烧炼的产物。《抱朴子·金丹》说："夫金丹之为物，烧之愈久，变化愈妙。"《抱朴子·遐览》还提到"金光符"，但未言其详。且不说左慈，即使以金丹之说始于葛洪，也远早于景教进入中国。而且，景教传至中国的时间也晚于佛教。其实，景教在5世纪于波斯创立时，佛教传入中国已有400年。

佛教《金光明经》的第一个汉文版在5世纪由昙无谶译出，其中《赞佛品》说："如来之身，金色微妙，其明照耀。"在6世纪上半叶，梁武帝依据《金光明经》推动放生、拜忏；在6世纪后半叶初，《金光明经》又有真谛译本，智顗多次讲《金光明经》，继续推动放生。《金光明经》由此广为人知。即使这部佛经的内容不为人们详知，仅经名也足以启发联想。但《周易参同契》中已有"金华"，《金光明经》也不是最早的源头。

在景教传入及吕洞宾出生之前，"金华""金丹""金光""光明"已是常见的宗教用词，在这些词的背后是发达的道、佛两教的实践。唐朝时佛、道之盛远超景教。景教对道教内丹的影响即使存在，也是在后者相当成熟之后发生的，而且了无痕迹。

"光明"的思想也为儒家所吸收。明嘉靖七年（1529），王阳明临终时，弟子问他有何遗言。王阳明说："此心光明，亦复何言？"

《太乙金华宗旨》与《慧命经》

荣格为之作序的是两部书的合集，《太乙金华宗旨》与《慧命经》，即卫礼贤看到的 1920 年北京合印版。

《太乙金华宗旨》托名吕洞宾，乾隆年间成书。书中的"吕祖曰"说明这不是吕洞宾自著之书。据尹志华的文章《〈太乙金华宗旨〉的问世及其道派特征考》，《太乙金华宗旨》目前可见的最早版本有一个《序》。《序》说，1668 年，有七人在常州扶乩，吕祖降坛，传示宗旨，"七人之外，无传也"。这些文字不是一次扶乩的记录，而是"日积月累，乃至成帙"，二十多年后才收集成册。该《序》的作者潘易庵是这七人之一，也是七人之首。1692 年，潘易庵已经去世，这七人中的另外两人，屠宇庵、庄惺庵，与新加入的张爽庵等人组成又一个扶乩团体。张爽庵在《书〈太乙金华宗旨〉缘起后》中说，"始得授《太乙金华宗旨》"。由此可知《太乙金华宗旨》是清朝人的著作，经过多人数十年的积累而成。

卫礼贤认为《太乙金华宗旨》在长期口耳相传之后成书，也是可能的。扶乩得到的文字当来自人间，而不是仙界。

《太乙金华宗旨》第八章说"朱子云阳师曰"，还说朱云阳此语"与吾言暗合"。这个"吾"不可能是唐朝人吕洞宾。朱云阳（道号元育）是明宪宗朱见深的六世孙，明亡后出家为道士，著有《〈参同契〉阐幽》《〈悟真篇〉阐幽》。朱云阳是潘易庵的老师。《藏外道书》所收《丘祖全书》之《丘祖语录》有潘静观撰写的《语录后序》，其中有"我云阳老师也"之句。尹志华证明潘静观即潘易庵。据此，《太乙金华宗旨》的真正传授者是朱云阳。

《太乙金华宗旨》多次引用佛教的概念，还直接引用《楞严经》《观无量寿经》《摩诃止观》，并不回避对佛教以及儒家的接受与融通，却未提景教。1920年与《太乙金华宗旨》合印的《慧命经》也是一部道教著作，"纂集"者柳华阳在这本书的自序中说："《楞严》《华严》《坛经》乃实语也。"这两本书都提到的佛教《楞严经》其实是中土之人伪托佛陀之名的作品，其中有明显的道教印迹。《太乙金华宗旨》《慧命经》两书都是佛、道融合的产物，而以道教内丹修炼为本，不过属于道教内丹的不同派别。

柳华阳是清朝时的僧人。他在《慧命经》的自序中说，禅宗五祖私授给六祖"道"，他为此到处寻访这个"慧命之旨"，将其传授给他的却是道教内丹家伍守阳（伍冲虚）。柳华阳由此"乃知慧命之道，即我所本有之灵物"。这是禅宗的主张。柳华阳在自序中说，他以此书"开古佛之秘密"，读此书并勤修，"佛果可以立证"。伍守阳、柳华阳开创了道教的"伍柳派"。后人合刻他们的四本书，题为《伍柳仙宗》，《慧命经》是其中之一。

《太乙金华宗旨》《慧命经》明显受到佛教的影响，却是指早已本土化的佛教。因此，这两本书体现的东西方神秘主义之间的相似更具有普遍的人类心理学意义。

在《关于〈太乙金华宗旨〉》中，卫礼贤引用歌德之句："东方与西方，不会再各自一方。"歌德倾向神秘主义，他的诗集《西东合集》（1819）深受 14 世纪波斯诗人哈菲兹诗集的影响。歌德因此被认为是一位穆斯林。荣格则自认为是道家信徒。当然，这只是依据表面的归类。东西方的神秘主义也有显著差异。荣格在《〈太乙金华宗旨〉的分析心理学评述》中说："我是一个彻头彻尾的西方人，因此对这一中国经典给我的陌生感印象深刻。"

这种陌生感产生的原因也能在荣格的自传中找到。荣格在自传中写道："东西方人对神话有不同的需要：西方人是秉承一种有开始和目标的进化的宇宙创造论。他们反对那种静态的、独立的、经历永恒循环的观念。而东方人则恰恰相反，他们能够接受后一观念。"这个总结并不准确。线性的、指向目标的历史观来自基督教，不是古希腊。西方人称基督教的发源地为近东，而且他们较晚才接受这个宗教。古希腊人也持循环的历史观。在 20 世纪，一些东方人接受了来自西方的有目标的历史进程的观点，并为他们的目标而奋斗。东西方这时在这一点的差别已经没有以前那么大了。

荣格又说："当西方人需要完善世界的意义而做出努力之时，东方人则力求在人身上完成这一意义，将世界和存在在自身之中大而化之。"这一对比是准确的。道教内丹是东方的个人主义表现之一种。

　　荣格对东方文明表现出的亲近是因为他本人具有神秘主义倾向。神秘主义在西方有自己的传统，这一点本书已经在前面谈论过其中一部分。基督教把这些神秘主义当作异端，显示出它自身的神秘主义——只有相似者才会视彼此为异端。在西方文明逐渐向现代转变（变形）之时，这个神秘主义传统没有中断，在德意志文化区中尤其强大，这大约也是他们在 19 世纪及其前后曾经拒绝"西方"的一个原因吧。德意志文人在北方神话、传说以及古希腊文明中寻找自身文化的源头和灵感。进入现代之后，神秘主义隐匿在主流哲学之中。荣格的神秘主义是天生的，这是他的精神"返祖"。作为在一个德意志文化区中生长的人，这一点并不令人奇怪。荣格在西方古代文献中不断地找到神秘主义资料，用来支持他的精神和心理学思想。

荣格论《太乙金华宗旨》

　　如果没有充足的相关知识准备，一个人理解远方的文化是困难的事情。例如，中国的饱学之士未必能够看出柏拉图著作的意义，除非他已经知道古希腊以及古希腊哲学在西方后来的发展。同样，黑格尔贬低孔子是因为他对先秦文明以及儒家后来的发展一无所知。荣格能够很快发现《太乙金华宗旨》的价值，除了他了解欧洲的神秘主义传统之外，还有一个原因是他发现内丹修炼实际上是一个心理过程，符合他从西方（中东到欧洲）炼金术中看到的心理过程。这个过程是精神的上升。在这样的比较中，荣格为《太乙金华宗旨》作序。他在这篇序言中还多次提到《西藏死者书》，藏传佛教精神修炼的结果。荣格能够把他的重要心理学概念都放在他对内丹修炼的解释之中。在相当大程度上，可以说荣格的这篇序言概括了他有些散乱的理论。

在另一方面，荣格为内丹的神秘主义修炼提供了心理学基础。这个基础不是道教徒仅有的，而是人类的普遍精神现象，但各地抵达的程度不一。荣格说："中国的哲学史告诉我们，中国从没有偏离心性本源的精神体验。"这个没有偏离是东西方之间的最大差别，但精神体验则是接近的。

在这篇序言中，荣格在他的其他书中经常提到的两位德意志神秘主义者也出现了，作为内丹的比较和证明。荣格说："无为而为，放下执着和顺遂自然的艺术，和埃克哈特教给我们的一样，是我打开通向道的大门的钥匙。"埃克哈特说："事实上，黑暗中，人们可以找到光，因此，当我们处于悲伤的时候，光离我们最近。"埃克哈特影响到马丁·路德以及后来的德意志哲学。另一位是雅各布·波默。前文说过，他的第一部著作是《曙光》，当地教父由此认定他是异端。在威胁之下沉静多年，波默又写了《伟大的神秘》。波默影响到黑格尔等德国古典哲学家。浪漫主义也从埃克哈特、波默那里吸收了很多灵感。因此，19世纪的德意志已经进入理性时代，埃克哈特、波默却不在文化主流之外。荣格不需要特别寻找，就能够读到这两位神秘主义者的著作，以及对他们的阐述。荣格继承了他们的传统。而这两位神秘主义者在德意志文化中的重要性证明理性与神秘主义不是不兼容的。

波默从哲学的炼金术开始，这与道教内丹有些相似。但两者最后达到的结果显然不同。收入《荣格文集》第五卷的《个体化过程的个案研究》说："波默的起点是哲学的炼金术；就我所知，他是第一个设法把作为一个整体现实的基督教宇宙组织进曼荼罗的人。就他未能将两个半球统一为一个圆球而言，他的努力失败了。"（见图）道教的阴阳图是两个互相旋绕的半圆。从各自的图形也能看出他们的哲学和宗教是否抵达圆满之境。

荣格在序中说："集体无意识这一概念就是，无论是何种族，相同大脑结构中蕴涵着相同的心灵表达。"它们的表达方式接近。荣格认为，如果把《太乙金华宗旨》中的光（金华）画出来，那就是曼荼罗。许多文化都有曼荼罗，这些图画各自折射它们所在的思想，例如西藏的曼荼罗。曼荼罗背后有各自所在文化的思想。这些思想建立在集体无意识之上，虽然也表达心灵，在表面上却有所不同，因此，荣格对于道教内丹起初会有陌生感，但他很快就能理解了。他熟悉的是德意志的神秘主义及其曼荼罗，在无意识中其实与内丹经验相差不大。荣格说："波默的曼荼罗是一个有着强烈基督教观点的宏观体系。"波默称之为"哲学的眼睛""智慧的镜子"。这个哲学与智慧的基础是基督教，曼荼罗揭示了其中的共性。

金华或曼荼罗是无意识的涌现。荣格这样说《太乙金华宗旨》的作用："通过了解无意识，我们可以摆脱无意识的控制，这就是这部经典的目的。它教导我们集中注意力在最深的光明中，这样做，我们可以摆脱一切内与外的纠缠。"内与外分别是

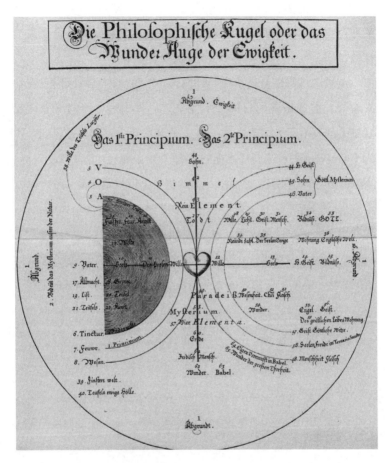

波默的"哲学之球",描绘他的《关于灵魂的四十个问题》的结构。
荣格认为波默没能统一两个半球。

意识与无意识，两者的纠缠是精神病的根源。荣格说："精神病就是人被不能为意识所消化的无意识内容所控制。"而精神分裂症即意识被无意识撕裂。荣格试图用对立的转换、内外合一来治疗精神病。

道教内丹修炼者追求内与外的合一。虽然内丹可以用心理学来解释，但修炼者的目的却不完全是心理学的。他们寻求在此基础上的长生不老。荣格说："中国修炼的哲学基础正是将死亡作为一个目标，并作出合乎本能的准备。"这是死后才能实现的目标。道教的目标却是不死、成仙，不是为另一个世界做准备。藏传佛教苦行僧的修行才是为了来生、另一个世界，其间经历个体的死亡。我在多年前读过一篇文章。作者说如果没有来生，这些苦修者一辈子的苦便是白费了——他们没有享受世俗生活的乐趣。这是世俗的看法。其实，苦修者的光明与快乐不是外人能够理解的。

荣格与藏传佛教

荣格涉及藏传佛教的内容主要在两个方面，一是曼荼罗图绘，二是《西藏度亡经》。

曼荼罗：自性的表现

在《西藏的宗教》一书中，意大利藏学家图齐（Giuseppe Tucci）说，他把神咒启示的密宗（无论是佛教的还是印度教的）称为"神秘学说"或"诺斯替教派"，"因为它与诺斯替派之间具有许多共同点：实施一种秘传的意识，它不是一种智慧上的意识，而是一种心醉神迷的意识，带来了极乐并竞争性地完成举行具有能引起情感上的冲击（它可以引起人的再生和变化）的仪轨"。图齐此说是对密宗的一个恰当的定义。不过，密宗与诺斯替派之间有多大联系？谁是更大的影响者？这些都无法确定。诺斯替主义要早得多，但藏传佛教密宗也有久远的源头。

藏传佛教密宗是从印度传入的，也吸收了本土信仰的内容。《西藏的宗教》法文版书名中的"宗教"是复数。汉译本依据的是法文版。据汉译者耿昇介绍，此书最早版本的文字不明，已知最初是作为德文版《西藏和蒙古的宗教》（1970）两部分之一出版的。图齐是两位作者之一，他是意大利人，但意大利文版的《西藏的宗教》也是翻译过去的。《西藏和蒙古的宗教》是一部严肃的学术著作，有1989年版汉译本，后来此书的西藏部分出了单行本，改名为《西藏宗教之旅》，大约是为迎合我们时代的观光旅行需要吧。当然，从精神之旅的角度来理解这个书名是很好的。

《西藏的宗教》把藏传佛教密宗译为"曼陀罗乘"，实际上是mantra（密咒）的音译，不是梵文原意为"圆圈"的mandala的音译。后者才是本书"曼陀罗（曼荼罗）"所指。

荣格在自传中说："曼荼罗作为一种原型性意象，已出现了几千年，它意味着自性具有完整性。这一意象表示的是精神基础的完备性，或用神话的话来说，神性具现于人身。"他指出，现代的曼荼罗"体现出统一性，即某种对心灵破裂的补偿性表现，还预见到阻止这种破裂的进一步发生"。曼荼罗在各种文化中都有出现，荣格也在精神病人的图画中看到许多曼荼罗，并用曼荼罗帮助病人恢复，治疗他们的"心灵破裂"。荣格认为曼荼罗是原型意象，是心灵的完整体现，即自性。在《太乙金华宗旨》的序言中，荣格说："最美的曼荼罗当然出自东方，尤其是藏传佛教。"

藏传佛教广泛使用的曼荼罗象征"轮圆具足"，其含义甚广。栂（méi）尾祥云《曼荼罗之研究》中说："所谓'轮圆具足'一语中，凡本质之义、道场之义、坛之义、聚集之义，已悉包含，可解为轮圆周备一切之物者。故中古以来，曼荼罗之译语，遂常用'轮圆具足'之义焉。"栂尾祥云引用佛陀瞿呬（xì）耶（Buddhaguhya）之《法曼荼罗略诠》，把曼荼罗分为自性曼荼罗、观想曼荼罗、图绘曼荼罗。其实，三者为一：曼荼罗的图绘是用来观想的，观想则是为了显示自性。佛陀瞿呬耶是 8 世纪印度密宗学者，他的这部著作收入北京版《藏文大藏经·本续解》第七十二函。栂尾祥云是日本佛教学者。荣格很可能从来不知道他们。但他们都在曼荼罗中看到自性，虽然他们对于"自性"的理解有所不同。

密宗根本经典《大日经》卷三说："今以莲花比喻此曼陀罗义，如莲花种在坚壳之中，枝条花叶之性，已宛然具足，犹如世间种子心，从此渐次增长，乃至初生花苞时，莲台果实隐于叶藏之内，如出世间心尚在蕴中，又由此叶藏所苞，不为风寒众缘之所伤害，净色须蕊日夜滋荣，犹如大悲胎藏界。即成就已，于日光显照开敷，如方便满足。"

曼荼罗是自性完整的表现。荣格在自传中说："曼荼罗可能算是完整观念中最简朴的表达形式，且在心灵中自发地产生的样式，代表着对立双方的斗争和妥协的结果。"按照这个定义，道教的阴阳太极图（也是曼荼罗的一种）是心灵最完美的表达。

理解曼荼罗的象征是一个艰难的过程。在《自我与自性》中，荣格说："生活告诉我们，个体的曼荼罗乃是秩序和象征，主要表现在病人心灵迷茫或重划航向之时。曼荼罗就像魔圈，约束和抑制着那些从属于黑暗世界的'法外力量'，同时创造出秩序，将混沌转变为和谐。"《自我与自性》原名 *Aion*，是荣格晚期的一部著作。

荣格鼓励他的病人画曼荼罗，从中发现他们的无意识，并作为治疗手段。收入《荣格文集》第五卷的《关于曼荼罗符号象征》是荣格在 1950 年的一篇文章，介绍他的一位美国病人的曼荼罗绘画。在结论部分，荣格说："我们的例子清楚地表明了心理过程的自发性，以及个人情势转化为个体化即成为整体的问题，这就是我们时代的大问题的答案：注定向前的意识、我们的最新习得，如何与滞留于后的最古老的无意识重新会合？其间最为古老的是本能基础。任何忽视本能的人都会遭到本能的伏击，任何不谦卑的人都会受到挫折，在失去自由的同时，失去其最宝贵的财产。"

曼荼罗有很多种形式。坛城是复杂的曼荼罗，万字符（卍）是简化的曼荼罗，都可以作为冥想时的观照对象。

菩提流支译卍为"万"，鸠摩罗什和玄奘译为"德"。武则天确定读音为"万"。两个读音没有制造含义上的差别，按照宋人的解释，都是"谓吉祥万德所集也"。罗伯特·比尔在《藏传佛教象征符号与器物图解》中说，在藏传佛教中，卐象征着佛教"四大"（地、水、火、风）的"地"及其不可摧毁的性质，与金刚杵的象征有密切关系。比尔说："卐字符是最古老、最常见的象征符号之一。""在世界上的每一个已知文化中都可以发现卐的形成过程。"世界各地的卐也许是传播的结果，也可能有独自创造的。当然，那些"形成过程"中的符号不一定是卐字符，也可能是它的变形。

　　佛教中的卐字符本来没有固定的旋转方向，在汉传佛教中是卍，在唐朝时大致固定下来；在藏传佛教中是反向的卐。比尔的这本书介绍藏传佛教，因此用卐。因为纳粹使用它作为象征，这个曾经吉祥的符号带上了邪恶的民族社会主义的色彩。希特勒和希姆莱都有些相信神秘主义，因此选用了这个古老的神秘符号。1938年，希姆莱派人到西藏考察，由此产生了纳粹在寻找神秘力量的传说。这支考察队中有一位人类学家，因此又被认为他们到西藏是为了寻找雅利安人的起源地。这个说法也未必确切。但是可以确定，纳粹头子希望借用这个符号从古老的传统中获取力量。

《西藏度亡经》与荣格

　　《西藏度亡经》，即《中阴闻教得度》，在西方语言中被翻译为《西藏死者书》，模仿更早为西方所知的《埃及死者书》。"中阴"是两次生命之间的过渡，即死、生之间的日子。《西藏度亡经》描述这一时段的经历，指导灵魂得到解脱。因此有人称之为从死亡到投生的旅行指南。

　　《西藏度亡经》的作者莲花生出生于邬金国（今克什米尔），8世纪时来到西藏，用他的神通战胜了当地的魔鬼，实际上是抵制西藏的本土信仰中的神。莲花生吸纳了这些神，作为佛教的保护神。莲花生是西藏第一座寺庙桑耶寺的建立者，也是藏传佛教的实际奠基者。他受到西藏各教派的尊崇，有很多关于他的传说。

邀请莲花生来西藏的是赞普赤松德赞——著名的松赞干布之后的第四任赞普。赤松德赞支持佛教，压制本土的苯教，还极大扩充了帝国的领土。由于苯教与佛教之间的冲突，莲花生来到西藏数十年后，赤松德赞的重孙赞普朗达玛打击佛教。朗达玛在842年被刺杀，帝国分裂，西藏陷入长期动荡，在100多年的时间里，佛教只在边缘地区传播。《西藏度亡经》被埋藏起来，在14世纪时被重新挖掘出来。这两种做法分别被叫作伏藏、掘藏。

以朗达玛灭佛以及随后的百年佛教空白期为分割，西藏佛教分为前弘期和后弘期。西藏接受佛教的时间较晚，而后弘期已经是印度佛教的末期，密宗更加发达，与唐朝时传入内地的唐密又有所不同，更注重瑜伽修炼。从前弘期传下来的是宁玛派（旧派），直接继承莲花生的教派，同时又深受西藏的苯教、末期印度佛教的影响。因为汉地的禅宗在前弘期已经传入藏地，并有相当多的信众，宁玛派也有与禅宗相似之处。

《西藏度亡经》源自莲花生的传授。宁玛派相信他们的"大圆满"是圆满具足的教法。中阴教法源自大圆满密续（密宗经典称"续"），不是一个独立教法。密宗又被称为方便乘，其"方便"在于放弃烦琐的经院哲学，这一点与禅宗相似。他们相信瑜伽是实证实修，而研读经论不是；证成者可以即身成佛。成就者的心与空都放出光明，并在光明之中统一。这种统一在中阴之时仍可以实现，《中阴闻教得度》就是指导。图齐说："在《中阴闻教得度》中，也就是在有关生命本原在死亡时辰变化技巧的文献中，幻觉是基本的因素。心灵上已成熟的人之智慧被视作在死亡时开始迸发出来的光芒，它看到了自己的光明本质与这种光明的一致性。"中阴是进入轮回之前获得解脱的最后时段，需要之前的长期修行作为基础。

荣格看到的《西藏度亡经》是1927年英译本，译者是噶孜·达瓦桑珠和美国神智论者伊文思 – 温兹（Walter Evans-Wentz）。1919年，伊文思 – 温兹在锡金初次见到达瓦桑珠，一位修行宁玛派大圆满的西藏喇嘛。当时达瓦桑珠是锡金一所学校的校长，此前先后为英印殖民地政府和西藏噶厦地方政府当过英文翻译。作为这个译本的序，荣格写了一篇评论文章《〈西藏度亡经〉的心理学阐释》，称之为"一部关于死亡和濒死指导的书"。

荣格总结说，《西藏度亡经》分为三个部分，"第一部分叫作'临终中阴'，描述临终时的心理变化。第二部分叫作'实相中阴'，涉及死后即刻伴随产生的梦境和被称作'业'的幻相。第三部分叫作'受生中阴'，涉及再生本性和前世业果的突然再现。这一时期以心识为明晰透亮为特征，因而在死亡的实际过程中被赋予了获得解脱的最大可能性。此后不久，开始了如此的'幻相'：明亮的光线逐渐衰微并且变得斑驳陆离，眼前景象也越来越恐怖，由此最终导入再生。这依次而来的过程表明，当这一幻相越来越接近身体的再生时，意识也远离了解脱的真谛。"

在中阴教法的这三个部分中，"实相中阴"是主要部分。佛教的"实相"是空，指万物都由因缘和合而生，没有自性。因此诸法实相即是空。例如，佛言："一切诸法皆从因缘，无有自性。"佛言："无相之相，名为实相。""一切诸法皆是虚假，随其灭处，是名为实，是名实相。"（南本《大般涅槃经》卷第三十六憍陈如品第二十五之二）"灭处"指由于因缘不和合而灭之处。《中论·观法品》说："诸法毕竟空，不生不灭，名诸法实相。""毕竟空"是根本的空。《大智度论》卷三十二以"空"为各种虚假表相（各各相）的"实相"。"实相中阴"是在中阴之时显现的实相，即空。《西藏度亡经》指出中阴时的诸多显现是意识所造，以认识到这些显现的虚幻为解脱之道。

宁玛、噶举、萨迦诸派的密宗修行建立在心的基础之上，实际上都部分接受心的实有，但没有觉囊派的"他空见"走得那么远。"他"与"自"相对。觉囊派认为他空是胜义空，而自性不空，其含义与汉传佛教普遍接受的佛性、如来藏等相同，都是解脱的根本所在。禅宗以心或佛性为本体，心的任务之一是破除各种虚幻，不为所惑。注重显宗的格鲁派强烈反对"他空见"。因为格鲁派掌握世俗权力，觉囊派受到打压而濒临灭绝。

图齐说："由于神秘感受而实现的客观世界的解体过程模拟了死亡状态。"这一句话对理解《西藏度亡经》有极大帮助。实现"客观世界的解体过程"实际上是对"空"的认识过程，这是由"神秘感受"，也就是密宗修炼产生的。进入模拟的"死亡状态"是认识"空"的最佳途径，这时的认知主体认识到自身也是空，但他们能够认知"空"的意识仍然存在。而真正的死亡显然超过模拟的死亡状态——前提是意识在死后一段时间没有消散。这是一生中最后的机会，宁玛派相信能够即身成佛。如果在中阴过程中没有得到解脱，死者将进入轮回。

佛教的"自性""意识"也是荣格心理学的重要词汇，在汉语中的一致首先是翻译的结果。不过，在佛教俗谛的意义上，双方的这两个概念确实有相近之处。

密宗教法主要通过师徒口耳相传，外人很难了知其中奥秘。在近数十年之前，《西藏度亡经》是不多的密宗书籍之一。荣格说："《西藏度亡经》最合乎情理的地方是向死者讲清了灵魂的第一重要性，因为这是一件人生在世时不能不给我们讲明白的事。"对密宗有所深入的图齐也用"灵魂拯救"来解释《西藏度亡经》的作用。这大约是他的方便说，为了便于西方读者的理解，否则他不至于做出这个类比。基督教的灵魂拯救取决于虔诚信仰人格神上帝，而密宗是个人修行。两者的区别非常大。图齐指出"心—光明之间的关系以及它们的一致性"是"西藏灵魂拯救论的基础"。

荣格不是从佛教或形而上的角度来理解《西藏度亡经》，他没有把"中阴"当作死亡之后的过程。他说："这种'来世'并非死亡之外的另一个世界，而是人的意识之企图、观点的根本性改变或逆转，是一种心理学的'来世'或'外空'，换用基督教的术语说是从罪愆和浊世的束缚中获得一种'再生'。这种再生是从初期的黑暗和愚昧状态中分离和解脱，并由此引向光明和自由的境地，走向在一切'受物'之上的自在和超然的存在。"

其实，在他较早的著作中，荣格已经把死亡看作现世的经历。在《对死者的七次布道》的第七次中，他说："在一个遥不可测的地方，一个孤独的星球挂在天际。""那个星球便是神之所在，也是人的目标。""人死后，灵魂便朝着那里长途跋涉，在他的光辉照耀下，人从人的世界中回归。"

但是，荣格并不接受死后经验的真实性。他说："整部《西藏度亡经》都是这种无意识的原始模式内容的产物，这是一个不容否认的事实。在这些东西的后面并不存在有形的或形而上学的真实，只不过'仅仅是'精神事实的真实，存在精神体验的资料——在这一点上我们西方的理论是正确的。"荣格把《西藏度亡经》当作无意识的显露，他说的"原始模式"则说明这是集体无意识。人类学家在较为原始的人类中看到这种思维模式的显著表现，荣格也在非洲、北美印第安人那里看到了。这种"精神体验"是人活着的时候产生的，存在于所有人类，但密宗把它更深刻地揭示了出来。

显宗最早传入西藏，但佛教在西藏立足则始于莲花生和他带去的密宗。在传说中，罗刹女是西藏人的母系始祖。她在泽当与猴子生儿育女。那里是松赞干布迁都拉萨之前的藏区中心。在佛教传入之后，这位女性祖先变成西藏的大地母亲。因此，迁都拉萨和大昭寺的建成隐含着佛教战胜西藏本土文化。西藏的原始信仰没有消失，它就在大昭寺之下。人们至今仍相信那个湖仍在，可以在大昭寺中的一根柱子边听到湖中鸭子发出的声音。

另外一个传说讲，西藏全境是一个仰卧的罗刹女（Rakshasi，佛经中的食人女魔）。拉萨大昭寺建立在一个湖上，而这个湖是罗刹女的心脏所在的位置。大昭寺，以及建在罗刹女身体其他部位的其他寺庙，是为了镇住女魔。这个故事折射出7世纪佛教在西藏初步传播的历史，与《梨俱吠陀》的因陀罗杀蛇有相似之处。这也是拉萨建城的故事。当时拉萨还是河畔的一片沼泽。罗刹女的心脏位置说明了松赞干布迁都拉萨的必要性。

按照荣格的理论，那个被压在大昭寺之下的湖或许象征着西藏人的古老集体无意识。同时，佛教之前的雍仲苯教继续存在，并逐渐被佛教吸纳。

荣格或许不知道这些传说，否则他会看到对他的理论的更多支持。不管怎样，《西藏度亡经》已经使他获益良多。他说："自从此书出版后的许多年间，我一直把它带在身上。我的许多灵感和创见，以及不少主要的论点都归功于它。与总是催促人们多说或少说的《埃及度亡经》不同，《西藏度亡经》给我们提供了一个针对人类而非神灵和原始野蛮人宣讲的，可以理解的哲学观。"

虽然人类学给荣格的心理学理论提供了很多证据，但他更需要哲学——"针对人类而非神灵和原始野蛮人"的哲学。《西藏度亡经》是这样的一本书。

文明的对照

无神论者弗洛伊德用心理学解释犹太教的创始人摩西，荣格也用心理学来解释基督教的创始人基督，把他们作为一种心理现象。如果把他们放在人类文化的历史背景中来研究，荣格的重要性丝毫不亚于弗洛伊德。他们的贡献表现在两个相反的方面。弗洛伊德曾经问道："为什么不是虔诚的信徒创造精神分析？为什么要等到一位完全没有上帝的犹太人？"这位犹太人就是弗洛伊德自己。弗洛伊德从心理学的角度解释宗教，如他晚年的《摩西与一神教》，而荣格从集体无意识的角度考察宗教的共同源头。他们一位解构传自古代的信仰，一位为古老的信仰提供心理学的支持。

按照通常对于荣格与弗洛伊德两人的心理学的概括，即神秘主义与性欲——实际上落入灵魂与肉体对立的二分法——他们分道扬镳是意料之中的事情。不过，乔治·巴塔耶（Georges Bataille）认为性欲有神圣性，那些虔诚的宗教信徒、那些神秘主义者的神秘体验与他们的性冲动有内在联系。巴塔耶的《色情》（1957）就把这两者联系在一起，认为性欲具有神圣性。在这本书中，巴塔耶还引用乔治·帕尔舍米奈（Georges Parcheminey）之语："一切神秘体验都只是由性欲转变而来的，因此是一种神经官能行为。"他又引用耶稣会士贝尔纳特神父（Luis Beirnaert）之语："各宗教的现象学向我们展示出，人类性欲首先具有神圣的意义。"这两位都是法国心理分析学家，即弗洛伊德学派的心理学家，都有把弗洛伊德的性欲说提升到精神层面的冲动。以他们为出发点，巴塔耶做了更详细的论述。同在那个时代，神秘主义者萨特则反对巴塔耶。

神秘体验与性欲有内在联系，巴塔耶是对的，在密宗的实践中也可以找到证据。本书前面引用过达利的话："也许神秘主义能够取代性高潮。"但两者并不是一回事。在社会层面上，两者产生的结果相差非常大，至今仍在发展——20世纪中期的话题没有过时。

荣格在古老信仰中找到了现代病的疗法。他把《西藏度亡经》作为西方文明的一个对照，并据此对世俗化的、理性的"西方人"忽视灵魂提出批评。他说："无论任何时候，西方人听到'心理的'这个词，对他来说似乎总是像'只是心理的'。对西方人来说，'灵魂'是一些可怜的、小的、不值得的、个人的、主观的和很多不相关的东西。因此，他宁愿用'意识'（mind）替代'灵魂'（soul），然而，他同时又愿意声称事实上是非常主观的一种陈述确实是由'意识'构成的，自然是由'普通的意识'（universal mind），在关键时刻上是由'绝对的'（absolute）意识组成的。这种相当可笑的前提条件可能是对这种灵魂令人懊悔的渺小进行的一种补偿。"荣格认为，意识不能取代灵魂。但实际上，佛教的意识包含灵魂，至少在唯识宗那里是这样。佛教的意识比科学背景中的意识的范围更大，如阿赖耶识，而超出的这一部分意识可以被认为是灵魂。《西藏度亡经》中在中阴时"旅行"的是这样的意识。

世界灵魂或世界的阿尼玛（anima mundi）这个词组对于荣格有特别的意义。他希望这个世界找回灵魂。他的心理学是关于灵魂之学。

荣格谈论的"西方人"是他那个时代的人，而且是相对他这位神秘主义者而言。总体而言，西方人并不是不注重灵魂。莱布尼兹著有《单子论》（1714）。他认为，灵魂与一个单纯的单子并无显著的区别，因为它们自身之内具有一定的完满性，可以被称为"隐德来希"。这是亚里士多德用过的一个古希腊词，意思是完满、圆满。莱布尼兹与宁玛派的思想在表面上有某种相似之处，这种相似在深处也是存在的。

在荣格所处的时代，德意志文化与东方古老文明之间的对比已经形成一个传统。在《悲剧的诞生》中，尼采说："这是一种永恒的现象：贪婪的意志总是能找到一种手段，凭借笼罩万物的幻象，把它的造物拘留在人生中，迫使他们生存下去。一种人被苏格拉底式的求知欲束缚住，妄想知识可以治愈生存的永恒创伤；另一种人被眼前飘展的诱人的艺术美之幻幕包围住；第三种人求助于形而上的慰藉，相信永恒生命在现象的旋涡下川流不息，他们借此对意志随时准备好的更普遍甚至更有力的幻象保持沉默。一般来说，幻象的这三个等级只属于天赋较高的人，他们怀着深深的厌恶感觉到生存的重负，于是挑选一种兴奋剂来使自己忘掉这厌恶。我们所谓文化的一切，就是由这些兴奋剂组成的。按照调配的比例，就主要是苏格拉底文化，或艺术文化，或悲剧文化。如果乐意相信历史的例证，也可以说是亚历山大文化，或希腊文化，或印度（婆罗门）文化。"

荣格和尼采在这里的表述虽然非常不同，但他们说的其实都有关灵魂拯救。幻象是不真实的现象。尼采否定幻象的价值，把文化作为生命对抗幻象的兴奋剂。他列出作为兴奋剂的三种文化，其实印度文明（以及以佛教形式接受了印度文明的东方）是镇静剂。尼采以印度文化作为悲剧文化的标志类型，而不是悲剧艺术高度发展的古希腊文化。他显然认为悲剧不是一种艺术，而是超越了艺术的艺术。"幻象"本身主要是一个印度的观念。雅利安人在进入印度次大陆的时候已经有了世界是幻象的观念。佛教部分地继承了婆罗门教的思想——因为一切都是幻象，所以空；早期大乘佛教的空更加彻底——而佛教又部分地为改革后的婆罗门教（印度教）所继承。末期印度佛教的密宗已经受到印度教的影响，心成为实体。

荣格对意识代替灵魂不满，这一替代其实不是出现在全部西方文明之中，而是在尼采说的求知文化中，成为荣格认为的造成心理疾病的原因。在尼采、荣格之后变得更加现代的现代艺术，已经主要是广告与营销的附属品，不再是艺术美的幻幕，而是消费的幻幕——这是现代的一大特征。消费幻幕遮掩的是物化的性欲。

结语

现在的心理学是实验生理学的一个分支，尝试使用可验证的技术手段研究人的心理，开发治疗心理疾病的药物，就像心理学刚从哲学中独立出来的时候那样。在这样的时代背景中，很难在严格意义上把荣格界定为心理学家。但他仍然是一位心理学家，只不过他探索的是无法用实验工具触及的心灵——但很少有人否认心灵的存在。荣格的心理学探索走向了神秘主义，这条路径也不是他的原创，他在东西方神秘主义中找到了他的原型，由此为神秘主义确定了人类普遍的心理学基础。神秘主义是人类知识和行为超出理性的部分，不是人们通常想象的巫婆神汉的表演。从开始以来，数学、哲学、科学没有完全离开过神秘主义。数学、科学在现代的快速发展反而给神秘主义开拓了更大的空间。神秘的感受也在推动科学的发展，并最终可能为神秘主义提供科学的解释。荣格的意义更多体现在哲学和文化上。他加深了人类对自己的认识。用"心理学"远不足以概括他的贡献。

原始思维

在自己收集的人类学资料之外，荣格还大量阅读人类学著作，也同样看到了许多原型。他说："列维-布留尔（Lucien Lévy-Bruhl）所用的'集体的表现'一词是指那些世界的原始观念中的形象符号，但也同样适用于无意识的内容，因为它实际上指的是同一事物。原始部落的传说与原型有关，但这些原型已采用特殊方式加以修改。它们已不再指无意识所包含的内容，而变为意识的公式，根据传统进行传授，并且一般是秘密传授。这种传授是一个传递那些溯源于无意识的集体内容的典型方式。"

在收入《荣格文集》第九卷的一篇文章中，他说："原始心理的显著之处在于：缺乏个体的独立性，主体与客体相一致，那种神秘的互渗律——列维－布留尔语。原始心理表现了心灵的基本结构，即那种对我们来说是集体潜意识的心理层面，那种完全相同的潜在层面。"

法国社会学家吕西安·列维-布留尔担任过民族志研究所所长。他在《低级社会中的智力机能》（1910）中提出的"原始思维"，其特征是前逻辑的，或原逻辑的，实际上是非逻辑的。列维-布留尔指出原始思维中的"互渗律"：一切客体、存在物、人工制品都有可被感受到的神秘属性和力量，神秘力量可通过接触、传染、转移等对其他存在物产生不可思议的作用。人们开玩笑的"中国逻辑"就属于这种神秘主义的思维方式。反对杨振宁对《易》评价的人表现出传说中的"中国逻辑"。他们使用完全不同的"语言"，根本不在同一个对话平台上。其实，《易》的价值并不在于能够与现代科学吻合。约纳斯说："东方思想曾经是非概念化的，通过意象与象征来表达，把它的终极目标伪装在神话与仪式之中，而不是逻辑地加以阐明。"中国思想也适合这个判断，不过在意象和象征之外还用历史事件来表达。

古希腊早期的人们也不具有抽象的、逻辑的思维。尼采在《希腊悲剧时代的哲学》中说："也许最杰出的俄耳浦斯教徒掌握了不倚赖具体事物而把握抽象观念的技能，其熟练程度甚或超乎泰勒斯，但是，他们只能用譬喻形式来表达那些抽象观念。"

列维-布留尔还著有《原始思维》（1922）、《原始灵魂》（1927）、《原始神话》（1935）、《原始人的神秘体验与象征》（1938）等有关"原始人"的书。他比荣格年长，并对荣格的思想产生了影响。但荣格与列维-布留尔的思路不同。荣格从另外的角度看前现代的思维，并发现了其价值。实际上，荣格本人的思想即属于前现代的。本书在前面已经介绍过，这种思维方式在西方没有中断，而且保留在神学和哲学之中，特别是在德意志。

对原始人及其思维的研究开始于帝国主义时代，"二战"之后继续取得硕果。伊利亚德是其中的一位佼佼者，他的书已经有多本被翻译为汉语。克洛德·列维-施特劳斯的《野性的思维》（1962）也许影响更大。实际上，"野性的"在法语原文中的意思是野蛮人的、未开化的。这些研究也是自认为进入高级文明的人们的一面镜子，可以看到他们的文化遗传以及值得保留的部分。

巫术是原始思维的产物。弗洛伊德反对荣格的神秘主义，但他也说："词构成了精神治疗的本质性的工具。外行人很难理解精神与身体上的病理性躁动怎样能被简单的词所消解。他有一种被要求去相信巫术的感觉，如果真的如此，则他离真理不太远，因为我们日常所使用的词并非其他的东西，仅仅是弱化了的巫术。"

理性当然是不可缺少的，尤其在没有经过启蒙的地方，理性更弥足珍贵。但是，人不应该成为计算机。人有情感、记忆、历史，"非理性"是构成人的一个重要组成部分。理性是科学家必备的基础条件，而科学家最出色的成就却是他们灵感的创造物。对于普通的人，保留非理性的部分也就是保留完整的人性。实际上，理性从来没有战胜过非理性，在政治活动、经济活动中很明显。虽然政治和经济的正常运行都需要理性，但有时候本能的力量更大。

回到起点

前面说过，尼采更注重柏拉图的老师苏格拉底以及他之前的哲学家。哲学家怀特海说：如果为欧洲整个哲学传统的特征做一个最稳妥的概括，那就是，它不过是对柏拉图哲学的一系列注脚。

苏格拉底比孔子之孙孔伋（字子思）大约小十二岁；苏格拉底去世时，子思的再传弟子孟子大约两岁。苏格拉底是古希腊哲学史上一个里程碑式的人物。以他为界限，在他之前的古希腊哲学家被归入前苏格拉底时期。在老子、孔子之前，也有众多思想家为他们的出现做了铺垫。他们不是突兀出现的。在他们之前，也有许多思想家。这些前期思想家也不是自发产生的。他们受益于各种文明的交流。

《老子》说："大象无形，道隐无名。""大象"是大道的象，即现象。道在创世之后隐而无名，"道"只是老子强加的名字。老子认为，不仅大道无形，大道的现象也无形。《老子》说："道生一，一生二，二生三，三生万物。"道没有直接参与万物的创造。这个"一"为道所生，是低于道的创世者，近似诺斯替主义的"德穆革"。老子是"周守藏室之史"，"史"这个职位记录历史，预测未来。老子深受《易》的影响，他说的一、二、三是爻、卦的组合与变化。爻和卦在《易》中是象、预象，而老子的一、二、三不是爻、卦，而是它们显现的万物的实体，更加包容和广大。

老子也相信万物有创始："天下有始，以为天下母。既得其母，以知其子；既知其子，复守其母，没身不殆。""天下母"即道。道是创世者，与天下是母子关系。道不干预万物。由其母而知其子，天下之中也不应该指称异端并加以排斥。同样，老子主张政治也不应该干预社会。"守其母"就是顺应道，顺应"自然"，如此才会终生不陷入危险。

老子比孔子年长一辈，大约出生在公元前580年至前570年之间，与毕达哥拉斯同时代。毕达哥拉斯是古希腊数学家。据亚里士多德的《形而上学》，毕达哥拉斯学派相信数学原理即万物原理。他们认为，一是万物之始，二是物质，三是理想的数字：有始，有中，有终；奇数为阳性，偶数为阴性。这些观点都与《易》有某种程度的相似。不过，他们认为十是完美数字，而

《易》以九为老阳，万物至此将向相反的方向发展。毕达哥拉斯学派以数字四为四季，相信灵魂永生，生命轮回。苏格拉底从容饮下毒液，也是因为相信轮回——古希腊的历史观不是线性地指向一个终点。

重要的一点是，毕达哥拉斯是接受过埃及教育的数学家，他的学派在赋予个位数以形而上的意义之外，还研究数学，从而成为古希腊理性主义的一个源头。易学在宋初也发展出数字结构，但与数学无关。毕达哥拉斯学派近似一个教派，有禁忌，过着集体、苦行的生活，这点又似墨家。

哲学的分化像是语言，学者们可以指出（虽然未必正确）它们有共同源头，以及彼此之间的概念（词汇）借用。思想和语言都在各自发展过程中不断演进，特别是曾经的长期分离使它们分化。同时，对知识的追求，对人类的关怀，必然使它们具有某种相似性，并且最后可能殊途同归。

尼采这样说古希腊："面对这样一个惊人理想化的哲学群体，每个民族都会自惭形秽。所有这些人是一个整体，是用一块巨石凿出的群像。"（《希腊悲剧时代的哲学》）古希腊哲学家令人仰慕，但我们不会自惭形秽。如果会，那只是因为我们对于自己祖先的思想还没有做过很好的整理。

尼采把哲学看作一种勇气——哲学家在探索真理的过程中对平庸和蒙昧发起的挑战。尼采说："在别的时代、别的地方，哲学家是处在最敌对环境中的偶然的、孤独的漫游者，他们不是隐名埋姓，就是孤军奋战。只有在希腊人那里，哲学家才不是偶然的。"（《希腊悲剧时代的哲学》）这个判断不准确。先秦时期，战争频仍，对于这些思想家却不是"最敌对环境"。那时思想家的出现不是偶然的，对思想友好的气氛为思想家（在相当大的程度上也可以说是哲学家）的成群出现提供了条件。他们也不是"孤独的漫游者"，虽然其中不乏孤独的隐居者，但那是他们自己的选择。

古希腊思想因为基督教的兴起而衰落，虽然这不是唯一的原因——有盛必有衰，一部思想史自身也能构成兴衰的逻辑。在欧洲启蒙运动中有了宗教宽容的呼声。经过文艺复兴、启蒙运动的外部冲击，基督教才缓慢走出中世纪。又经过内部的宗教改革，基督教才具有了现代价值，有助于社会的发展，至少在西方是如此。约翰·洛克《论宽容的信札》（1689）的出版与历史事件相比较晚，但仍是西方思想再兴的一个重要标志。

图书在版编目（CIP）数据

魔法师荣格：荣格心理学中的东西方神秘思想 / 丁力著. -- 太原：山西人民出版社，2021.12
ISBN 978-7-203-11955-5

Ⅰ. ①魔… Ⅱ. ①丁… Ⅲ. ①荣格(Jung, Carl Gustav 1875-1961)-分析心理学 Ⅳ. ①B84-065

中国版本图书馆CIP数据核字(2021)第210594号

魔法师荣格

著　　者：丁　力
责任编辑：郭向南
复　　审：吕绘元
终　　审：武　静
出 版 者：山西出版传媒集团·山西人民出版社
地　　址：太原市建设南路 21 号
邮　　编：030012
发行营销：010-62142290
　　　　　0351-4922220　4955996　4956039
　　　　　0351-4922127（传真）　4956038（邮购）
天猫官网：https://sxrmcbs.tmall.com　电话：0351-4922159
E-mail：sxskcb@163.com（发行部）
　　　　　sxskcb@163.com（总编室）
网　　址：www.sxskcb.com
经 销 者：山西出版传媒集团·山西人民出版社
承 印 厂：唐山玺诚印务有限公司
开　　本：880mm×1230mm　1/32
印　　张：11.75
字　　数：390千字
版　　次：2021 年 12 月　第 1 版
印　　次：2021 年 12 月　第 1 次印刷
书　　号：ISBN 978-7-203-11955-5
定　　价：58.00 元

如有印装质量问题请与本社联系调换